建筑工程应用文写作

主　编　陈军川
副主编　崔　杰　张　晓
参　编　于新鑫　许丁允　龙彦君
主　审　赵晓阳

北京理工大学出版社
BEIJING INSTITUTE OF TECHNOLOGY PRESS

内 容 提 要

本书的编写充分体现了以项目为载体，提升学生应用文写作技能的特色。全书共分为建筑工程应用文写作基础知识、职场起航、职场沟通、职场活动、职场进阶等5大工作情境、30个项目、43个文种。本书写作理论力求精简、够用，写作案例追求典型、权威，写作训练注重易把握、易学习。

本书可作为高等院校土木工程类相关专业学生的专业课教材，也可作为在职人员了解建筑工程应用文写作的阅读资料。

图书在版编目（CIP）数据

建筑工程应用文写作 / 陈军川主编.—北京：北京理工大学出版社，2018.1
ISBN 978-7-5682-5056-6

Ⅰ.①建…　Ⅱ.①陈…　Ⅲ.①建筑工程–应用文–写作–高等学校–教材　Ⅳ.①H152.3

中国版本图书馆CIP数据核字（2017）第309010号

出版发行 / 北京理工大学出版社有限责任公司
社　　址 / 北京市海淀区中关村南大街5号
邮　　编 / 100081
电　　话 /（010）68914775（总编室）
（010）82562903（教材售后服务热线）
（010）68948351（其他图书服务热线）
网　　址 / http://www.bitpress.com.cn
经　　销 / 全国各地新华书店
印　　刷 / 北京紫瑞利印刷有限公司
开　　本 / 787毫米×1092毫米　1/16
印　　张 / 15.5
字　　数 / 375千字
版　　次 / 2018年1月第1版　2018年1月第1次印刷
定　　价 / 68.00元

责任编辑 / 申玉琴
文案编辑 / 申玉琴
责任校对 / 周瑞红
责任印制 / 边心超

编审委员会

前　言

经过30多年的发展，我国建筑业的建造能力不断增强，产业规模持续扩大。“十三五”期间，实现集约化经营，快速淘汰落后产能，加快建筑业产业升级，培育现代建筑产业工人队伍，提升中国建筑业的国际竞争力，推行智慧建造方式，是我国建筑业发展的重要工作与方向。服务行业快速发展、服务学生职业发展、服务专业教学是高等院校公共基础课教育教学改革的重要目标。高等院校公共基础课作为专业学习的基础，承担着职业能力、职业道德、综合素质等基础能力培养任务，在一流院校、一流专业建设和技术技能人才培养中具有重要的作用。

本书突破传统应用文写作教材编写思路，打破应用文写作课程以往的体例结构，以项目为载体，根据职场岗位需求、职业发展需要，把培养学生“适应不同职场阶段的能力”和“自主写作的能力”放在突出位置，注重内容的综合性、实用性、工具性、人文性，精选与智慧城市、装配式建筑、海绵城市和BIM技术等有关的文种案例，以智慧建造为引领，通过写作基础理论知识和职场不同阶段文体知识的教学与写作训练，使学生掌握相关知识和基本技巧，提高职场应用文写作能力，提升素质，具备将来可持续发展需要。

本书设计了“建筑工程应用文写作基础知识、职场起航、职场沟通、职场活动、职场进阶”5大工作情境，涉及“公务文书、事务文书、经济文书、司法文书、企业文书、校园文书”6大文书，共有30个项目，涵盖了建筑工程专业就业所需的43个文种。教材案例追求新颖、典型、权威，易把握、易学习；理论知识力求精简、易懂、够用；写作技能训练重在调动学习兴趣、激发做事思维、提升处事能力、培养综合素质。

本书由陈军川提出编写思路，草拟编写大纲，全体编者参与大纲讨论和修改，最后由陈军川完成全书统稿、定稿工作。本书由陈军川担任主编，崔杰、张晓担任副主编，于新鑫、许丁允、龙彦君参与了本书部分章节的编写工作。具体编写分工为：“建筑工程应用文写作基础知识”由崔杰编写；“职场起航”由院张晓编写；“职场沟通”由于新鑫、许丁允编写；“职场活动”和“职场进阶”由陈军川、龙彦君编写。全书由赵晓阳主审。

本书编写过程中得到了杨云峰、翁光远、郭红兵，以及建筑一线业内人士李海涛的大力支持，在此一并表示感谢。

本书在编写过程中，参阅了许多应用文写作方面的著作、教材、互联网资料以及相关微信公众号，从中引用了不少例文，有些例文根据教学需要进行了修改，由于种种原因未能一一征得作者同意，在此敬请谅解并致以衷心感谢。

由于水平有限，加之编写时间仓促，书中可能存在一些不足和缺点，欢迎各位读者和专家批评指正。

编　者

目 录

学习情境一　建筑工程应用文写作基础知识

学习目标

通过本学习情境的学习，了解应用文写作的概念与特点、公文的行文关系、事务文书的含义与种类；熟悉应用文的种类；掌握党政公文的基本格式。

能力目标

能清楚应用文与文学作品的区别，明确应用文写作基本格式要求，对应用文写作有初步的认识。

项目一　应用文写作概述

一、应用文的概念与特点

(一)应用文的概念

应用文是指国家机关、企事业单位、社会团体和个人在日常工作、学习和生活中，为处理公务和私务、传递某种指令和信息而常用的具有某种特定格式或惯用格式的文体。简而言之，应用文是人们传递信息、处理事务、交流感情的工具，有的应用文还用来作为凭证和依据(如《劳动合同书》、《聘任书》等)。随着社会的发展，人们在工作和生活中的交往越来越频繁，事情也越来越复杂，因此，应用文的功能也就越来越多了。

关于应用文的概念需要注意以下几个方面：一是应用文的主体包括单位和个人，即个人与个人之间、单位与单位之间、个人与单位之间往来的文字；二是应用文既可以用于处理公务活动中的事务，也可以用于人们的生活、交际等，而且对公私事务的作用是直接的，而不是间接的；三是应用文有特定形式或惯用格式，这些格式为社会所遵循、使用；四是应用文包括文章，也包括零星的文字材料等，形式多样。

(二)应用文的特点

就全部应用文而言，其特点一是实用性，二是惯用格式。为了更具体地说明应用文的这两个特点，将其具体化为以下几点予以介绍：

1. 文体的实用性

实用性是指应用文体无论是在处理公共事务还是私人事务中，都具有实际应用价值。“实用”是应用文的一个最基本的特点。任何一篇应用文，不仅要摆出问题，而且要提出解决问题的具体意见、办法。应用文书就是为了解决实际问题而写的。应用文的主要工具是文字，只有文字的成熟或成熟的文字，才使应用文的产生有了不可缺少的客观条件。从历史上看，应用文的载体是竹简、缣帛、钟鼎和纸张。欧阳修在《与陈员外书》中云："古之书具，唯有铅刀、竹木。而削札为刺，止于达名姓；寓书于简，止于舒心意，为问好。"我们的先辈无论大事小事，必先"率民以事神，先鬼而后礼"，从而形成了以神、鬼、上天、祖先为精神依托的神权政治统治模式，而掌握刀笔并把神事活动的情况记录下来，便也成了我们最早的应用文，这些刻在龟甲和兽骨上的应用文，从一开始就体现出其显著的实用性。

毛主席在《反对党八股》一文中指出："任何机关作决定、发指示，任何同志写文章……要靠有用。""直接实用性"是应用文区别于其他文章的根本属性。与其他文章相比，理论文章重在析理，给人以知识；文学作品重在给人以审美愉悦，以陶冶读者性情为主；而应用文则不同，它重在为人们处理公私事务服务，作为临民治事的工具，它的功能是通过直接的实用价值体现出来的。

应用文体实用性的表现是多方面的。在内容上，应用文应有很强的目的性和针对性，要能反映社会生活实际，切实解决公私事务；在形式上，应用文的结构、格式、语言等要为直接实用性服务，语言要简洁、易懂、规范，讲求准确无误、直观明了；在时效上，应用文要讲求内容的单一性和强烈的时效性，一切从提高工作效率出发，要迅速及时，以免延误时机，影响工作，造成损失。

2. 内容的真实性

真实性是指内容真实确凿，实事求是。应用文书是管理工作和传达交流信息的工具，要为解决实际问题、指导实际工作服务，因而它完全排斥虚构和杜撰。文中所写的数据、材料，包括地名、人名、联系方式等，都务必真实准确，不允许艺术加工，不允许夸大其词、添油加醋，更不允许凭空杜撰、无中生有。

应用文写作以"应"付生活，"用"于事务为目的，它必须以事实为依据，不允许虚构、虚拟、合理想象、移花接木、张冠李戴。这一特点与文学作品不同。文学作品也讲求真实，但文学作品的真实更强调艺术的真实，允许艺术的虚构，其"真实"是文学的真实，是相对的，它来源于生活但又高于生活。

应用文内容的真实，是一种完全的真实。要做到完全的真实，至少要做到"三真"。一是选用的材料本身必须是真实的，是符合客观实际和社会生活现实的；二是写作时动用材料的方式是得当的，反映给阅读者即受众的材料必须是真实可靠、准确无误的；三是材料的选用与事实核心或实质是一致的，即材料的取舍与应用文主旨之间的关系是紧密的，材料必须充分地支撑观点。如一份表扬某村是计划生育模范村的文稿，使用的材料是："该村 15 年只生育了一个人口。"事实是：该村是贫困村，小伙子无法找到对象，15 年只有一位小伙子找到了对象。这段材料是真实的，使用也是真实的，但这段材料只能说明该村的贫困现象，不能说明该村是计划生育模范村。材料的实质与表达主旨之间不能出现悖反。

3. 体式的规范性

应用文书体式的规范性，主要表现在两个方面：一是文种的规范，即需要解决什么问题就采用什么文种，文种有一定的规范，不能乱用；二是格式的规范，即每一种文种有大体的格式规范，不能用甲文种的格式规范代替乙文种的格式规范。

写作格式的固定是应用文的显著特点。它的形成，一方面是约定俗成，是历史留传，人们习以为常、共同遵守的，任何人不可随意违反它的固定的格式，否则会不伦不类，达不到应用文的写作目的。当然，随着社会的发展和进步，对一些陈旧的、约束人们精神的，甚至反映封建尊卑压迫关系的繁文缛节的格式，我们要敢于突破，敢于创新。日常应用类应用文的格式主要是约定俗成的。另一方面是法规使成，即国家相关法规对文件的格式进行规范，公文的格式就是法定使成的。

例如，《党政机关公文处理工作条例》(中办发〔2012〕14号)规定："公文一般由份号、密级和保密期限、紧急程度、发文机关标志、发文字号、签发人、标题、主送机关、正文、附件说明、发文机关署名、成文日期、印章、附注、附件、抄送机关、印发机关和印发日期、页码等组成。"

4. 行文目的的特定性

文学作品的对象模糊不清，作者在写作时确立的读者对象是泛泛的，并没特定的读者。而应用文则不同，它的对象是十分明确的，行文者一清二楚。一般的书信类自不必说，就是海报、启事也是以其特定的读者为写作对象的。就写作目的而言，日常应用文也是明确的，它以某一个事件为其主要内容，发文所希望达到什么样的结果也是明确的。因此，日常应用文写给谁、写些什么、达到怎样的效果，撰写者事先是清楚的。

5. 较强的时效性

应用文总是针对工作、学习或生活中所出现的具体事情而写，往往是在问题已显现或即将发生，必须想办法处理或解决时才使用，如开会要先写通知，请假要先写请假条，入党、入团要先写申请书等。强调这种及时性是日常应用文的基本特征。

6. 语言的准确性

应用文不是文学作品，语言一般要求朴实、简明、准确。说明清楚而不书面化；表达准确，让人一看就懂，不拖泥带水，条理清晰。一般应用文无须作什么修饰，也要少用形容词或描述性的句子，更不可用比拟或夸张等修辞方法。

二、应用文的种类与作用

(一)应用文的种类

应用文的使用范围日益广泛，分类标准各有不同。按处理事情的性质可以将应用文分为公务类应用文和私务类应用文两个大类。

1. 公务类应用文

公务类应用文是指为处理国家和集体的事务而写作和使用的应用文，即通常所说的公务文书。其主要包括以下五种：

(1)法定性公务文书。法定性公务文书是指党和国家机关制定发布的关于公文处理的规定中所确定的公文文种。为统一中国共产党机关和国家行政机关公文处理工作，2012年中共中央办公厅、国务院办公厅联合印发了《党政机关公文处理工作条例》(以下简称《条例》)，从2012年7月1日起施行，同时，废止了1996年中共中央办公厅印发的《中国共产党机关公文处理条例》和2000年国务院印发的《国家行政机关公文处理办法》。《条例》规定，党政机关公文主要有决议、决定、命令(令)、公报、公告、通告、意见、通知、通报、报告、请示、批复、议案、函、纪要15种。

(2)法规与规章文书。法规与规章文书是指国家立法机关或法人机关，经过法定程序制定或由组织集体讨论通过的各种规范性的文体。它包括国家宪法、法律、法规、规章，政党、社团、经济组织的章程，行政机关、人民团体、企事业单位和人民群众依法所制定的一般的规章制度、须知、公约等。

(3)机关日常事务性文书。机关日常事务性文书是指党政机关、企事业单位、社会团体处理日常事务的非正式文件，包括计划、总结、述职报告、调查报告、会议讲话稿、党务政务信息、工作方案、典型材料、简报、大事记等。事务性文书种类繁多，使用频率极高。

(4)日用类应用文书。日用类应用文书是指人们在日常的工作、学习、生活中，处理公私事务时所使用的一类文体，包括条据、书信、启事、声明、海报、请柬、申请等。

(5)专业性文书。专业性文书是指在一定专业机关或专门的业务活动领域内，因特殊需要而专门形成和使用的应用文。由于分工不同，社会各行各业经管的事务有很大的差异，在长期的工作实践中逐渐形成了一些与其专业相适应的应用文，称为专业工作应用文，如财经文书、法律文书、教育文书、科研文书、医务护理文书、外交文书等。

2. 私务类应用文

私务类应用文是指为处理个人的事务而写作和使用的应用文，即通常所说的私务文书，如申请书、书信、启事、简历、求职书等。

(二)应用文的作用

1. 管理指导

党政机关、企事业单位、群众团体在特定的范围内担负着组织、指挥、管理的职责，而应用文就是实施这些职责的基本工具之一。在党政公文中，命令、决定、决议、批复等文种，就属于指挥、管理性的下行文。这些公文一经下发，下级机关必须执行。大到国家机器的运转，小到一个企事业单位内部工作有秩序的开展，均与应用文的指挥管理作用密切相关；离开了应用文的这一作用，各方面的管理工作很可能陷入混乱状态。因此，我们应该意识到，相当多的应用文起草、定稿的过程，实质上就是管理、指导的实施过程。

2. 信息交流

随着社会的发展和进步，国与国之间、单位与单位之间、个人与个人之间的交往日益频繁，而应用文能突破时间与空间的限制，成为人们传递信息、组织生产、推广成果、交流思想、加强协作的有效载体。例如，上行文中的报告、汇报，下行文中的公告、通告、通知、通报等，都是典型的用于信息交流的公文。

3. 宣传和教育

应用文具有宣传和教育的功能，而公文的这种功能更具有直接性和权威性。党和国家的各项方针、政策，典型经验和先进事迹，往往以应用文中的公文为载体进行传播，以供民众知晓、执行和学习。

4. 凭证和依据

应用文反映了各行各业、各种社团和个人的各种活动，记载着不同时期政治、经济、科学、文化等方面的大量信息，为国家建设和经济发展提供了许多有重要价值的历史资料，也是人们做好日常工作的主要依据和重要凭证。

三、应用文与文学作品的区别

文章是由内容和形式两个方面构成的，既要有思想内容，还要有与之相适应、可更好实现写作目的的形式。从这个角度可将文章分为两个类型，即文学作品与应用文。文学作品主要有诗歌、小说、散文、戏剧等体裁，应用文包括公文、日常应用文书等文种。应用文与文学作品之间有着明显的区别，具体表现如下：

1. 写作目的不同

文学作品是为了让读者欣赏而创作的，其读者不确定，通过丰富的艺术形象和曲折的情节来影响人、感染人。文学作品是作者有感而发的，并能让读者从中得到启示。

应用文是为了实现某个目的而写作的，它有特定的作者和读者，其目的是要求特定的读者知道什么、做什么。

2. 基本思维形式不同

文学作品属于“形象思维”范畴，它通过艺术形象和对事情的描写教育人、感染人，通常代表作者个人的观点。不同的读者可以从文学作品中得出不同的认识和见解。

例如，《三国演义》描述了东汉末年至西晋初年近一百年间的历史风云，特别是蜀汉、魏、吴三国由兴而衰的历史过程。有的读者从中得出了“天下大势，分久必合，合久必分”的历史发展规律；有的读者得出了“时势造英雄”的结论；而有的读者则认为“这是一部宣传封建正统观”的代表作。莎士比亚说，“一千个读者眼里有一千个哈姆雷特”，是指不同的人读《哈姆雷特》对哈姆雷特这个人物形象会有不同的见解。

应用文属“逻辑思维”范畴，它通过事实、概念、判断、推理，以逻辑的力量去说服人、教育人，或要求受文者做什么。作者的意图是直接说出来的，一是一、二是二，观点明确，任何人阅读后只能得出一个结论，绝不能有多种解释。

例如，《中共中央关于共产党员不准修炼“法轮大法”的通知》，文章正文同标题一样“丁是丁，卯是卯”，观点明确、逻辑严谨、主题鲜明，任何人阅后只能得出同一个结论。

3. 反映现实不同

文学作品可以虚构，可以采用夸张、拔高及典型化、理想化的手法塑造人物，渲染环境，以意料之外、情理之中的构思描写来反映客观现实及作者的意图。

例如，引起轰动效应的小说《雍正皇帝》就违背了历史事实，采用艺术夸张、拔高的手段，描写了一个励精图治、为“乾隆盛世”奠基的理想化的有为之君的形象。小说也寄托了作者为改革者“死后骂名滚滚来”所抱的不平之意。

应用文章不能虚构，也不可夸张、拔高，只能通过典型和真实的事例来说明，从而达到宣传、教育和指导的作用。

4. 表现形式不同

文学作品表现形式提倡多样化、个性化，可以标新立异。

应用文的写作目的是实用，因而在应用和制发过程中形成了一定的程式。虽然程式并非僵死不变，但基本的表现形式是不能违背的。

5. 语言运用不同

文学作品被称为语言的艺术，它重视语言的形式美、形象性和生动性，讲究带给人美的享受。如《水浒传》中“林教头风雪山神庙”一节中关于林冲去镇上买酒返回草料场时两段天气的描写，去时是“彤云密布，朔风渐起，却早纷纷扬扬卷下一天大雪来”，回时是“雪地里踏着碎琼乱玉，迤逦背着北风而行，那雪正下得紧”。

应用文在语言运用上，讲究准确、简洁、得体，不需要过多的形容、描写。上述描写如改成应用文的写法，则应为：“林冲离开草料场时，下起了大雪。”“林冲顶风踏雪赶回草料场。”

6. 流传范围及时间不同

文学作品流传范围广、时间长。优秀的文学作品可以在全球出版发行，传播范围极其广泛；也可以流传很长时间，即使多年以后仍然极具影响力。如我国的古典文学名著《红楼梦》，几百年盛行不衰，且已有上百种不同版本的译本在各国流传。

应用文则有限定的传阅范围和时间。当某项工作或任务完成后，与之相关的应用文也就完成了使命，重要公文需整理、归档，一般文件则登记、销毁。

四、公文类应用文

(一)公文的含义

1. 公文的含义

公文是党政机关、社会团体、企事业单位在行使管理职权、处理日常工作时所使用的，具有直接效用和规范体式的文书。

公文有广义和狭义之分。广义的公文，指的是所有在公务活动中所使用的文书，除党政机关公文外，还包括政治的、军事的、法律的、外交的、文教的、卫生的、工商的、经贸的、税务的等；狭义的公文一般指的是中共中央办公厅、国务院办公厅 2012 年 4 月 16 日所发布的《党政机关公文处理工作条例》中所规定的文种。

2. 党政机关公文

党政机关公文是党政机关实施领导、履行职能、处理公务的具有特定效力和规范体式的文书，是传达贯彻党和国家方针政策，公布法规和规章，指导、布置和商洽工作，请示和答复问题，报告、通报和交流情况等的重要工具。

(二)公文的特点

1. 明确的工具性

公文主要在现行工作中使用，具有一定的效用，解决某个现实问题。

2. 内容的政策性

公文在古代被称为“经国之枢机”，作为表述国家意志、执行法律法规、规范行政执法、传递重要信息的最主要的载体。从某种角度上说，公文是国家法律法规的延续和补充。

公文的政策性是由其反映的内容决定的。国家制定的一系列政策、法律法规都是以党政公文的形式下达，而国家各级行政机关、团体、企事业单位都负有传达、贯彻、执行的责任。各级行政机关、团体、企事业单位行文时，必须与国家的方针政策相一致，以严格保证国家各项政策的贯彻落实。

3. 作者的法定性

公文的作者是法定的，是能以自己的名义行使职权和承担义务的机关、团体、企事业单位。公文的起草者，只是组织的代笔人。公文读者具有特定性，有的读者是特指的受文机关，有的读者是社会的全体成员。

4. 功用的权威性

公文的权威性主要表现在：由制发机关的法定职级和职权决定；受公文生效时间、执行时间的制约；受公文内容的制约；受公文形式的制约。

5. 制发的程式性和规范性

由于公文具有法定效力，代表着制发机关的法定权威，为了维护公文的权威性、确保公文的强制性、充分发挥公文效用，国家对公文从文种名称到行文关系、从制发程序到文体格式都做了严格规定。任何机关都必须严格遵守国家的统一规定，不得有任何随心所欲的不规范行为。因此，行政公文比起其他文体来，无论是制作还是处理，都更严格、规范。公文的这个特点，是保证公文正常运转、保证国家机关之间按照一定组织关系有秩序进行活动的需要，也是公文适应现代社会发展，走向国际化、自动化、标准化办公的需要。

6. 作用的时效性

宏观性的公文时效长，常规、事务性的则时效短。一份公文对应某一方面的工作，发给一定的受文对象，这就限定了公文的空间范围，超出该范围，公文便失去其效能。另外，公文的效能还受一定时间的限制。公文皆为解决现实问题而制发，一般要求限期传达执行，紧急公文更强调了它的限时执行性。公文总是在规定的空间和时间范围内生效，一旦工作完成了，问题得到解决，或新的有关公文制发出来，原公文也就失效了。

(三)公文的作用

公文的作用主要表现在以下五个方面：

1. 领导与指导作用。一个国家幅员辽阔、地域广大、人口众多、结构复杂，要统一意志和行动，要健康发展，必须靠路线、方针、政策，靠管理，而其基本的手段和办法就是依靠公文运行来实施。其间，公文所起的领导、指挥作用是十分明显的，否则，各行其是，一盘散沙，后果不堪设想。

2. 制约、规范作用。国家要统一，民族要团结，人们要生存，社会要发展，都需要有相应的保障。除了社会制度和组织形式外，主要靠公文来发布路线、方针、政策，颁布法律法规，以此统一人们的思想认识，规范、制约人们的行动，维护正常的学习、工作和生活秩序，让人们知道该怎么做，不该怎么做，有所为，有所不为，予人方便，自己方便。

3. 联系、沟通作用。公文有上行、下行、平行三个行文方向，分别起到了下情上送，上情下达，相互联系、沟通的作用；没有它，会导致信息不畅，工作脱节，后果很难想象。

4. 宣传、教育作用。任何一份公文总是针对具体工作而言的，无论是起领导、指导作用，还是起联系沟通、规范、制约作用，都有宣传教育的问题，都要摆事实讲道理，讲明是什么，为什么要做这项工作，该怎么做，不该怎么做，该做到何种程度，制定文件的依据是什么。只有这样才能起到很好的组织领导、联系沟通、规范制约作用，否则，就达不到发文的目的，或没必要发文；即使发了，人们也很难理解和贯彻执行。可见，其宣传、教育作用是十分明显的。

5. 依据、凭证作用。除了以上功能外，公文还有明显的依据、凭证作用。上级发布的公文是下级决策、开展工作的依据；下级上报的公文，是上级的决策依据之一；机关单位自己的公文，是开展工作、履行职能的真实记录与凭证，在考核验收时能起到依据、凭证作用。一个机关单位的工作好坏，管理是否科学、规范，除了考察实情外，单位在工作中生成的公文就成了很重要的凭证和依据。甘肃武威出土的西汉《王杖诏书令》便成了中华民族是礼仪之邦、文明古国的重要凭证。因为《王杖诏书令》规定：凡70岁以上的老人均由朝廷赐予王杖，持王杖者可以自由出入王宫，做生意可以不交税；侮辱持王杖的老人以侮辱王者问罪，且最高可判到死刑。

(四)公文的种类

我国现行公文一般有以下六种分类方法，按使用体系可分为：党内公文、行政公文、军队公文、企事业单位公文、机关团体公文；按行文方向可分为：上行公文、平行公文、下行公文；按使用范围可分为：专用公文、通用公文；按密级可分为：绝密公文、机密公文、秘密公文；按办结时间可分为：特急公文、急件公文、常规公文；按性质功用可分为：指挥类公文、报请类公文、知照类公文、记录类公文、法规类公文。

按照中共中央办公厅、国务院办公厅2012年4月16日发布的《党政机关公文处理工作条例》规定，党政公文为15种。

1. 决议：适用于会议讨论通过的重大决策事项。

2. 决定：适用于对重要事项作出决策和部署、奖惩有关单位和人员、变更或者撤销下级机关不适当的决定事项。

3. 命令(令)：适用于公布行政法规和规章、宣布施行重大强制性措施、批准授予和晋升衔级、嘉奖有关单位和人员。

4. 公报：适用于公布重要决定或者重大事项。

5. 公告：适用于向国内外宣布重要事项或者法定事项。

6. 通告：适用于在一定范围内公布应当遵守或者周知的事项。

7. 意见：适用于对重要问题提出见解和处理办法。

8. 通知：适用于发布、传达，要求下级机关执行和有关单位周知或者执行的事项，批转、转发公文。

9. 通报：适用于表彰先进、批评错误、传达重要精神和告知重要情况。

10. 报告：适用于向上级机关汇报工作、反映情况，回复上级机关的询问。

11. 请示：适用于向上级机关请求指示、批准。

12. 批复：适用于答复下级机关请示事项。

13. 议案：适用于各级人民政府按照法律程序向同级人民代表大会或者人民代表大会常务委员会提请审议事项。

14. 函：适用于不相隶属机关之间商洽工作、询问和答复问题、请求批准和答复审批事项。

15. 纪要：适用于记载会议主要情况和议定事项。

(五)党政公文的基本格式

1. 惯用格式

党政公文是具有惯用格式(基本格式)的，这既是党政公文权威性和约束力的表现形式之一，又是规范化、程式化和办公自动化的必然要求，还是提高办事效率、适应快节奏社会发展要求的必要手段，而绝不是可有可无、故弄玄虚的形式主义。因此，必须首先解决好这一认识问题，从思想上重视起来。否则，一旦产生抗拒心理，就会出差错，这肯定是不允许的。

正因为公文的格式问题不是一个简单的形式问题，因此，党和国家，甚至于西方的资本主义发达国家都很重视。就我国而言，为了提高公文质量和管理水平，自新中国成立以后，国务院办公厅就对机关公文的格式做过不少规定，并制定了不少管理办法，在公文的规范化方面作出了巨大努力。1987 年 7 月，国家技术监督局又正式颁发了《国家行政机关公文格式》，从排版格式到相应内容，用纸的长短、大小、厚薄和装订规格等都做了明确而详尽的规定，1999 年又做了修订。2000 年 8 月 24 日修订的《国家行政机关公文处理办法》又从拟稿、成文到归档管理都再次做了具体而明确的规定。2012 年又颁发了《党政机关公文格式》和《党政机关公文处理工作条例》。综上说明，这并非形式主义。

《党政机关公文处理工作条例》规定，公文一般由份号、密级和保密期限、紧急程度、发文机关标志、发文字号、签发人、标题、主送机关、正文、附件说明、发文机关署名、成文日期、印章、附注、附件、抄送机关、印发机关和印发日期、页码等组成。

(1)份号。公文印制份数的顺序号。涉密公文应当标注份号。

(2)密级和保密期限。公文的秘密等级和保密的期限。涉密公文应当根据涉密程度分别标注“绝密”、“机密”、“秘密”和保密期限。

(3)紧急程度。公文送达和办理的时限要求。根据紧急程度，紧急公文应当分别标注“特急”、“加急”，电报应当分别标注“特提”、“特急”、“加急”、“平急”。

(4)发文机关标志。由发文机关全称或者规范化简称加“文件”二字组成，也可以使用发文机关全称或者规范化简称。联合行文时，发文机关标志可以并用联合发文机关名称，也可以单独用主办机关名称。

(5)发文字号。由发文机关代字、年份、发文顺序号组成。联合行文时，使用主办机关的发文字号。

(6)签发人。上行文应当标注签发人姓名。

(7)标题。由发文机关名称、事由和文种组成。

(8)主送机关。公文的主要受理机关，应当使用机关全称、规范化简称或者同类型机关统称。

(9)正文。公文的主体，用来表述公文的内容。

(10)附件说明。公文附件的顺序号和名称。

(11)发文机关署名。署发文机关全称或者规范化简称。

(12)成文日期。署会议通过或者发文机关负责人签发的日期。联合行文时，署最后签发机关负责人签发的日期。

(13)印章。公文中有发文机关署名的，应当加盖发文机关印章，并与署名机关相符。有特定发文机关标志的普发性公文和电报可以不加盖印章。

(14)附注。公文印发传达范围等需要说明的事项。

(15)附件。公文正文的说明、补充或者参考资料。

(16)抄送机关。除主送机关外需要执行或者知晓公文内容的其他机关，应当使用机关全称、规范化简称或者同类型机关统称。

(17)印发机关和印发日期。公文的送印机关和送印日期。

公文从左至右横排，少数民族文字按其习惯书写排列；有签批用笔、公文数字问题的规定；还有纸型及其他，如天头、地脚、订口、翻口等规格。这在《党政机关公文格式》中有具体明确的规定。图 1-1～图 1-6 为公文格式示例。

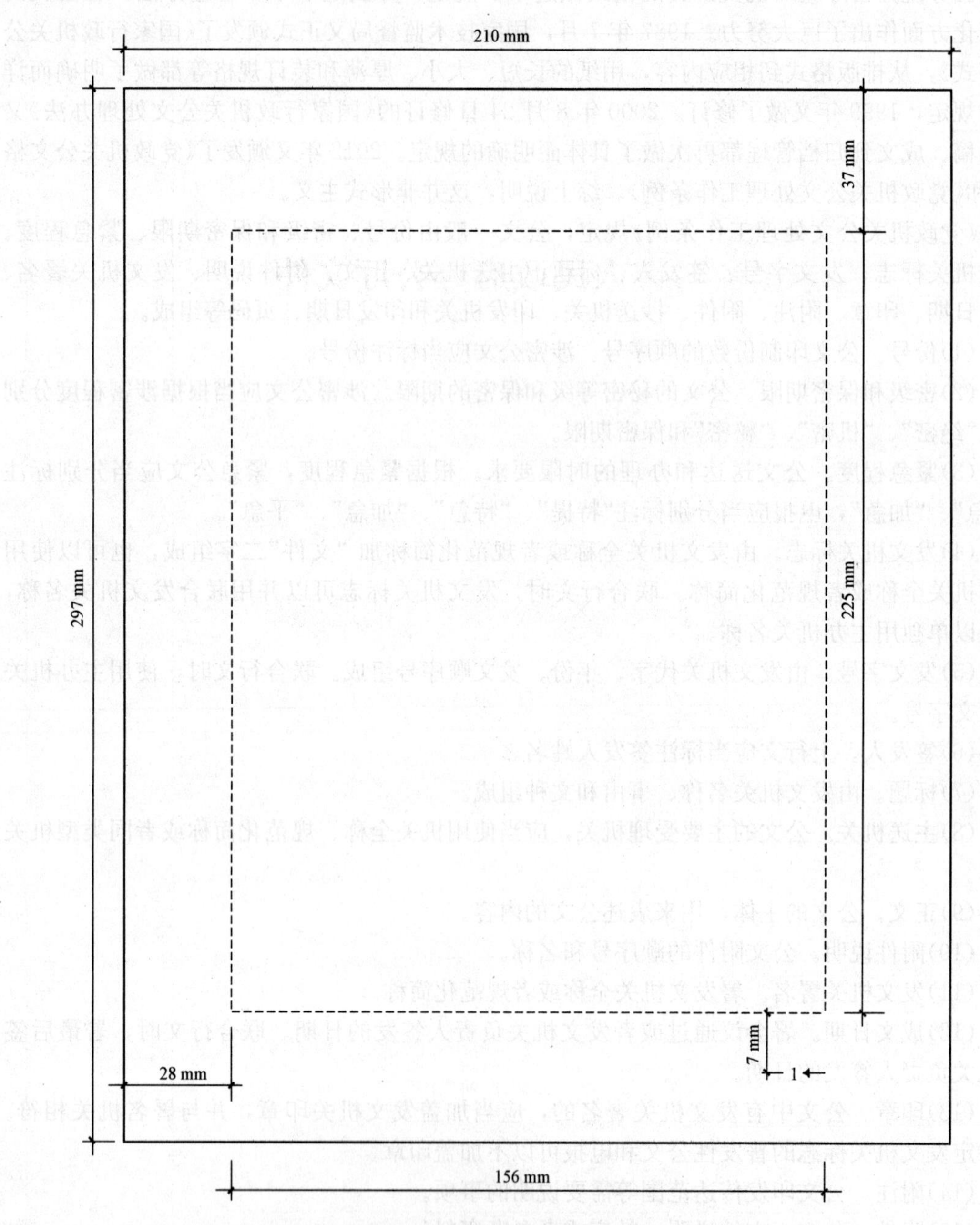

图 1-1　党政公文用纸印装规格

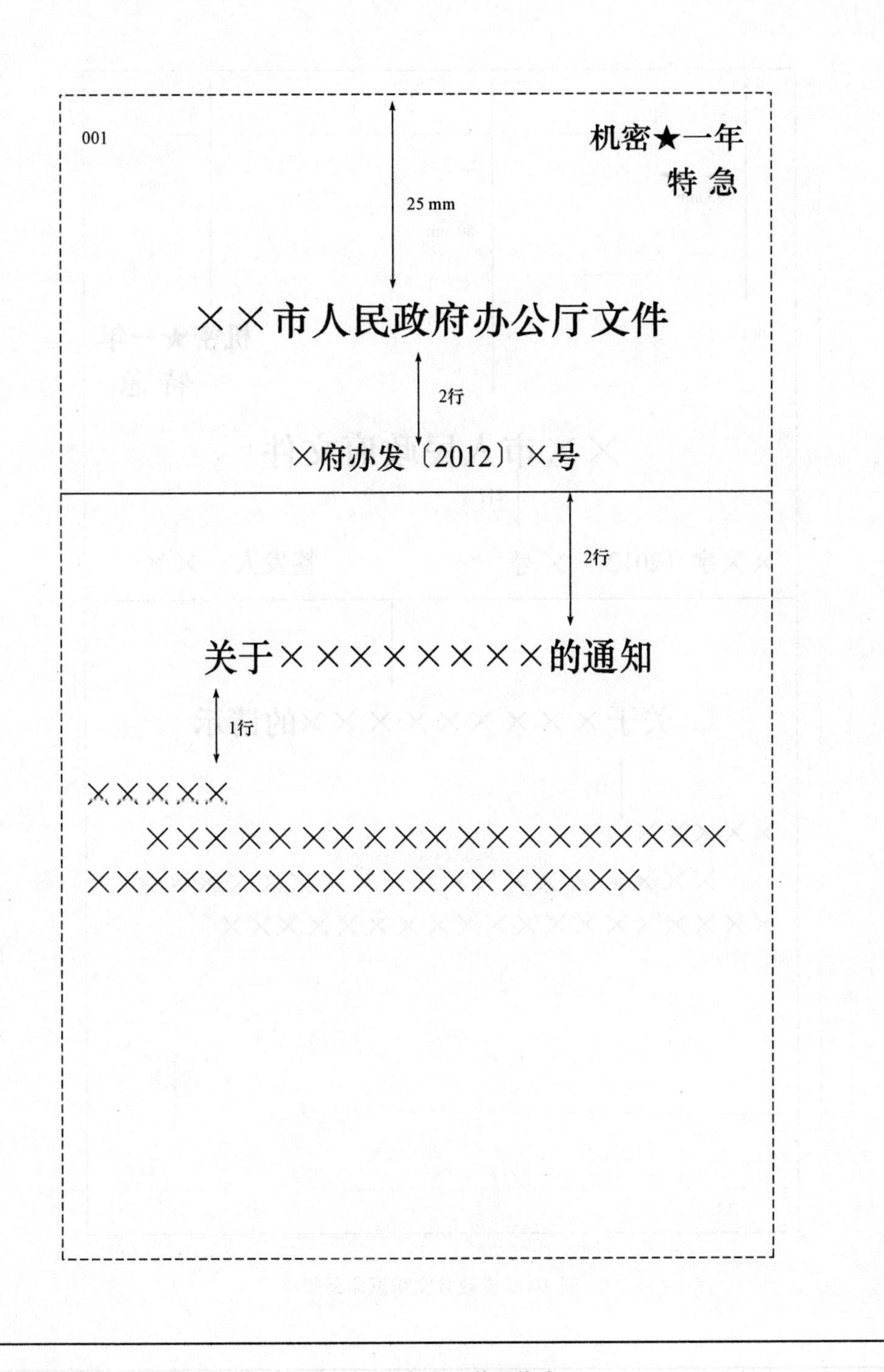

图 1-2　下行公文首页格式

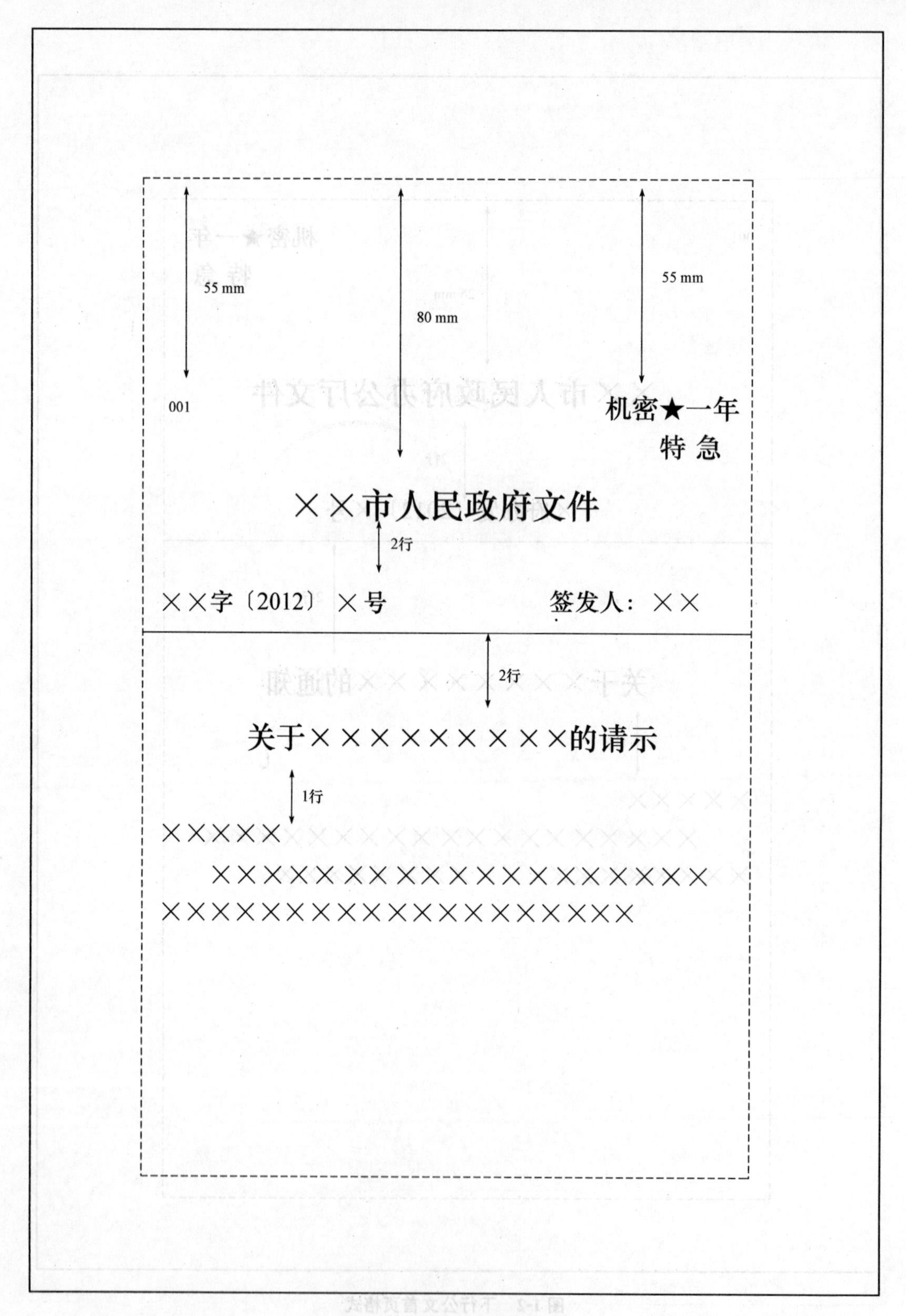

图 1-3　上行公文首页格式

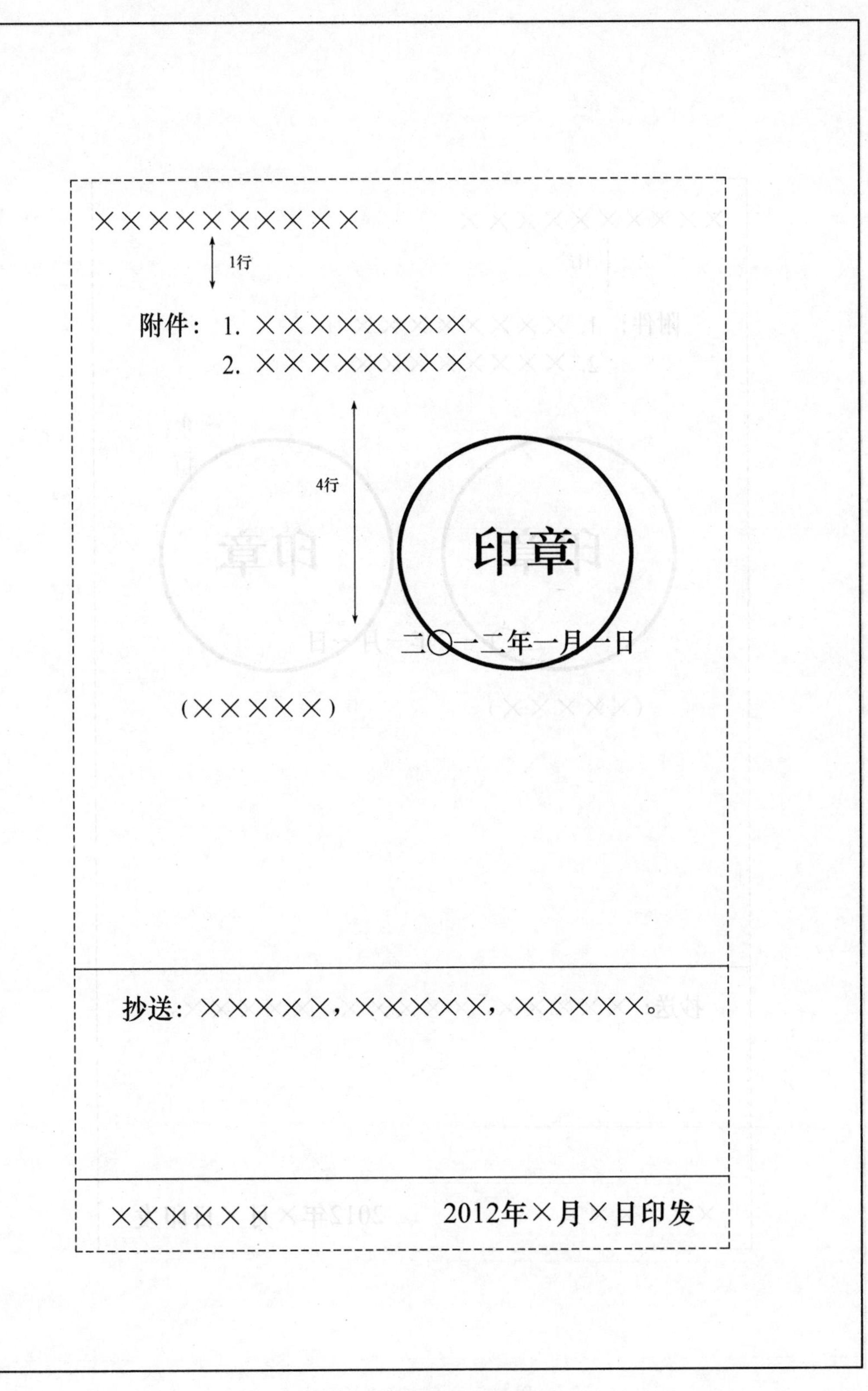

图 1-4　单一单位发文末页格式

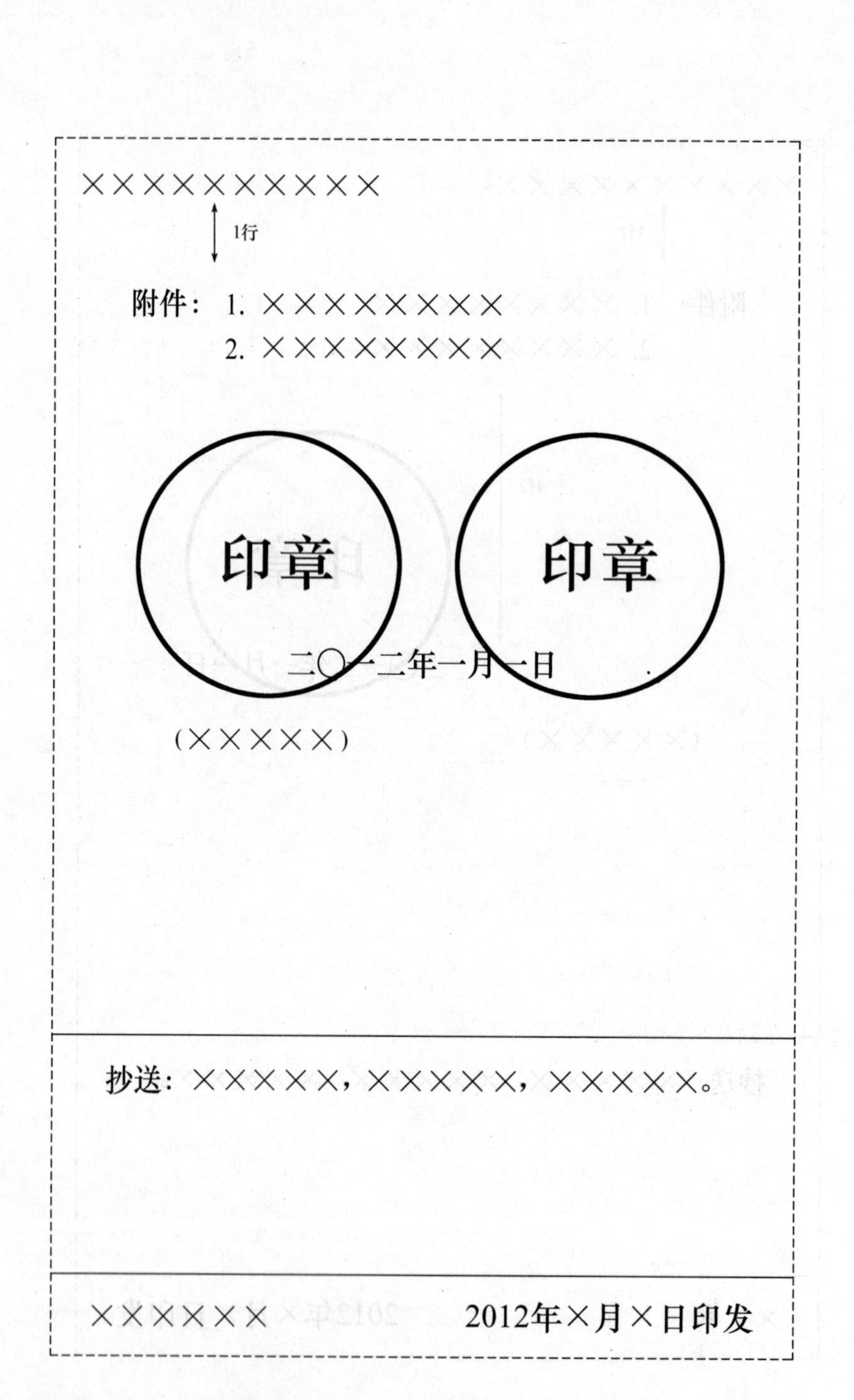

图 1-5　两个单位联合发文末页格式

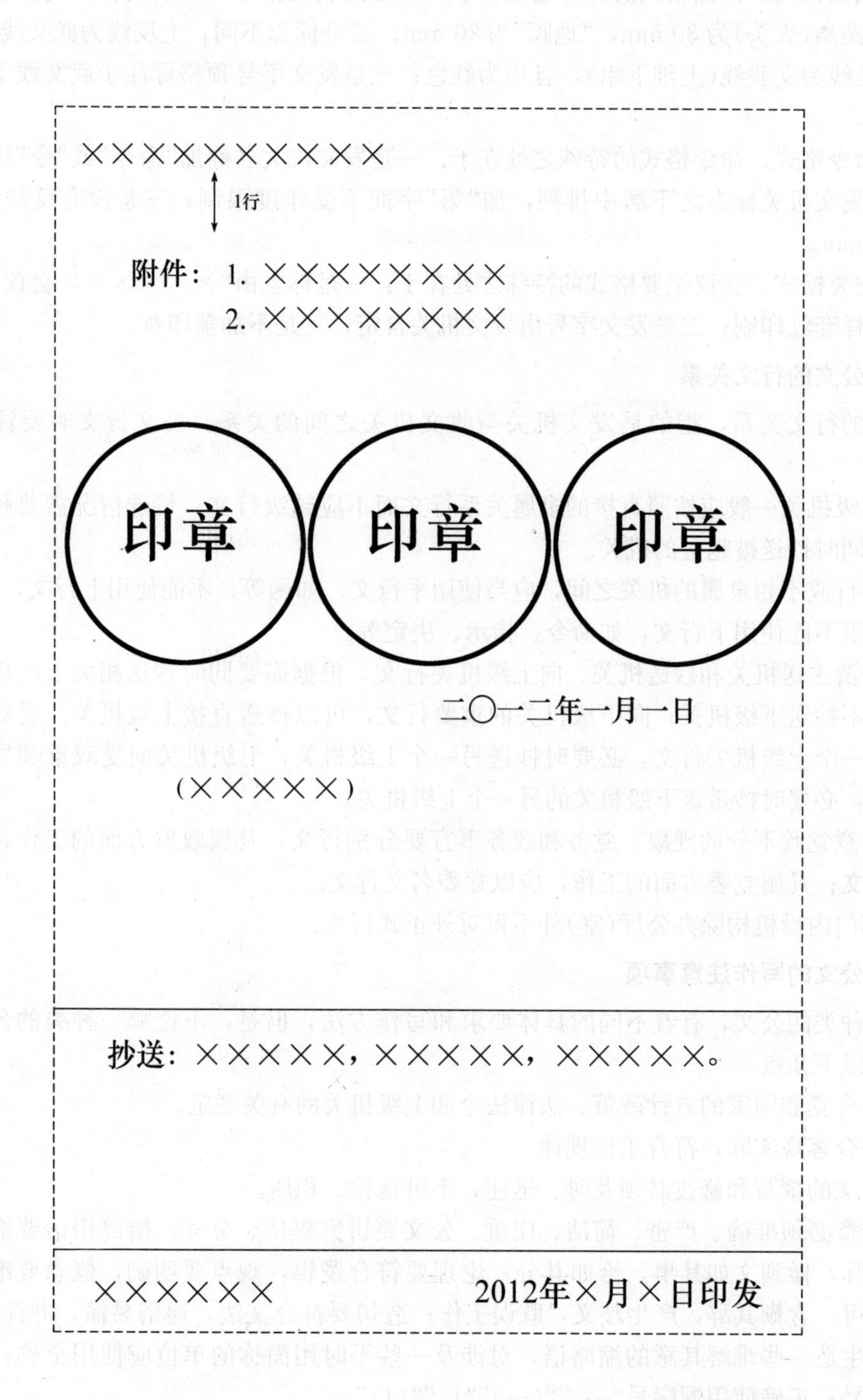

图 1-6　多个单位联合发文末页格式

2. 特殊格式

(1)信函格式。信函格式的特殊之处在于：一是排版规格不一，发文机关名称上边缘距上页边的距离(天头)为30 mm，“地脚”为20 mm；二是标志不同，上反线为武文线(上粗下细)，下反线为文武线(上细下粗)，且均为红色；三是发文字号顶格标注于武文线下一行版心右边缘。

(2)命令格式。命令格式的特殊之处在于：一是发文机关名称加“命令”或“令”组成；二是令号在发文机关标志之下居中排列，加“第”字而不受年度限制；三是没有反线，且“天头”为57 mm。

(3)纪要格式。会议纪要格式的特殊之处在于：一是标志由“××××××会议纪要”组成，且同样套红印刷；二是发文字号由发文机关自定；三是不加盖印章。

(六)公文的行文关系

公文的行文关系，指的是发文机关与收文机关之间的关系。公文行文时要注意以下事项：

1. 下级机关一般应按照直接的隶属关系行文而不应越级行文。特殊情况需要越级行文的，应当同时抄送被越过的机关。

2. 平行或不相隶属的机关之间，应当使用平行文，如函等；不能使用上行文，如请示、报告等；更不能使用下行文，如命令、指示、决定等。

3. 分清主送机关和抄送机关。向上级机关行文，根据需要同时抄送相关上级机关和同级机关，不抄送下级机关；向下级机关的重要行文，可以抄送直接上级机关。受双重领导的机关向一个上级机关行文，必要时抄送另一个上级机关；上级机关向受双重领导的下级机关行文，必要时抄送该下级机关的另一个上级机关。

4. 注意党政不分的现象。党务和政务事宜要分别行文，凡属政府方面的工作，应以政府名义行文；凡属党委方面的工作，应以党委名义行文。

5. 部门内设机构除办公厅(室)外不得对外正式行文。

(七)公文的写作注意事项

不同种类的公文，有着不同的具体要求和写作方法，但是，不论哪一种类的公文，都必须做到以下几点：

1. 符合党和国家的方针政策、法律法令和上级机关的有关规定。

2. 符合客观实际，符合工作规律。

3. 公文的撰写和修改必须及时、迅速，不可拖拉、积压。

4. 辞章必须准确、严密、简洁、庄重。公文要讲究提法、分寸，措辞用语要准确地反映客观实际，做到文如其事，恰如其分；论理要符合逻辑，观点要明确，概念要准确，切忌模棱两可，含糊其辞，产生歧义，耽误工作；造句要符合文法，通俗易懂，并注意修辞，不要随便生造一些难解其意的缩略语，对涉及一些平时用简称的单位应使用全称；正确使用标点符号；正确使用顺序号“一、”“(一)”“1.”“(1)”。

5. 符合保密制度的要求。《条例》明确规定：“涉密公文应当通过机要交通、邮政机要通信、城市机要文件交换站或者收发件机关机要收发人员进行传递，通过密码电报或者符合国家保密规定的计算机信息系统进行传输。”

首先，公文的拟稿人应准确标明该公文的密级和保密期限，这是做好公文保密工作的前提。公文是否属于国家秘密，是根据《中华人民共和国保守国家秘密法》关于国家秘密范围的规定划定的。即首先要依据国家保密局会同中央国家机关有关部门制定的《国家秘密及其密级具体范围的规定》和1990年国家保密局发布的《国家秘密保密期限的规定》，采取“对号入座”的方法，对所拟制的公文确定密级和保密期限。拟制人在提出具体意见后，交本部门主管领导核稿批准，再报本机关、单位的业务主管领导审核批准签发。工作量较大的机关单位可由业务主管领导授权或指定负责人办理批准签发前的审核工作。

其次，公文在印制前，有关主管领导和秘书部门负责人做好审查工作。除看是否划定密级和保密期限外，还要确定发放范围(阅读级限)，拟定发布方式，印制格式及编号，规定处理办法，包括可否翻印、复印，是否回收等。

最后，付印公文时应严格按照领导批准的发送范围和份数执行。秘书部门和有关人员不得擅自多印多留，自行处理。秘密公文一律由机关内部文印室、印刷厂(所)或经保密部门审查批准的定点单位印制。印制中的蜡纸、校样、废页等应及时销毁。

保密工作是党和国家的一项重要工作，直接关系国家安全和利益。因为国家秘密是国家安全和利益的信息表现形式，是国家的重要战略资源，也是国家财产的一种特殊形态，而且与人民群众的切身利益密切相关。在实际工作中，随着计算机技术、网络使用的日益普遍，对于电子公文的保密工作要给予高度重视。

(八)公文写作的常见问题

1. 行文方面的问题

(1)党政不分

①纯属行政主抓的工作错误地由党委包揽行文。

②党的机关公文主送行政部门或单位。

③行政机关公文主送党组织。

④非党政机关联合行文而党政混杂一并上送。

(2)随意请报

①主送领导者个人。

②多头主送。

③越级上报。

(3)乱抄滥送

①不分有无关系、有无必要，随意抄送上下左右诸多机关、部门和单位。

②把“请示”抄送下级机关。

③把向下级机关的一般性公文，无必要地抄送上级机关。

④对受文单位领导一一抄送。

(4)违规行文

①包揽部门行文。

②错误联合行文。

③超越职权行文。

2. 公文标题方面的问题

(1)残缺不全

①无发文机关，如《关于×××的通知》。

②无事由，如《××市人民政府的通知》。

③无文种，如《××关于召开第二届党员代表大会》。

④无行文单位和文种，如《××报告团在××产生强烈反响》。

⑤无行文单位和事由，如《通知》。

(2)文种不伦不类

①并用文种，如《××关于×××的请示报告》、《××关于××同志任职批复的通知》。

②混用文种，如《××关于命名省级文明单位的申请》。

③生造文种，如《××关于给××资助活动经费的批文》。

(3)不合语法规范

①搭配不当。如《××关于开展会计工作标准化技术考核制度的通知》，此题错误有三种改法：一是将"开展"改为"实行"；二是将"开展"改为"坚持"，"技术"前加"实行"；三是在"标准化"后加"活动实行"。

②语序不当。如《关于请求增援我院高压户外设备实训场建设的函》，应改为《关于请求增援我院户外高压设备实训场建设的函》。

③成分残缺。如《关于切实做好接受安置灾民的通知》，应改为《××关于切实做好灾民接受安置工作的通知》。

④成分多余。如《××关于做好安全生产各项准备工作问题的通知》，"做好……工作"是完整的述宾词组，"问题"多余，应删去。

⑤句子杂糅。如《关于召开××省第×届党员代表大会有关事宜的通知》，应改为《××××关于召开××省第×届党员代表大会的通知》，或《××××关于××省第×届党员代表大会有关事宜的通知》，视情况选其一。

(4)"关于"使用不当。例如，《关于××学院向××建筑公司联系学生顶岗实习事宜的函》，标题应改为《××学院关于向××建筑公司联系顶岗实习事宜的函》；再如《××县城建局召开关于建设海绵城市动员会议》，应改为《××县城建局关于召开建设海绵城市动员会议的通知》。

(5)缺少必要虚词

①缺少介词"关于"。如《××大学自学考试报名通知》应改为《××大学关于自学考试报名事宜的通知》。

②缺少"助词"。如《转发住建部办公厅关于报送工程建设领域保证金缴纳情况通知》、《关于报送教育配套设施配建情况通知》、《转发住房城乡建设部办公厅关于进一步落实责任加强建筑施工安全监管工作紧急通知》，均应在文种前加"的"。

(6)事由与正文不符。如《关于张××受贿案的调查报告》，可修改为《关于赵××揭发张××受贿案调查情况的报告》。

3. 语言文字方面的问题

(1)搭配不当

①主语和谓语搭配不当。例如，"人民的生活水平普遍增加了。"此句中"生活水平"不能说增加了，应改为"提高了"。

②谓语和宾语搭配不当。例如，"要努力实现这一伟大任务。"此句中"实现"和"任务"不搭配，可将"实现"改为"完成"。

③定语和中心语搭配不当。例如，"勤奋的工作换来了丰厚的成果。"此句中修饰中心语

的形容词“丰厚”和“成果”不搭配，可将“丰厚”改为“丰硕”。

④状语和中心语搭配不当。例如，“××公司是一家专业生产商品混凝土的企业。”在此句中，“生产”是动词，和“商品混凝土”组成述宾词组，其前面的词应该是状语，而“专业”是名词不能做状语，可将其改为“专门”。

⑤补语和中心语搭配不当。例如，“会议室打扫得干干净净、整整齐齐。”此句中“打扫”和“整整齐齐”不搭配，可删掉“整整齐齐”或把“干干净净”后面的顿号改成逗号，在“整整齐齐”前面补上与之相搭配的中心语(如加“布置得”或“收拾得”)。

⑥主语和宾语搭配不当。例如，“在培训班最后三天的学习，是我们收获最大的三天。”此句中主语“学习”和宾语“三天”不是同一事物，因而不搭配，“最后三天的学习”可改为“最后学习的三天”。

⑦状语和宾语搭配不当。例如，“市政府曾将清理露天乱放易燃物当成防止火灾发生的一大隐患。”此句中“清理露天乱放易燃物”和“一大隐患”搭配明显错误，可改为“市政府曾将露天乱放的易燃物视为发生火灾的一大隐患，下决心认真清理”；或保留状语，可改为“市政府曾将清理露天乱放的易燃物当成消除火灾隐患和防止火灾发生的一大举措”。

⑧状语和补语搭配不当。例如，“请认真贯彻执行，把我市××工作向前大大推进一步。”此句后一分句是“把”字结构做状语的无主句，“向前”和“大大”都是状语，“推进”是中心语，数量词“一步”属动量词，是“推进”的补语，“大大推进”和“推进一步”是矛盾的，可删去“大大”。

⑨“前宾语”和“后宾语”搭配不当。例如，“高大的人民英雄纪念碑前，排满了前来敬献花圈的队伍，有刚下夜班的工人，有从郊区来的农民，有机关干部，有解放军战士，有青年学生，还有戴红领巾的孩子们。”此句中“队伍”指有组织的群众行列，是前分句的宾语，也应该是后分句(承前省略)的主语，然而它和后面的宾语“工人”“农民”“干部”“战士”“学生”和“孩子们”都不搭配，可以将“队伍”改成“人”或者“人群”，也可以将“队伍”后面的逗号变成句号，接着加上“队伍中”。

(2)语序不当

①定语和中心语错位。例如，“今年年底无法实现市政府要求的排污达标。”此句可修改为：“今年年底无法实现市政府有关排污达标的要求。”

②状语中心错位。例如，“那时多数居民不理解对城市大搞绿化。”可改为：“那时多数居民对城市大搞绿化不理解。”

③定语和状语错位。例如，“会议期间，市领导亲切地向英模代表表示慰问。”可改为：“会议期间，市领导向英模代表表示了亲切的慰问。”

④状语和主语错位。例如，“往往有些人不能依法办事。”此句应改为：“有些人往往不能依法办事。”

⑤状语和补语错位。例如，“今春广交会以来，国际市场迅速好转，涤棉布需求量趋增，原安排的××年出口涤棉数量，被外商签订已完。”此句中的副词“已”本应做谓语的状语，却放错了位置，“被外商签订已完”可改为“已被外商签订完”。

⑥定语和补语错位。例如，“拟用2015年全公司超额利润的10%一次性为公司全体职工每人增发奖金平均1 000元。”此句可改为：“……为公司全体职工平均每人增发奖金1 000元。”或改为：“……为公司全体职工增发奖金，平均每人1 000元。”

⑦主语和宾语错位。例如，“从此，刘××的频繁换工作开始了。”可改为：“从此，刘

××开始频繁换工作。”

⑧状语和宾语错位。例如，“××与曾多次协调××集团、××市住宅办解决问题的××街道办事处取得了联系。”应改为：“××与曾多次同××集团、××市住宅办协调解决问题的××街道办事处取得了联系。”

⑨多层定语错位。例如，某公文标题《关于原××省××市建筑公司董事长大量挪用安全生产经费谋取私利的通报》中“原××省××市建筑公司董事长”应改为“××省××市原建筑公司董事长”。

⑩多层状语错位。例如，“我们要把反腐败斗争依靠法律手段和群众监督坚持不懈地搞下去。”此句状语“把反腐败斗争”应同“依靠法律手段和群众监督”调换位置。

⑪联合词组错位。例如，“省委、地委和中央领导同志都到这里视察过。”此句并未表示出按时间顺序的排列，则应改为“中央、省委和地委领导同志”或“地委、省委和中央领导同志”。

⑫复句语序错位，即复句中的分句组合不当，语序颠倒。例如，“我们不仅要用邓小平理论指导工作，而且要学习、掌握好它的精神实质。”应改为：“我们不仅要学习、掌握邓小平理论的精神实质，而且要用这些理论指导工作。”

(3)成分残缺

1)主语残缺。例如，“烟草历来是国家税收的一大主项，一直实行国家专卖管理，并制定《中华人民共和国烟草专卖法》做保障。”此句最后一个分句缺少主语，而成了“烟草制定烟草专卖法”，显然不妥，可将第二个分句中国家提到前面做主语，变成“国家一直实行专卖管理，并制定《中华人民共和国烟草专卖法》做保障”则可消除语病。

2)谓语残缺。例如，“按现行规定征地费用，我厂确有实际困难。”此句“征地费用”前缺少谓语，可改为“按现行规定缴纳征地费用……”。

3)宾语残缺。例如，“经××会议研究决定，免去××同志办公室主任。”应在“主任”后面加上“职务”。

4)语意不确切。例如，“我们的产品远销国外，质量达到国际水平。”应改“国际水平”为“国际先进水平”。

5)中心语残缺。例如，“中央作出西部大开发将是××尽快发展起来的最好机遇。”此句应在“西部大开发”后面加上“的战略决策”或将主语部分修改为“中央关于西部大开发的战略”。

(4)成分多余

①重复同一主语。例如，“如果这件事还没有到法院的话，这件事应该由工商部门来管。”此句可删除后一分句中的“这件事”并将前一分句中的“这件事”移到“如果”前，也可将后面的“这件事”改为“那么”。

②异词指同一主语。例如，“××经过踩点，他窜到这座居民楼。”“××”和“他”是全同关系的概念，属主语重复，多余，可将“他”去掉。

③主语叠床架屋。例如，“群众反映的情况和问题，引起市领导的高度重视。”此句联合词组做主语，“情况”外延大，包括“问题”，故“情况”和“问题”可视情删去一个。

④主语重复宾语。例如，“人民币的作用将会随着中国经济的发展而发挥更大的作用。”此句中“人民币”后面“的作用”三个字应删去。

⑤谓语多余。例如，“全市副处级以上干部有××%左右的人在党校或干部管理学院进

修学习过。”此句“进修”和“学习”词义相同，应删去一个。

⑥宾语多余。例如，“受益最大的是××自己本人。”此句“自己”和“本人”应删去一个。

⑦定语多余。例如，“一个极平常而普通的人作出了不平凡的业绩。”此句“普通”即“平常”的意思，两者词义重复，应删去一个（保留“普通”好一些）。

⑧状语多余。例如，“有关部门同志在一起多次反复地进行研究，终于找到了妥善地解决问题的办法。”此句“多次”和“反复”词义重复，应删去一个。

⑨补语多余。例如，“这些劳模的事迹都十分生动得很。”此句谓语中心前面有状语“十分”，且语句表达了完整的意思，后面无须赘加个补语“得很”。

⑩句式杂糅。例如，“今年来城市公文规范化程度有了很大提高，根本原因是由于我们认真宣传、贯彻执行了公文管理法规。”此句是“……根本原因是我们认真宣传……”和“……有了很大的提高，是由于我们认真宣传……”糅到了一起，可去掉“由于”或者去掉“根本原因”。

五、事务类应用文

1. 事务文书的含义

事务文书是党政机关、社会团体、企事业单位或个人在处理日常事务时，用来沟通信息、总结经验、研究问题、指导工作、规范行为的实用性文书。事务文书尽管不属于法定的党政公文，但比党政公文的使用频率高，应用范围更广。

2. 事务文书的特点

(1)使用的广泛性。公务文书具有严格的法定作者，而事务文书的作者是以党政机关、社会团体、企事业单位的名义来制发，甚至各行各业中的一定群体和个人都可以订计划、做总结、搞调查等。另外，事务文书的使用频率高，涉及面广泛，在各级机关的工作中，都会经常用到。

(2)体式的灵活性。公务文书的体式必须按照国家统一规定的规范体式制作，必须按照规定的格式制发文种。事务文书没有这样严格规范，写作时相对灵活。

(3)内容的指导性。一个单位、一个部门制订的工作计划，对该单位的各项工作具有同样的领导和指导作用。工作总结虽说是对过去的工作进行总结，但其中总结的工作经验、工作中存在的不足以及对未来工作的设想都对该单位有指导作用。

(4)行文的宽泛性。公务文书有严格的行文规则，而事务文书行文相对宽泛自由，可以灵活选择主送机关与抄送机关，也可以越级行文。

(5)语言的通俗性。公务文书一般都使用规范的书面语言，语言庄重严谨，有统一的专用术语。事务文书的语言则较通俗活泼。通俗易懂的群众口语的运用，各种修辞和表达方式的综合运用，使其语言具有优美活泼的美感特征。

3. 事务文书的作用

事务文书的主要任务是部署工作、交流情况、联系工作、总结经验、规范行为等。具体有以下几个作用：

(1)决策依据作用。事务文书对总结经验教训，掌握现代管理所需信息，对工作中的焦点、难点问题的调查研究起着至关重要的作用。决策者可以根据这些信息载体及时把握决策中的得失优劣，为合理、科学地调整工作思路，改进工作方法，取得更佳的工作效率提供重要的依据。

(2)制约规范作用。为了使全体社会成员共同遵守一定的行为准则，就需要制定各种规章制度，如章程、条例、办法等，它对一定范围内的成员起着制约和规范作用。同样，总结既是对过去工作经验教训的回顾，又是对今后工作提出的设想，对人们未来的行为具有指导的作用。

(3)宣传教育作用。为了推动各方面工作的开展，各行业、各部门都要依据中央或上级的精神，及时用各种形式向下级各部门布置工作。它们在分析形势、讲解政策、明确任务、传达信息、统一行动等方面均起到宣传教育的作用。

4. 事务文书的种类

事务文书按照不同的标准，可以分为不同的种类。常用的事务文书可分为以下几类：

(1)计划类事务文书。计划类事务文书是单位或个人对一定时限内的工作、生产或学习做有目的、有步骤的安排或部署所撰写的文书。如规划、设想、计划、方案、安排等。

(2)报告类事务文书。报告类事务文书是反映工作状况和经验，对工作中存在的问题或具有普遍意义的重要情况进行分析研究的文书。如总结、调查报告、述职报告、可行性论证报告等。

(3)规章类事务文书。规章类事务文书是政府机构或社会各级组织针对某方面的行政管理或纪律约束，在职能范围内发布的需要人们遵守的规范性文书。如章程、条例、办法、规划、制度等。

(4)会议类事务文书。会议类事务文书是用于记录或收录会议情况和资料的文书。如会议记录、讲话稿、开幕词、闭幕词等。

项目二　应用文写作基本要求

一、应用文写作要素

(一)应用文的材料

1. 材料的含义

材料是指构成文章内容并在文章中表现主题的一系列事实或理念。事实是指客观存在的一切有形、有态、有声、有色的事物和现象，它们是形象直观的；理念多指人们的思想观念和情感体验，它们是抽象概括的。

在文学艺术创作中，人们经常使用素材和题材的概念。素材是指写作者从社会生活中采撷到的、尚未经过加工处理的原始材料，是分散、零星、自然状态的生活现象；题材是写作者对素材进行选择、提炼、加工之后，写入作品中用来表现主题的一组或几组生活现象。在各类实用文体写作中，人们还经常使用资料这一概念，资料是指实用文章中所使用的文字依据、图表、影视胶片等。总之，在各类文章的写作中，材料是一个具有普遍适用性的概念。

2. 材料的作用

材料在文章写作中具有十分重要的作用。任何人写文章，总是具有一定的创作意图，并要表现某种思想认识或思想情感。而这种意图、认识或情感，往往是在某种实际材料的引发下产生的，或者是从广泛丰富的材料中提炼、概括出来的。因此，动笔写作之前，材料是形成观点的基础，写作过程中，材料是表现观点的支柱，观点一旦形成，就需要写作者用大量具体典型的材料将其表现出来。作为文章构成要素之一，材料也影响着文章的形成，从文体的选用到结构布局的设计，都要视写作者手中材料的具体形态而定。材料在写作活动中占有举足轻重的地位，它决定着文章的思想内容与表现形式，关系到写作活动的成败。材料所要解决的是言之有物的问题。

3. 材料的类型

(1)事实性材料和观念性材料。事实性材料是指客观存在的社会生活现象，或书籍、文章中提供的具体情况，包括人物、事件、数据、图表等。观念性材料是指经典著作、文件、重要理论文章中的理念性内容，以及人们日常生活中流传的格言、警句、谚语等。

(2)直接材料和间接材料。直接材料是指写作者从生活中通过观察、调查、体验等方式直接获取的材料，又称第一手材料。间接材料是指写作者从书籍、文献、刊物或其他媒体上通过阅读、检索等方式间接获取的材料，又称转手材料。

(3)现实材料和历史材料。现实材料是指发生于现实生活中，距今较近的材料。历史材料是指发生于历史上，距今较远的材料。

(4)概括材料和具体材料。概括材料是指反映写作对象总体情况的面的材料。具体材料是指反映写作对象个别情况的点的材料。

(5)中心材料与背景材料。中心材料是指直接揭示主题的主要材料。背景材料是对主题的表现起辅助作用的次要材料。

总之，写作材料的类型较复杂，依据不同的标准，从不同的角度可以对它作出不同的分类，如还有国内材料和国际材料、正面材料和反面材料等。

4. 选用材料的原则和要求

选用材料是写作过程中非常关键的一步，它直接关系到文章质量的高低。因此，在选用材料时应当遵循以下原则：

(1)围绕主题选材。围绕主题选材就是以主题的表现为依据来决定材料的取舍。和主题有关，并能有力地说明、烘托、突出主题的材料，就选而留之；和主题无关或关系不大，不能或不能很好地说明、烘托、突出主题的材料，就弃而舍之。无论写什么文章，都要考虑主题和材料之间的关系，选择材料的目的是用最精当的材料，将主题表现得更加充分、突出、深刻，使材料更好地为主题服务。总之，在一篇文章中，所有的材料都应具有或隐或现的“向心力”，这里的“心”就是文章的主题。

(2)选真实可靠的材料。这是指要选择确切可靠、符合客观情况的材料。文章的生命在于真实，而材料是构成文章内容的要素。因此，文章选取的材料真实与否，关系十分重大。真实有生活真实和艺术真实之分，文学艺术创作所追求的是一种艺术的真实，即生活中不一定发生了这件事，但按照生活发展的逻辑性进行推理，可能会发生这样的事。应用文写作所追求的则是生活的真实，即它不是虚假的、编造的，而是现实生活中曾经出现过，或正在出现与即将出现的事实。即使是使用间接材料，也要确保材料确凿可信，必要时需注明材料的出处。

(3)选典型性材料。所谓典型材料，是指那些能深刻反映事物本质，具有广泛代表性和强大说服力的事实现象或理论依据。任何文章，都只能是通过个别反映一般，通过个性反映共性，这样就势必有一个对个别、个性的精心挑选问题。材料不典型就会影响主题的表现，削弱文章的力量；而典型的事实或理念，由于它具有广泛的代表性，能以一抵十，是大量原材料矿藏中的精华，选择了它们就能够很好地说明问题、反映本质、揭示规律，具有很强的说服力。

(4)选新颖生动的材料。这是指要选择新鲜活泼、生动有趣的材料。新鲜活泼是就材料的时效性而言；生动有趣是就材料的表现力而言。新颖生动的材料，就是别人未见、未闻、未使用过，或即使使用过，但未能用出“新”意、“深”意的材料，既包括社会生活中的新事物、新动态、新风尚、新面貌，也包括人们对宇宙自然、人生社会的新观念、新思想、新感受、新体验。新颖生动的材料，既要从现实社会生活中去摄取，还要善于从过往材料中努力去“发现”、“发掘”。

(二)应用文的主题

1. 主题的含义

主题是写作者在说明问题、阐述道理或反映生活现象时，通过文章的全部内容所表达出来的基本观点。它是文章所表达的基本思想，是写作者从一定的立场出发，通过描述的对象或提出的问题所反映出来的主要写作意图。主题是写作者经过对现实生活的观察、体验、分析、研究以及对材料的处理、提炼而得到的思想结晶，既包含所反映的现实生活本身蕴涵的客观意义，又集中体现出写作者对所反映的客观事物的主观认识、理解和评价。

“主题”一词源于德语，最初是音乐术语，指的是乐曲中最富有特征并处于优越地位的那一旋律，即“主旋律”。后来，这一术语被移植到文学理论之中。在我国古代写作理论中，对它有很多称谓，如意、义、理、旨、道、气、主旨、主脑、主意等，虽然提法不同，但意思基本相似，都是写作者对客观事物的感受、理解和认识的集中体现。

在不同的文体中，主题也有不同的表现形式和称谓。记叙性文体中一般称为中心思想，议论文中一般称为中心论点或基本论点，抒情性文章中称为情感基调，说明文、应用文中主题通常体现为写作目的或意图。

2. 主题的作用

主题是文章的灵魂和统帅，这一句话高度概括了主题的作用和在文章中的地位。主题是衡量一篇文章价值的主要标准，也是一篇文章生命的主宰。其他要素虽然也很重要，在各自的位置上各司其职，不可或缺，但都不能成为衡量文章高低、优劣的主要尺度，它们都要为主题所统领和制约，都是为表现主题服务的。“山不在高，有仙则名；水不在深，有龙则灵。”主题恰如这山中之仙、水中之龙，处理好了就会使整篇文章神采飞扬；反之，则黯然失色。主题是文章的统帅，说的是一篇文章的材料如何取舍、结构如何措置、语言如何遣用等，都要依据表现主题的需要来加以裁定。总之，作为精神产品的文章，作为言志载道工具的文章，主题的统治地位是不可动摇的。它在写作中的基本功能是要解决言之成理的问题。

3. 主题的要求

(1)正确。正确是对主题最基本的要求，只有主题正确，读者才会从中受益，否则会引起不好的社会后果，乃至造成很大的社会危害。主题的正确，就是要符合生活的真实和历史的真实，要正确地揭示客观事物的本质和规律。单纯做到材料的真实，还不能确保主题的正确，还必须善于从材料中去发掘其本质内涵。这就要求写作者善于明辨是非、真伪，力求对客观事物做由表及里的开掘，在先进的世界观指导下，加强自身的思想修养，从而确保主题的正确。

(2)鲜明。托尔斯泰说过，只有文章的思想正确是不够的，还应当善于把这些思想表达得通俗易懂。所谓主题鲜明，就是说一篇文章中所阐明的观点、态度要明朗，绝不能模棱两可，似是而非。当然，由于文体特点不同，对主题表现要鲜明的理解也应该有所不同。一般来说，非文学作品的主题，应直接公开、明显地表现出来，而文学作品的主题，则应间接、含蓄地从场面和情节中自然而然地流露出来。

(3)集中。主题的集中，是强调主题要单一，重点要突出，不能分散零乱、漫无拘束，不能形成多中心，多中心实际上也就成了无中心。一篇文章，无论篇幅多长，材料多么繁杂，一定要确立一个表述重心。虽然有的文章涉及面广，内容丰富，其中可能会有许多分论点，特别是一些并列式结构的文章，分论点之间常常是并列的，但这并不表明是多中心，它们总是围绕一个总的中心思想来展开。能否做到主题的集中，与写作者对材料本身意义的认识有关，更与写作者的综合概括能力有关。

(4)深刻。主题的深刻，就是要尽可能纵深发掘，把潜藏在生活素材中的妙谛、真谛，所包含的意蕴汲取出来，要见人所未见，发人所未发。精辟的认识，独到的见解，使文章表现出深刻的思想性，从而使读者受到启示、感染和教育。主题深刻与否，取决于写作者对客观事物的认识程度，认识得越透彻，主题就开掘得越深。这就要求写作者加强思想修养，善于发掘事物的思想意义和社会意义，论事析理，剖析矛盾，从材料中概括总结出本质性、规律性的东西来。

(5)新颖。主题的新颖，就是强调写作者要有新的观点、新的见解，能够给读者以新的启迪，而不应该人云亦云，老生常谈。这并非有意追求新奇，而是强调写作者要有自己独到的见地，即使借鉴前人的观点，也应提炼出新意。新颖的主题主要得力于选取角度的新颖独特，写作者要多角度、多侧面、多层次地看问题，选准最佳切入点，把握事物的个性特征，才能提出“人人心中皆有，人人笔下皆无”的新见解，从而体现出主题的新意。

4. 主题的提炼

主题的提炼，是指将从材料中得来的思想认识加以集中深化，进而形成一篇文章所要表达的中心思想的过程。提炼主题的过程是从感性认识上升到理性认识的过程。

提炼主题要注意从以下四个方面入手：

(1)准确概括全部材料的思想意义。这是提炼主题的基础和前提，任何正确的思想都来源于客观实际，文章的主题则来源于写作者所掌握的材料之中。主题是全部材料思想意义的集中概括，是写作者对全部材料的一种认识和评价。提炼主题的过程也就是从材料中引出结论的过程。

(2)深入发掘客观对象的本质内涵。主题有正确、错误之分，也有深浅之别。提炼主题要力求深刻，克服表面化和一般化。主题深刻的程度是和作者对事物的认识程度成正比的，没有认识的飞跃，没有思想的升华，就不会有富于理性的主题。只有反映了事物内部规律，提示了事物本质特征的文章，才真正完成了提炼主题的任务。

(3)结合现实，体现鲜明的时代精神。不同时代有不同的生活内容，有不同的社会问题，作为反映一定时代现实生活的文章，必须带有鲜明的时代特征。凡是成功的文章，无一不是准确地反映了那个时代的精神，并对时代的前进起过推动作用的。写作者要在当代最先进、最科学的思想指导下，洞察生活的本质，根据客观现实的需要选好角度，提出在一定历史时期人们最关心的和迫切需要解决的问题，以引起人们的深思，这样的主题才能发挥出强大的社会作用。

(4)力求在与同类文章的比较中表现出新意。主题贵在出新，提炼主题还要考虑同类题材的文章已经达到的高度，在和同类文章的比较中，尽可能表现出新意。如果能在某一点上有所突破，能解决现实中没有解决或解决不充分的问题，是十分可贵的。如果只是重复别人已经形成的结论，提不出新观点，写不出新意，那就没有多大价值。这就要求写作者提炼主题要有新的认识角度和新的发现，力争使人们在思想认识领域内上升到一种崭新的境界。

(三)应用文的结构

1. 结构的含义

结构，原为建筑学上的术语，本义是指建筑物的内部构造及整体布局，后借用到文章写作理论中，它是指文章内部的组合与构造，具体体现为文章中整体与部分、部分与部分之间的关系。结构是一种组分为合、组局部为整体的文章构造艺术。

2. 结构的作用

在一篇文章的制作过程中，组织结构是一个重要步骤。如果没有合理的结构，尽管作者所要表达的思想观点非常深刻，所选取的材料非常丰富典型，也无法形成一篇文章；即使勉强地拼凑起来，也不能组合成一个既有自身逻辑性，又有恰当形式的有机整体。恰当的结构布局有利于揭示文章的主题，调度文章的材料，安排文章的层次。表面上看，结构似乎是一个形式问题，但它与文章内容密不可分，不仅受到文章内容、体裁的影响，还能体现出作者的思想水平、审美情趣和组织才能，甚至反作用于文章的内容、体裁。其基本任务是要解决言之有序的问题。

3. 结构的原则

(1)恰当地反映客观事物内部的本质联系。文章是客观事物在作者头脑中的反映，而任何客观事物都有其内部的本质联系。古人说的“物中有序”、“有条则不紊”、“有绪则不杂”，这其中的“序”、“条”、“绪”指的就是条理和内部规律。文章的结构形式就必须反映出这种条理和内部规律。

(2)服从并服务于文章主题的表达。主题既然是文章的灵魂和统帅，便应该对包括结构布局在内的其他要素起统领作用。主题是统领思路发展的红线，文章结构实际上就是思路在文章中的具体体现，因此，安排结构要从表现主题出发，要服从写作意图的需要。

(3)适应不同文体的特点和要求。文章的体式多种多样，不同的文体反映生活的容量不同，角度不一样，表现形式也有差异，所以安排结构的方式也有所不同。一般来说，叙事类的文章多以写人记事为主，谋篇布局多从时空顺序着眼，以人和事为线索安排结构；抒情类文章多以情感发展变化为前提安排结构；议论类文章多以“纲举目张，条分缕析”为基本格局，按提出问题、分析问题、解决问题的思路安排结构；而应用性文章一般都有较为固定的结构形式。

4. 结构的主要环节

结构的具体内容很多，其中最基本的有以下三个方面：

(1)结构的基本内容——开头和结尾。开头和结尾是文章结构的基本内容，在文章中占据显赫、重要的位置。元代乔梦符有“凤头·猪肚·豹尾”之说，明代谢榛在《四溟诗话》中指出："起句当如爆竹，骤响易彻，结句当如撞钟，清音有余。"这些论述都对开头、结尾提出了形象而生动的具体要求。

开头的具体方法是灵活多样的，归结起来，主要有两大类型：

①"开门见山"。可以落笔入题，直接进入事件，迅速展开故事；可以交代缘由，表明写作目的和动机；可以提出全文中心，阐明观点主张；可以树起靶子，指明批驳对象。总之，开始就接触文章的中心内容。

②"曲径通幽"。可以抒发感情以渲染气氛；可以引叙故事以引出深刻道理；可以借诗词谣谚作叙事的开端。总之，这种写法由远及近，娓娓道来，使读者自然而然地被文章的内容所吸引。

不管采用何种开头方法，要求做到：善于切入，找准下笔点；抓住读者，吸引读者注意力；有利于文章内容的展开。

结尾的方法也是多种多样的，归结为两大类型：

一是总结全文，强化生发，卒章显志，深化全文思想内容。

二是出人意料，含蓄隽永，回味无穷，给人启示、教益。

不管采用何种结尾方式，要求做到：缩结全文，深化主题；"行于所当行，止于不可不止。"

(2)结构的基本单位——层次和段落。层次，是指文章思想内容的表现次序，又称为"意义段"、"部分"。它体现着写作者思路展开的步骤，是事物发展的阶段性和人们认识事物的顺序性在文章中的反映。划分层次要着眼于文章思想内容，合乎事物发展的自然过程和人们思维的逻辑顺序，体现出写作者对全文发展阶段性的布局安排。

段落，是指在表现文章思想内容时因转折、强调、间歇等情况所造成的文字上的停顿，它是构成文章的基本单位，又称为"自然段"。凡是段落都具有换行另起的明显标志。划分段落时要注意到文章内容的单一、完整、连贯，还要注意到形式上的匀称、和谐、优美。

层次着眼于文章思想内容的划分，段落则侧重于文字表达的需要。

(3)结构的基本手法——过渡和照应。为文章设计了大的板块以后，还应考虑这些板块的拼接。因此，过渡和照应的重要性不言而喻。

过渡，是指上下文的衔接和转换。它解决的是相邻句子、相邻段落的连缀问题，起承上启下、穿针引线的作用，使全文内容紧密连接。文章中需用过渡的情况主要有：内容的开合处；内容的转换处；表达方式的变换处。在转换较大的情况下用段落过渡，在转折不太大的情况下用句子或词语过渡。

照应，是指文章内容上的前后关照和呼应。它着眼于全文内容的连缀，使全文内容具有内在逻辑性。照应的方式有：文题照应，行文和标题的呼应；上下文照应，文中重要内容的相互呼应；首尾照应，文章的开头和结尾的呼应。

总之，过渡和照应是使文章前后连贯、脉络畅通的重要手段。要把各段文字和各层意思衔接得严丝合缝，浑然一体，就必须巧妙地安排过渡和照应。

(四)应用文的语言

1. 语言的含义

写作活动是运用语言文字将思想观点及情感进行外化的过程，文章就是这种外化的结晶，所以，写作就是使用语言的艺术。

所谓语言，是以语音为物质外壳，以词汇为建筑材料，以语法为结构规律而构成的一种符号系统。

从语言使用的形式来看，语言可分为口头语言和书面语言；从语言使用的领域来看，语言可分为文学语言和非文学语言；从语言使用的阶段来看，语言可分为“内语言”(构思阶段的语言)和“外语言”(表述阶段的语言)。

2. 语言的作用

语言是人类思想交流最有效的物质媒介，是思维的工具，是构成文章和传递信息的载体，它或是承载科学理论、经验总结，或是承载艺术感觉、审美情趣。文章之所以能动人以情、晓人以理，就在于语言作为一种思想情感交流的媒介，将写作者和读者联结起来，充分发挥了其交际功能；而离开了语言的外化，无论多么深刻的思想、多么美好的感情、多么奇特的故事都不可能为他人所获知。因此，写作就是一种通过书面语言来进行传达、交流的手段。高尔基说：“文学的第一要素是语言。”其实，何止是文学作品，一切文章的第一要素都应该是语言。语言对于写作的重要性体现在它是表情达意的唯一工具，语言表达的效果直接关系到写作成果的质量。如果一个人具备很高的语言素养，就能准确生动地描述客观事物，反映思想情感，做到意到笔随，流转自如；相反，语言表现能力差，即使有所思也难以表述清楚，总是文不逮意，处处捉襟见肘。要解决这个问题，就必须学会准确、晓畅、艺术地使用语言。

3. 运用语言的基本要求

(1)准确。准确，是对文章语言最基本的要求。准确是指运用恰当的词语和表达方式确切无误地传达写作者的感受、印象和认识。这涉及用词、造句、语法、逻辑、修辞等方面的种种规定和要求。

①用词注意准确。要精心选择最恰当、最确切的词语，准确地再现事物的状貌，贴切地表达自己的思想感情；要仔细辨析词义，特别是注意区分近义词在含义和用法上的细微差别；要区别词语的感情色彩，做到褒贬适宜；还要根据语言环境选用词语。

②选句符合语法、逻辑。句子结构要完整；词语搭配要妥帖；语序要得当；句义要有逻辑性。

(2)简练。简练，就是以相对俭省的文字传递尽可能丰富的信息，按古人的说法，就是要“辞约而意丰”、“辞约而旨达”。语言的简练是思维缜密的表现，只有思想深刻，才能把握对象的本质，形成完整的认识，从而使思路清晰，富有条理性。思维混乱，思想糊涂，是不可能写出简练的文章的。

语言的简练还要提炼最精粹的词语，避免堆砌。写文章时要注意节约用字，做到言简意赅，注意删繁就简。写完文稿后还要努力压缩，使文字尽量简短。熔炼含蓄的词语，注意留有余地；还要学会选用适当的文言词语。

(3)生动。生动，就是新鲜别致，富有鲜活灵动的气息。运用语言，在确保准确、简练的情况下，还力求讲究语言的文采，使语言富有形象性和感染力。

写文章要选用含义具体、富有形象感的词语；要注意选用修辞手法，使句式富于变化；要注意音韵和谐，使语言富有节奏感；要灌注感情，使语言具有感染力。

(4)适体。适体，是指语言适合文章体裁的特征和要求，同时也包含着要适应表现对象的特点的含义。

写文章必须树立明确的文体意识，必须适合不同的写作对象的特点。尤其是应用文体，要根据不同的读者对象，选用不同风格的语言，如：给上级的公文，用词要谦恭诚挚；给下级的公文，用词要肯定平和；给平级单位的公文，用词要谦敬温和。总之，应用文往往受对象、场合的制约，使用语言必须考虑得体的问题。

4. 提高语言运用能力的途径

怎样才能提高自己运用语言的能力呢？一方面，要加强思维训练，写作的过程实际上是思维的过程，写作的语言实际上是思维的结晶；另一方面，要加强语言的培养。老舍曾经概括自己的经验说："总起来说，多念有名的文艺作品，多练习各种形式的文艺写作和多体验生活。这三项功夫，都对语言的运用大有帮助。"

(1)多听——在生活中积累。生活中充满了生机勃勃的、极富表现力的"活"的语言。学习语言必须投入到社会生活中，学习人民群众的语言，注意倾听社会各阶层群众的丰富多彩的话语。群众的语言就像矿藏一样，里面藏着许多闪光的宝石，需要写作者去发掘；但写作者不能全部照搬，听了之后还须思考、分辨、比较，不可认为凡新鲜、"新潮"的就好，就可以无条件地，不顾文体、语体和语境地写进自己的文章。

(2)多读——在阅读中感悟。经典性的文章或作品的语言都是经过精心加工，努力炼制而成的，因此，阅读经典作品，总结语言规律，也是培养语言能力的一种有效手段。

古人说："熟读唐诗三百首，不会作诗也会吟。"阅读就是为了从书中学习语言技巧，寻找法度规则。要注意精选各种体裁的作品，读熟读透，仔细揣摩其中的遣词造句，乃至声音节奏，以唤起灵敏的语感。同时，阅读过程中还要勤于记载，形成自己的"语言手册"。

(3)多练——在写作中锤炼。阅读积累只是知识的储存，而语言表达能力的培养和提高，在很大程度上依赖于写作实践。准确、简练、生动、适体的语言都是作者在精心写作、精心修改的过程中锤炼出来的。古今中外许多有成就的文学家、作家都非常重视语言的锤炼。"两句三年得，一吟双泪流"(贾岛)，"百炼成字，千炼成句"(皮日休)，"语不惊人死不休"(杜甫)，这些话语表明古代诗人对待语言是何等的严肃。

锤炼语言应该从字、词、句着手，先解决这些基本的语言材料，再逐步过渡到篇章的练习。同时，还要注意练习写作不同体裁的文章，把握不同的语体色彩。

二、应用文的表达方式

表达方式是指由作者的表达目的所决定的使用语言的手段。人们运用语言文字进行表达时，或是想让读者知晓一件事情的原委，或是想给读者以具体形象的感受，或是想阐明自己对某一问题的看法，或是想抒发自己内心的情感，或是想使读者明了一种事物、事理，这就必须采取不同的表达方式。常见的文章表达方式有五种，即叙述、描写、议论、抒情和说明。但应用文的文体特点决定了其使用描写和抒情方法的情况非常少。因此，本节主要讲述叙述、议论和说明三种表达方式。

(一)叙述

1. 叙述的含义和作用

叙述是把人物的经历、行为或事物发展变化的过程表述出来的一种表达方式。运用叙述方法的目的是使读者对所叙事件的来龙去脉有一个清晰明了的认识。

叙述是写作中最基本的表达方式，它的使用范围非常广，几乎各种文体的写作都要运用到，不过它在不同文体中所体现出的作用有所不同。在议论文中，可以运用叙述方法来概括某些事实，从事实中引出论点，或以事实为根据来论证论点；在说明文中，可以运用叙述方法来介绍事物的发展变化，或提供典型事例，使事物的特征和本质说明得更加具体；在应用文中，叙述是表达自然现象的发展过程或工作实验操作过程等内容的方法之一；在记叙性文章中，常运用叙述来介绍事件的发生、发展过程，人物的经历和事迹以及环境的状况和衍变，使读者对整个事件有完整的印象，对人物有全面的了解，对环境有充分的认识。叙述的使用频率高，文中只要涉及事实的表述，不管是历史事实、现实事实，还是未来事实，也不管是真实的事件还是虚构的故事，都需要用叙述来表达。只要是行为现象所造成的运动过程及其结果都是其表述对象。

2. 运用叙述的基本要求

(1)交代明白。所谓交代明白，是指要把事实的要素交代明白。事实的构成要素通常包括时间、地点、人物、事件、原因及结果。其中最重要的是时间、地点、人物和事件四个要素。运用叙述方法必须清楚地告诉读者：什么时间，什么地方，什么人，做了什么事，他为什么要做这件事，这件事最终做得如何。当然，在某些文章中，有的要素或是因为与文章内容关系不大，或是因为已被读者熟知，是可以视其情况省略的，但前提是不会影响到叙事的效果。

(2)线索清楚。线索是贯穿于整个叙事性作品情节发展过程中的内在脉络，它能把各种材料串联为一个有机整体，它是写作者安排材料、组织情节和非情节因素的根据，也是写作者的思路在文章中的反映。由于写作材料千差万别，作者的思路千变万化，所以叙述的线索在不同文章中的体现也多种多样，有的以时间延续为线索，有的以空间变换为线索，有的以事件为线索，有的以人物活动为中心线索，有的以具有某种代表性或象征意义的事物为线索，甚至还可以人物情感和认识发展为线索，以人物意识流动为线索等。应用性文体中使用叙述方法，往往用时间、空间及材料之间的内在联系等充当线索，一般不人为地颠倒事物发展的客观过程。

(3)详略得当。使用叙述方法，一定要分清材料的主次，分别进行详叙或略说，以突出重点，避免记流水账。

叙述要做到详略得当，首先要着眼于表现主题的需要。用以表现主题的重点材料，理应浓墨重彩；反之，则应轻描淡写。其次要着眼于满足读者的要求。读者未知、难知、想知的内容该详叙；反之，读者熟知、易知、不想知道的内容该略说。这样，就能使叙述有点有面，既有深度又有广度，获得较好的表达效果。

3. 叙述的人称

叙述的人称是指写作者的立足点或观察角度。

叙述的人称涉及写作者应当站在什么角度、什么基点去观察纷纭繁杂、扑朔迷离的社会现象，去发现美，去反映生活中的问题。写作中人称的选择，就好比摄影师调试镜头，选择拍摄角度一样，在很大程度上，决定了作品内容是否能以最佳方式得以表达。因为，同样一个对象，反映视点不同，取景不同，效果必然不一样。选择人称就是选择视点和角度。

叙述的人称分为两大类，即主观人称和客观人称。

主观人称，也称为第一人称，写作者以“我”或“我们”的口吻，以当事人身份出现在文章中，讲述所见所闻。其优势在于：“我”直接面对读者叙述，缩短了双方的距离，能增强文章的真实感和亲切感。其局限在于：只能叙述“我”的活动范围以内的人和事，表现范围较窄。客观人称，也称为第三人称，写作者以局外人的身份，用“他”、“她”或“他们”、“她们”等称呼，靠记叙他人的言行把人和事物展现在读者面前。其优势在于：不受“我”活动范围的限制，反映现实较灵活，可以在广阔的时空范围内表现众多的人物与复杂事件。其局限在于：不及主观人称那样便于直接表达思想感情，也不及主观人称使人感到亲切、真实。

使用第二人称代词进行叙述应归于主观人称范畴。

4. 常见的叙述方法

(1)顺叙。顺叙就是按照事件发生、发展和结束的自然时间顺序进行叙述。这是一种最常见、最普通的叙述方法。使用顺叙方法，有头有尾，来龙去脉非常清楚，文章的段落、层次划分与事件的发展过程一致，符合人们的阅读习惯。顺叙主要是按时间的推移展开，也可根据事件发展的阶段性进行叙述。为了成功运用顺叙方法，写作者必须注意对材料进行剪裁，要有主有次，有详有略，突出重点，不能平均使用笔墨，有话则长，无话则短。否则平铺直叙，过多罗列现象，记流水账，文章就会变得平淡无味。

(2)倒叙。倒叙就是将事件的结局或关键情节有意地放在开头，然后回过头来依次说起的叙述方法。运用倒叙法的目的不在于把事情倒过来叙述，主要是为了突出和强调有特殊意义的结果，或是为了造成悬念，引起读者寻根究底的兴趣。

倒叙的方法有两种：一种是结局提前，先叙“去脉”后表“来龙”；另一种是“拦腰写起”，把事件中扣人心弦的关键情节提前，造成悬念，然后再从事件的起始叙述到结局。无论哪种倒叙，都应该在转接处使用必要的文字过渡，衔接要自然。否则，会使文章脉络不清，头绪不明，反而影响文章内容的表达。

(3)插叙。插叙就是在叙述主要事件过程中，暂时停顿，插进另外一些与中心事件有关的内容。插叙结束后，再回到原来的事件上继续叙述。插叙可以使文章内容得到充实，也可使行文富于变化，但需掌握好插叙的技巧，在什么地方中断，插入哪些内容，怎样衔接，这些问题如果没有处理好，就会影响到叙事的效果。

(4)补叙。补叙就是在叙述过程中，对某些事物和情况作补充解释或说明，补叙文字一般不宜太长，它并不发展原有情节，仅仅是补充上文叙述的不足，或对下文作必要的交代；取消补叙文字，也不会影响到原有事件的陈述。

(5)平叙。平叙，也称为分叙、间叙，是指在叙述同一时间、不同地点所发生的两件事或多件事时，采取的先叙一件、再叙一件或交叉进行的方法，即古小说中所谓的“花开两朵，各表一枝”。平叙一般用于对比较复杂的事件或有众多人物出现的环境进行叙述，这种方法运用得恰到好处，可以增强文章的立体感和叙述的厚重度，但单一事件不能用平叙。

(二)议论

1. 议论的含义和特点

(1)议论的含义

作者运用事实材料和逻辑推理，来直接阐明自己的观点、见解的表达方式，叫作议论。议论是各种理论性文体的主要表达方式，同时也是应用性文体的主要表达方式之一。议论的运用范围非常广。

(2)议论的特点

①说服性。运用议论方法的目的，是要说服读者相信并接受自己的观点。为了保证议论具有说服性，首先要避免就事论事，而应该就事论理，要上升到一定的理论高度看问题；

其次要有针对性，包括针对现实社会中的热点问题和读者的思想状况，这样才能真正解决实际问题，达到和读者交流意见的目的。

②逻辑性。通常所谓的逻辑，是指思维之间的组织结构。衡量一篇文章是否具有逻辑性，一要看它是否层次清楚、文理通顺，二要看它是否具有正确的思维方法和合理的思维过程。运用议论方法，必须具备一定的逻辑知识，尤其是必须遵循形式逻辑的普遍规律，否则，就会犯"自相矛盾"、"偷换概念"、"循环论证"等逻辑错误。

2. 议论的三要素

成功的议论都是由论点、论据、论证三要素组成的。

论点，也称为论断，是作者提出的观点。论据，是证明论点的材料，也就是论点得以成立的理由和依据，包括事实论据和理论论据。论证，是运用论据证明论点的过程和方法。

论点、论据、论证三要素在一段完整的议论中是紧密联系、互相依存的，其中，论点提出"证明什么"，论据回答"用什么证明"，论证解决"怎样证明"。成功的议论总是以正确、鲜明的论点为前提，以确凿、充分的论据为基础，以严密有力的论证为手段，三者缺一不可。

3. 议论的类型

议论可分为立论和驳论两大类。

立论，也称为证明，是运用确凿的事实和充分的事理从正面把自己的论点树立起来，并证明其正确性。驳论，也称为反驳，是运用充分有力的论据来批驳他人的观点，从而证明他人的观点是错误的。

议论的这两种类型是对立的统一。树立任何一个论点，就意味着否定和它相对立的论点，立中有驳；同样，驳斥一个错误观点，也必然要树立一个与之相对立的正确观点。议论文往往以一种议论类型为主，以"立"为主的文章称为"立论文"，以"驳"为主的文章称为"驳论文"。立与驳相辅相成，立论文里会出现反驳，驳论文里也会出现立论，在运用时，只是有所侧重而已。

4. 论证的方法

(1)例证法。例证法是选择个别具有典型代表性的具体事实来论证观点的方法。"事实胜于雄辩"，例证法是很有说服力的。运用例证法，可以用具体事例，也可以用概括性的事实，甚至还可以用统计数字，关键在于"据事取义"。

运用例证法证明观点，必须注意以下三个方面：

①叙述事例不可过详。议论文中事例只是一种论据，是为证明论点服务的，因而要简明扼要，不能铺叙细描，否则就会喧宾夺主，改变文体的议论性质。

②事实论据不可"单一罗列"。写议论文是要证明论点的普适性，如果只是某一类型事例的单一罗列，就会暴露论点的片面性。因此，在列举较多事例时，应注意角度的变换，要善于将思维的流畅性与思维的变通性结合起来。

③不能有例无证，忽略论证环节。列举出事例后，要及时进行分析，把事例中与论点结合最紧密的那部分意义抓住，才能"证"、"据"结合，从而证明自己的论点。

(2)引证法。引证法是运用一般原理等理论论据来证明论点的方法。引用名家名言、格言谚语、科学定理等作为论据证明论点，可以加强文章的思想深度，从而证明自己论点的"权威性"。

引证法分直接引证和间接引证两种。照录原文、原话的，叫作直接引证，应当用引号引起来，表明未做任何改动。如果只是叙述大意，或原话较长，引用时进行了概括，叫作间接引证，不能加引号，以表明并非原文。

运用引证法证明观点，必须注意以下三个方面：

①引言必须是真理。用来作为论据的引言，必须是被历史、事实所检验、证明了的真理。

②引言要恰当。引言要能恰当地证明论点，而不能生拉硬扯，牵强附会，更不能张冠李戴。

③引言要少而精，并与自己的分析相结合。如果引言过多，会让人感到写作者是在东抄西摘，自己并无主见。

(3)比较法。比较法是将两种事物进行比较以证明论点的方法，包括类比、对比和喻比。类比是从已知的事物或结论中推出同类事物或结论的比较，是性质相同者进行比较。对比是将两种性质不同的事物或结论进行比较。喻比是采用比喻的方法进行论证。

(4)分析法。分析法是通过分析事理，揭示事物之间的因果关系以证明论点的方法，可以用因证果，或用果证因，也可以因果互证。运用因果分析时，要特别注意事物发展过程中的客观联系，使“因”的发展能够合乎逻辑地推导出“果”来。

另外，还有反证法、归谬法等多种论证方法。需要说明的是，以上各种论证方法，并非孤立存在的，往往要综合运用多种论证方法才能充分证明自己观点的正确性。成功的议论，通常是论证方法的多样性与和谐性的完美统一。

(三)说明

1. 说明的含义及特点

(1)说明的含义

说明，是用简洁通俗的语言解说客观事物、阐释抽象事理的表达方式。它可以用于解说实体事物，如人物的经历、事迹，事物的形状、构造、功能等，也可以用于阐释抽象事理，如事物的本质、规律，事物之间的关系等。在应用文写作中，说明与叙述、议论是三种主要的表达方式，经常结合着使用，但叙述侧重于“动态”的表述，说明侧重于“静态”的表述，议论侧重于“主观”，说明侧重于“客观”。

(2)说明的特点

①知识性。运用说明方法的目的，是要将被说明对象的知识告诉读者，知识性是说明方法的出发点，也是其最终的落脚点。因此，写作者必须掌握被说明对象的有关科学知识，不能仅凭一知半解敷衍成文。

②客观性。既然以介绍知识为目的，说明必然具有客观性。客观的对象本身是怎样的，就对它作怎样的解说和阐释，其间不能带有个人的主观臆测。

2. 运用说明的基本要求

(1)抓住特征。要成功说明一个对象，必须抓住该对象独具的特点，因为正是这些特点使被说明对象与其他对象，尤其是与同类对象区别开来了。

(2)选好角度。不同的读者群对说明的角度有特殊的规定，即使是对同一事物作介绍，读者对象不同，说明的角度也应该有所不同。只有说明角度适合读者要求，说明的价值才能真正体现出来。

(3)客观冷静。由于说明的目的是要把知识告诉读者，所以写作者个人的主观感情是不能轻易流露于说明过程中的，否则会影响知识的准确性。说明毕竟不是评论，更不是抒情，写作者的态度应该是冷静的。

(4)准确简明。说明的语言要有文体感，准确简明是它的语言风格。无论是解说实体事物，还是阐释抽象事理，都应该在确保准确简明的前提下，力求生动。

3. 说明的方法

(1)概括说明。概括说明就是对事物或事理的内容、特征等给予概括，作出简明扼要的介绍，其目的是为了使读者对对象有一个轮廓性的认识。概括说明的语言表述要简练，常用来写出版说明、内容提要以及文物或产品的概括介绍等。

(2)定义说明。定义说明就是用简洁的语言对某一对象所包含的本质特征作规定性说明，以揭示概念的内涵和外延。定义说明必须包括三个部分，即被定义概念、内涵揭示语和下定义概念，经常和诠释结合使用。

(3)分类说明。分类说明就是按一定的标准对事物或事理的不同成分或方面，分别加以解说。分类时首先要保证标准的统一，使分出的子项之间是并列关系；其次要保证完整，各子项相加的总和等于被分的母项。

(4)比较说明。比较说明就是把具有可比性的事物或同一事物的不同阶段、不同侧面进行比较，借以说明它们的特征和性质。比较，是人们认识事物的一种基本思维方法，也是说明常用的方法。

(5)举例说明。举例说明就是用列举实例的办法把比较复杂的事物或事理解说得具体明晰。

(6)引用说明。引用说明就是引用各种文献资料、古今诗词、农谚俗语等对事物或事理加以解说。引用可以使内容显得确凿充分，使语言更为精练。

(7)数字说明。数字说明就是运用数字说明事物或事理，用事物"量"反映其外观状况或变化过程的方法。

(8)图表说明。图表说明就是用绘图、列表的形式来解说客观对象的方法，它可以增强解说的直观性。

三、应用文写作原理

(一)选材

选取应用文写作材料的标准是选择真实、可靠、典型、新颖的材料。真实是指材料准确、信息无误；可靠是指材料的来源必须可靠，最好是第一手直接资料而不是间接资料，因为资料的可靠程度直接决定着分析数据的准确性及制订相应措施的可行性；典型是指材料的选取要尽量选择点面结合的材料、对比材料、正反材料、定性材料和定量材料等，可以直接反映问题或直指问题本质；新颖是指尽量选取有时代感的材料，能表现事物的发展变化趋势，反映客观事物的最新面貌，如新人、新事、新思想、新成果和新问题。

(二)立意

应用文写作的主旨一般要求单一、明晰、正确、实用。单一是指应用文书不可多中心，要求主旨集中单一，内容单一，一文一事；明晰是指应用文书的主旨不能像文学作品的主题那样含蓄隐晦，必须清楚、明白、突出，赞成或反对、提倡或禁止、肯定或否定，都一目了然；正确是指符合国家的法律、法规，符合党和国家的路线、方针、政策，符合客观实际情况，能反映客观事物的本质规律，经得起实践和时间的检验；实用是指应用文的主旨是直接拿来办事的，既要有对现实的针对性，又能明确体现领导工作意图，可以直接应用于现实生活。

主旨的生成通常有以下几种途径：

其一，广泛、深入地阅读材料后概括归纳出材料中反映的突出问题或核心内涵。

其二，客观、深入地挖掘事物的内在本质，透彻地分析问题后得出对对象的主观认识或评价。

其三，密切联系时代主题。

其四，深刻地领悟领导意图。

其五，比较同类作品后拿出新意。

(三)谋篇

应用文写作常用的结构类型有横式结构、纵式结构及综合式结构等。

具体结构的安排主要体现以下几个基本原则：

其一，结构的安排要符合事物本身的内部规律及事理的逻辑性需求，力求准确、深入地反映客观问题。

其二，结构的安排要密切结合主旨的需求，一切为主旨服务。

其三，结构的安排还要适当地考虑文体特征，不同的文种有自己适合的结构特征，这一点是应用文写作主体要在写作实践中不断探寻和追求的。

其四，结构的安排还要结合写作主体的写作能力，尽量选取自己能够胜任或把握的结构来组织文章。

应用文写作的结构要求正确处理开头和结尾、层次和段落及过渡和照应等结构要素，好的文章结构应该是层次清晰、段落分明、前后照应的有机整体。

(四)构思

构思更重要的是指在语言层面斟酌如何刻化内在思维成果，然后落笔成文。应用文的语言一般要求准确、简明、平实、得体。

准确是指应用文书语言严格遵照其意义，严格遵循语法规则，不能曲折隐晦、含糊其辞、模棱两可。

简明是指应用文书不追求纤毫毕现的细节展示。应用文书的表述，只求抓住关键、抓住要点，进行简明扼要的述说。

平实是指应用文书只适当运用比喻、对偶、排比等常规修辞格，一般不采用夸张、通感、暗示等修辞格，语体平实易懂。

得体是指不同的文种有不同的语言风格，要学会恰当地使用语言。如指挥性公文的命令、决议、决定注重庄重严肃；法规、规章和管理规章文书讲求严谨、确切、利落；计划性文书必须实在、周密、可行；会议报告应富于鼓动性。

案例评析

住房城乡建设部办公厅关于做好国家智慧城市试点工作的通知

建办科[2013]5号

各省、自治区住房城乡建设厅，直辖市、计划单列市建委(建交委、建设局)，新疆生产建设兵团建设局：

根据《国家智慧城市试点暂行管理办法》，在各省级住房城乡建设主管部门初审的基础上，我部组织开展了2012年国家智慧城市试点申报的综合评审。经研究，确定北京市东城区等90个城市(区、镇)为创建国家智慧城市第一批试点。为做好试点工作，现将有关事项通知如下：

一、智慧城市建设是推动集约、智能、绿色、低碳的新型城镇化发展，拉动内需，带动产业转型升级的重要途径。各地要以创建智慧城市为契机，积极开展体制机制创新，探索符合当地实际的城镇化发展模式，加强城市规划、建设和管理，促进工业化、城镇化与信息化的高度融合。

二、各地应结合相关规划实施和自身特点，在充分整合现有信息资源和应用系统的基础上，建立城市公共信息平台，实现跨行业、跨部门的综合应用和数据共享，构建智能、协同、高效、安全的城市运行管理体系和惠民利民的公共服务应用体系，并采取"政府引导、社会参与"的多种渠道、多元投资的方式，开展试点相关项目的建设和运营。

三、各地要加强组织领导，明确行政责任人，成立由相关职能部门组成的试点工作实施管理办公室，切实落实相应的政策、制度、资金等保障条件，确保试点创建任务完成。请各省级住房城乡建设主管部门做好本地区试点的组织协调、指导、监督和检查工作。

四、我部将与试点所在省级人民政府签订共同推进智慧城市创建协议，并会同省级住房城乡建设主管部门与试点城市(区、镇)人民政府签订"国家智慧城市创建任务书"。请列入试点的城市(区、镇)按照智慧城市发展的总体要求，进一步明确目标，加强顶层设计和规划，细化城市公共信息平台建设和应用方案，修改完善试点实施方案，编报创建任务书。并将实施方案和任务书电子版于2月22日前发送至smartcity2013@126.com。

五、试点城市实行开放式管理。我部将根据《国家智慧城市试点暂行管理办法》，按照公开、公平和公正原则，继续组织申报国家智慧城市试点。请各省级住房城乡建设主管部门根据当地实际，积极组织开展申报工作。

附件：1. 第一批国家智慧城市试点名单
　　　2. 国家智慧城市创建任务书

中华人民共和国住房和城乡建设部办公厅

2013年1月28日

【评析】

这是一份典型的通知。标题由发文机关、事由、文种三要素组成。主送机关处有多个受文机关，同类型、相并列的机关之间用顿号间隔，不同类型、非并列关系的机关之间用逗号间隔。正文依次简要介绍发文缘由、通知具体事项及要求。后面用附件详细介绍相关的名单及任务书，主次分明，要求明确，体现了上级机关发布公文的权威性。

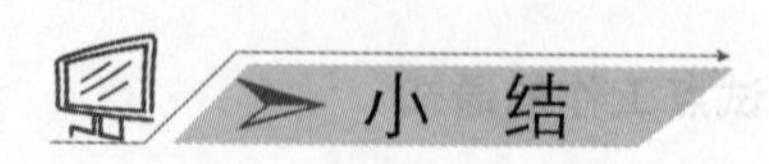

小结

应用文是指国家机关、企事业单位、社会团体和个人在日常工作、学习和生活中，为处理公务和私务、传递某种指令和信息而常用的具有某种特定格式或惯用格式的文体。按处理事情的性质可以将应用文分为公务类应用文和私务类应用文两个大类。公文是党政机关、社会团体、企事业单位在行使管理职权、处理日常工作时所使用的，具有直接效用和规范体式的文书。按照中共中央办公厅、国务院办公厅2012年4月16日发布的《党政机关公文处理工作条例》规定，党政公文为15种，包括决议、决定、命令(令)、公报、公告、通告、意见、通知、通报、报告、请示、批复、议案、函、纪要。公文一般由份号、密级和保密期限、紧急程度、发文机关标志、发文字号、签发人、标题、主送机关、正文、附件说明、发文机关署名、成文日期、印章、附注、附件、抄送机关、印发机关和印发日期、页码等组成。公文的行文关系，指的是发文机关与收文机关之间的关系。事务文书是党政机关、社会团体、企事业单位或个人在处理日常事务时，用来沟通信息、总结经验、研究问题、指导工作、规范行为的实用性文书。应用文写作的基本要求中要注意写作要素、表达方式、写作原理三方面。其中写作要素包括材料、主题、结构和语言四部分的要求；表达方式常用叙述、议论和说明；写作原理中应注意选材、立意、谋篇、构思几方面。

复习思考题

1. 应用文具有哪些特点？
2. 简述应用文的作用。
3. 党政公文具有哪些特点？
4. 简述公文的行文关系。
5. 事务文书具有哪些特点？
6. 事务文书可分为哪几类？

学习情境二　职场起航

学习目标

通过本学习情境的学习，了解职业生涯规划、求职信、个人简历、申请书、感谢信、慰问信、表扬信、自我鉴定的基本格式；掌握职业生涯规划、求职信、个人简历、申请书、感谢信、慰问信、表扬信、自我鉴定的写作方法。

能力目标

能结合实际，进行职业生涯规划、求职信、个人简历、申请书、感谢信、慰问信、表扬信、自我鉴定的写作。

项目一　职业生涯规划

一、职业生涯规划的含义

职业是参与社会分工，利用专门的知识和技能，为社会创造物质财富和精神财富，获取合理报酬作为物质生活来源，并满足精神需求的工作。

职业生涯，是指人一生的职业历程。

规划，是计划的一种，筹划性文书的典型文种之一。

职业生涯规划就是指个人与组织结合，在对一个人职业生涯的主客观条件进行测定、分析、总结的基础上，对自己的兴趣、爱好、能力、特点进行分析和权衡，结合时代特点，根据自己的职业倾向，确定最佳的职业奋斗目标，并为实现这一目标作出行之有效的安排。

大学生职业生涯规划是指大学生结合自身情况以及眼前的机遇和制约因素，确立职业目标，选择职业道路，确定教育、培训和发展计划等，并为实现职业生涯目标确定行动方向、行动时间和行动方案。

二、职业生涯规划的要素

职业生涯规划包含三个最基本的要素，即自我认知、环境认知和职业抉择。三个要素之间的关系可以用一个简单的公式来加以诠释：

职业生涯规划＝知己＋知彼＋抉择

“已”是指个人的个性特征、职业兴趣、职业价值观、职业特长或职业技能等。

"彼"是指与职业发展相关的社会环境、行业环境、就业形势等外在环境因素。

"抉择"是指个人的职业目标确定、职业路径选择、职业发展方向等。常言道,"知己知彼,百战不殆。"成功的职业规划应该是在辩证分析外在环境和内在条件的基础上作出的科学的职业抉择和职业发展方案。

三、职业生涯规划的写作流程

职业生涯规划写作的基本流程如下:

1. 职业素质分析。自我识别和测评定位的主要内容是与职业相关的所有因素,包括兴趣、气质、性格、能力、特长、学识水平、思维方式、价值观、情商以及潜能等。简而言之,要弄清我是谁、我想做什么、我能做什么。

2. 职业环境分析。包括对社会环境、行业环境和组织(企业)环境等外在环境因素的分析。即要评估和分析职业环境条件的特点,发展与需求变化的趋势,自己与职业环境的关系以及职业环境对自己的有利条件和不利因素等。

3. 职业生涯目标的确定。职业生涯目标的确定是指可预想到的,有一定实现可能的最长远目标,包括人生目标、长期目标、中期目标和短期目标。一般我们可以首先根据个人素质与社会大环境条件,确立人生目标和长期目标,然后通过目标分解,分化成符合现实和组织需要的中期、短期目标。图 2-1 为职业规划目标、路线分析过程。

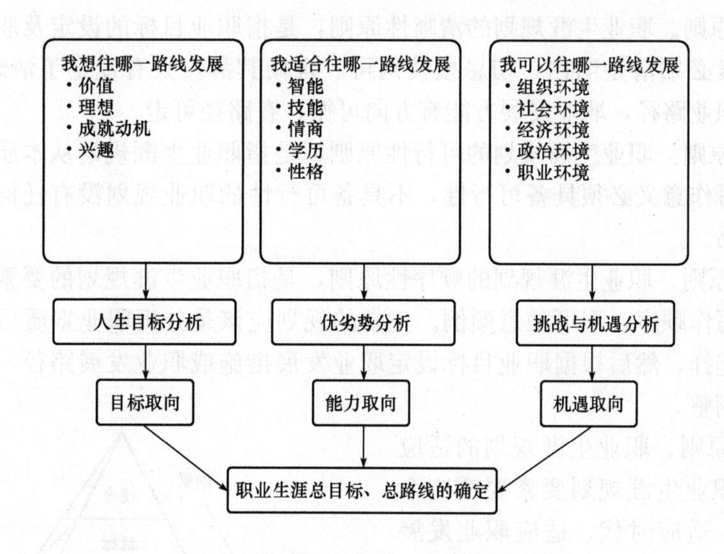

图 2-1　职业规划目标、路线分析过程

4. 职业生涯策略与措施。所谓职业生涯策略与措施,是指为实现职业生涯目标而制订的行动计划。应包括职业生涯发展路线、教育培训安排、时间计划等方面的措施。

5. 评估与调整

(1)职业目标评估。人生的目标有时看起来遥不可及,但通过制订短期的目标、中期目标、长期目标,明日计划、下周计划、下月计划、明年计划,就变得极易实现了。我们能做的不是一步登天,而是脚踏实地,一步一个脚印地将理想变成现实。

(2)规划调整的原则

①定期检测预定目标的达成进度。

②每一阶段的目标达成之时，要依据实际效果修订未来阶段目标可采用的策略。

③客观环境改变影响计划的执行。

(3)其他因素评估。包括身体健康、家庭事业平衡等的评估。

(4)评估的时间。每天的计划当天评估。一年做一次评估规划，并在年头制订该年具体计划，逐月修订，将具体计划按照年、月、周细分，并做好总结工作。积极修正和核查策略和计划，保证目标有效实施。

四、职业生涯规划的写作要求

职业生涯规划书的写作要遵循以下几个基本原则：

1. 长期性原则。职业生涯规划的长期性原则，是指职业规划是关系一个人终身的职业发展趋向的策略性文书，其本质意义即在于对终身的职业发展作出科学、合理的规划，避免盲目性。所以职业生涯规划书的写作必须遵循长期性原则，着眼于职业生涯的长远发展。

2. 挑战性原则。职业生涯规划的挑战性原则，是指职业生涯规划中职业目标的设定要具备一定的挑战性，适当地高于现实生活，否则目标也就失去了对现实行为的督促和指导作用。所以，职业生涯规划书的写作，特别是职业目标的设定要结合具体情况作出富有挑战性和理想性的抉择。

3. 清晰性原则。职业生涯规划的清晰性原则，是指职业目标的设定及职业路径的选择等职业规划要素必须清楚明白，切忌模棱两可、含糊其辞。只有设定了清晰的职业目标，选择了清晰的职业路径，职业发展方能有方向可循，有路径可走。

4. 可行性原则。职业生涯规划的可行性原则，是指职业生涯规划从本质上讲是一种筹划性文书，其写作意义必须具备可行性，不具备可行性的职业规划没有任何现实意义，永远只是一纸文书。

5. 顺序性原则。职业生涯规划的顺序性原则，是指职业生涯规划的要素在写作过程中要遵循一定的写作顺序，不可随意颠倒。正常的规划应该是分析职业素质后结合职业环境作出职业目标选择，然后根据职业目标设定职业发展措施或职业发展路径，最后作出适当的职业评估或调整。

6. 适应性原则。职业生涯规划的适应性原则，是指职业生涯规划要素要适应个人、适应环境、适应时代、适应职业发展大环境，即职业生涯规划不能全凭爱好凭空设计，要根据时代环境、就业环境及职业环境等因素作出适合自己、适应时代、适应社会的选择，切记不要将个人独立于环境之外。

7. 层级性原则。职业生涯规划的层级性原则，是指职业生涯规划通常要遵循一种从形而上到形而下的层级性。具体分析如图 2-2 所示。

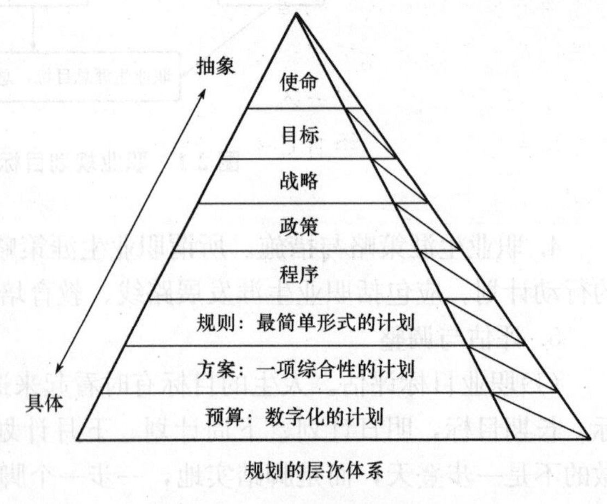

图 2-2　规划的层次体系

案例评析

个人资料

真实姓名：赵××
性别：男
年龄：21
籍贯：××省××县
所在学校及学院：××学院工学院
专业及班级：土木工程(工程造价)，××届土木四班
学号：××××××
联系地址：××学院南校区，工学院，××届土木四班
邮编：××××××
联系电话：××××××××××××

目　录

一、引言
二、自我分析
三、职业分析
四、职业定位
五、计划实施方案
六、评估调整
七、结束语

一、引言

作为当今大学生的我们，应当让自己的大学生活过得充实精彩，不能一日一日地消磨自己的光阴，不能荒废自己了，再也不要做白日梦了，要用行动来证明自己是真正的水手。大学是我们进入社会的中转站。在这人才竞争激烈的时代，为了生存，你不得不在大学期间学好专业知识、学好如何为人处世，来面对现实的社会。“凡事预则立，不预则废”，我们都拥有自己的梦想，而差别在于是否有规划有步骤地向梦想靠近。做好自己的职业生涯规划，而不是整天在那里做白日梦，以一种自暴自弃的心理来对自己……要努力发挥自己的潜力，打造自己的完美人生。有了梦想，有了动力，好的规划加上不懈的努力，铸就璀璨的人生，在这里演绎自己的精彩。

二、自我分析

基于人才测评分析报告以及本人对自己的认识、朋友对我的评价，进行了客观的自我分析。

(一)职业兴趣

从测评分析报告中得出：我本人对抽象的、分析的、灵活的定向任务性质的职业比较感兴趣，对研究型、领导型、社会型、创造型的工作比较有兴趣，其他方面的职业兴趣一般。

(二)职业能力

我本人逻辑推理的能力相对比较强，而信息分析能力也不错，比较喜欢对复杂的事物

进行思考，工作认真、负责。但是，偶尔想法过于复杂以至于较难与别人交流和让别人理解。

（三）职业素质

观察力强，我这个人对工作的自觉性比较好，而且对工作比较热情，能够吃苦耐劳，更善于处理概念和想法。总是试图运用理论分析各种问题；对一个观点或形势能作出超乎常人的、独立准确的分析，会提出尖锐的问题，也会向自己挑战以发现新的合乎逻辑的方法。喜欢在工作中接触人，喜欢团体工作。对于固定的工作模式十分讨厌，不喜欢做一些不变的操作性工作。

（四）职业价值观

从我的测评结果中可以知道，自我实现取向、经营取向、才能取向的得分是最高的。我认为自己在工作中，在不考虑工资收入的前提之下，自己最喜欢做的工作为第一考虑，对所选择的职业，要有能从中不断学习知识的机会，对工作的收入，要不低于我本人的工作能力的价值。同时，也会考虑这份工作是否能实现自己的目标或者自己的理想。最后，也考虑这份工作我是否合适去做，我的能力是否能胜任等一些相关的问题。

（五）职业能力

1. 能力优势。头脑灵活，有较强的发展、提升意识，逻辑推理能力比较强，注重团体。有创造性地解决问题的技能，具有探险精神、创造意识以及克服困难的勇气。独立自主，能够客观地分析和处理问题，而不是感情用事。交际能力较强，对自己要求严格，有强烈的上进心。

2. 能力劣势。做事理性不强，喜欢按传统的、公式化的方式来办事。毅力仍然有些不足，有时做事会半途而废。做事情有时太跟随自己的想法，一意孤行。

总而言之，我认为自己职业兴趣明确，有一定的能力优势，但是也有一定的能力劣势，所以要发挥自己的优势，克服自己的不足。平时要针对自己的不足进行改进性强化训练，比如，要多练习写作，多看一些课外书，拓宽视野。

三、职业分析

（一）家庭环境分析

家庭经济能力不富裕，只是一般而已，仅能维持正常的生活，我的学习费用有一定的负担。我的父母都在农村以种地为生，经济收入微薄。

（二）学校环境分析

我就读的学校是××省的普通大学，生活环境一般，教学设施基本齐全，但教学设施不是那么先进，教学水平一般，学习的土木工程专业课的科目开设不太理想，教学质量不算很高，只是一般，师资也不够，但总的来说，整体教学还是在普通大学之上。

（三）社会环境分析

我国现在大学毕业生渐渐增多，而且需求量逐渐饱和，但土木类专业毕业生就业形势还是比较好的，随着我国的城市化进程，社会需求量还是比较大的，所以就业环境很好。

（四）职业环境分析

在我国土木人员需求量很大，但高级技术人员短缺。职业技能不过硬是不容易找工作的，现在自己多考些证书能够拓宽就业范围。

四、职业定位

综合前面的自我分析和职业分析这两部分的内容，我得出本人的职业定位的SWOT分析。

职业定位的SWOT分析

因素类别		内容
内部因素	优势因素(S)	头脑灵活，逻辑推理能力较强 工作有毅力，认真，负责 具有创造力，领导能力不错 人际关系处理得当
	弱势因素(W)	有时过于感性，会忽略别人的感受 不喜欢传统的工作，偶尔会有厌倦心理
外部因素	机会因素(O)	在沿海地区工作岗位相对多些，经济方面仍然有发展前景
	威胁因素(T)	社会环境不断变化，竞争激烈，就业形势日益严峻

结论：

1. 职业目标

根据自己的职业兴趣和个人能力，我希望能最终成为一名国际建筑界的精英。

2. 职业的发展路径

考多种证书——造价员——造价师——建造师。

五、计划实施方案

(一)大学期间(××—××年)

1. 学好各科专业知识，掌握造价行业的基本知识。
2. 英语考级积极复习，强化英语，至少过六级。
3. 从大二开始，积极准备考多种有关建筑造价类的证书。
4. 从现在起，关注考证的各种信息，研习关于土木造价的书籍。
5. 大二考到中级口译证书，大三考到高级口译证书。
6. 假期打工(和本人专业相符的工作)积累社会经验。

(二)大学毕业后五年(××—××年)

1. 若考上研究生，则继续勤奋学习。
2. 去国外留学，学习土木工程类的更高层次的知识和经验。
3. 去国外工作。

(三)长期计划

1. 在工作之余，不断学习各方面的知识，提高自己的能力，增长各方面见识。
2. 努力工作，积极争取提升的机会。
3. 在工作学习之外，坚持锻炼身体。
4. 汲取他人各种优点，不断提高自身的修养。
5. 不断发现自己的不足，并予以改正。

6. 建立良好的交际网，秉承“君子之交淡如水”的人生座右铭。

六、评估调整

社会是不断变化的，而且是不断向前发展的，所以对我的职业规划要作出风险预测。如果我不能够完成以上制订的计划，我会有以下的发展路径：

大学毕业后，没有考上研究生，则：

(一)直接参加工作，累积资本，为日后出国深造打下经济基础。

(二)一方面可以在国内找工作。

(三)同样也可以在国外找工作。

七、结束语

一份好的计划只有在努力实践中才能显示其价值，既然做了承诺就努力去实现，否则一切将只是白纸，收获的也只有惨淡的人生。别让家人、朋友、关心爱惜自己的人及自己心爱的人失望，更别让自己失望，让青春无悔。

把握生命里的每一分钟，让青春绽放耀眼的光彩。

说到不如做到，要做就做最好。

从现在开始，向着梦想进发，努力过程中的荆棘，只会更加坚定信念。

【评析】

这是一篇完整的大学生职业生涯规划书。开篇是作者的个人资料简介，然后规划书引言对应结尾的结束语，首尾呼应，自然圆合。接着按照职业生涯规划的几个基本要素进行了严整写作：从知己的自我分析到知彼的职业分析，再到职业定位及计划实施，符合职业生涯规划写作的基本原则，图文并茂，思路严整，条理清晰，可操作性强，富有现实针对性。

大学生职业生涯规划书(模板)

一、职业素质分析

(一)个人基本情况

(二)职业兴趣(喜欢干什么?)

(三)职业能力(能干什么?)

(四)职业特质(适合干什么?)

(五)职业价值观(职业发展意义是什么?)

二、职业环境分析

(一)家庭环境分析(如经济状况、家人期望、家族文化等因素以及对本人的影响)

(二)学校环境分析(如学校特色、专业学习、实践经验等因素)

(三)社会环境分析(如就业形势、就业政策、竞争对手等因素)

(四)行业环境分析(如行业现状及发展趋势、人业匹配分析情况等)

(五)地域环境分析(如工作城市发展前景、文化特点、人际关系、人城匹配分析情况等)

三、职业目标定位

(一)优势因素

(二)劣势因素

(三)机会因素

(四)威胁因素

四、职业路径选择

(一)短期计划(大学计划)

(二)中期计划(毕业后五年计划)

(三)远期计划(毕业后十年以上计划)

五、职业规划评估

(一)职业目标评估(是否需要重新选择职业?)

假如一直__________,那么我将__________。

(二)职业路径评估(是否需要调整发展方向?)

当出现__________的时候,我就__________。

(三)实施策略评估(是否需要改变行动策略?)

如果__________,我就__________。

(四)其他因素评估(身体、家庭、经济状况以及机遇、意外情况等因素的及时评估)

项目二 求职信

一、求职信的含义

求职信是求职者向用人单位介绍本人的有关情况,表明求职意图,希望对方予以任用的一种书信。在现代社会,经济和各项事业迅猛发展,人才竞争日益激烈,求职已成为一种普遍现象。为了更好地展示个人才华,表达个人意愿,谋求实现理想和抱负的机会,充分利用求职信这种工具来实现自己的目的已越来越重要和必要。

二、求职信的性质

求职信以让对方了解自己、相信自己、录(聘)用自己为目的,是实行聘任制的产物。有单位聘用,就会有人应聘,就要有人写求职信。求职信为求职者和用人单位搭起了一座桥梁,它能沟通二者的关系,实现招聘的目的。

三、求职信的特点

1. 自我举荐。求职者与用人单位互不了解,为了使对方了解自己,就得自我举荐,自我介绍。求职者针对用人单位的要求,具体介绍自己的专业、学历、特长、优势、能力、工作经历等情况，让用人单位录用自己。

2. 充满信心。求职者在求职过程中，既要避免自吹自擂，又要充满自信，胸有成竹，语气肯定，切记太过谦虚，这样，才会给用人单位留下深刻良好的印象，有利于求职成功。

四、求职信的写作格式

求职信包括标题、称呼、正文、结尾、落款、附文六部分。

1. 标题。在第一行正中写“求职信”或“致×××的求职信”等字样，字要大。

2. 称呼。在第二行顶格写收信人名称或领导人姓名，为了表示尊重，可加敬辞，如“尊敬的”等。

3. 正文。正文内容主要包括以下几个方面：

(1)开头。要先向对方表示问候或致谢，表明求职意图。

(2)介绍本人的基本情况。包括姓名、性别、年龄、政治面貌、学历、职称等。

(3)陈述求职的理由和求职目标。主要针对用人单位的招聘广告或通过自己调查了解到的对方信息，介绍自己求职的条件。应尽量扬长避短，展示自己的优势，充分证明你是适合应聘岗位的最佳人选。

(4)表明态度与决心。对今后工作做一简要的设想，表明干好工作的决心与信心。

4. 结尾。再次强调求职的愿望和要求，用恳请的语言，希望对方能给自己一次面试的机会，然后写感谢致敬的惯用语。

5. 落款。在正文右下方，写上自己的姓名：“求职者×××”，在下一行写上写信的时间。有的求职信有附件，附有学习成绩、奖励、成果等能证明自己比别人优秀的材料。

6. 附文。写明联系地址、邮编、联系电话、联系人。

五、求职信的写作要求

1. 实事求是。写求职信，不能弄虚作假，欺骗用人单位。

2. 措辞得当。求职信的语言要朴实无华，措辞要有分寸，不要夸夸其谈，把自己说成无所不能，要体现出勤奋、踏实、稳重的精神风貌，给对方留下良好的印象。

3. 字迹工整，书面整洁，无错别字。俗话说“文如其人，字如其人”。求职信是求职者给用人单位的第一印象，特别重要，因此要认真书写，不能疏忽大意。

案例评析

【案例一】

求职信

尊敬的领导：

您好！非常感谢您在百忙之中抽出时间来阅读我的这份自荐材料，给我一次迈向成功的机会。

我来自××，是××学院建筑工程专业的一名应届毕业生。与众多莘莘学子一样，毕业在即，收获在望，等待着时代的选择，等待着您的垂青。

我十分珍惜求学生涯的学习机会，三年里本着严谨求学的态度，认真学习建筑工程方面的专业知识，广泛涉猎相关课外知识，如建筑电气、暖通技术等。勤奋、刻苦，成绩出色，连续两年获得校一等奖学金以及国家、政府的奖助学金。除掌握扎实的专业知识外，我在大一下学期就顺利通过了英语三级考试。在电脑与网络方面，能够熟练操作 Word、Excel 以及 AutoCAD 建筑软件等。

在认真学习专业知识的同时，在校期间更积极参加了多项文体活动。担任学生干部的经历，不仅让我学会了团队中的合作、与人交往的能力，自己宣传、组织等各方面的能力也都得到了很大的提高。课余时间我还非常重视社会实践，丰富的社会实践经历，增强了我融入社会的能力，为我更好地适应社会积累了宝贵的工作经验与处世经验。相信在日后的工作中，我将会以更快的速度、更高的热情、更好的状态给公司带来效益。

高度发展的社会需要的是全方位、高素质的优秀人才。三年的大学生活铸就了我勤奋敬业、百折不挠的精神，这为适应日后的工作做好了准备；优异的成绩与良好的学生工作业绩表明我能够很好地协调学习、工作与课外活动三者之间的关系；丰富多彩的社团活动和各种形式的社会实践提高了我的综合素质；我性格开朗，意志坚定，工作努力，责任心强，敢于大胆创新，能够适应不同的环境；我有良好的心理素质，具有极强的可塑性，更重要的是有足够的信心和勇气去面对激烈的竞争与挑战。

我虽然不是最优秀的，但我坚信，凭着满腔的热情、刻苦顽强的拼搏精神、虚心学习的品质、绝对上进的劲头，加上贵单位给予我的机会，我一定能够在工作中发挥出最大的潜力，为贵单位的发展尽绵薄之力。

最后，再次感谢您阅读此信。愿贵单位兴旺发达，蒸蒸日上。

此致

敬礼!

×××

××××年××月××日

【评析】

这是一篇较标准的求职信样本，开篇阐释求职意向，正文论述自身的求职资历，最后表明求职请求。行文严谨、思路严整。

【案例二】

自荐信

尊敬的贵公司领导：

愿您一切都好！一个可爱的领导会用人，一个可敬的领导不随便用人。

有人笑谈，世界上只有两种人，一种是悲观的人，一种是乐观的人。乐观的人发明了飞机，悲观的人发明了降落伞。

我是一个热爱生活的人，生活赋予了我知识与力量。

立足今日，纵观过去与未来，我一直在做着同样的一件事情，那就是选择。我一直很高兴，正因为我的选择。

很幸运自己的选择，我生在农村，长在农村。农村有太多宝贵的值得一辈子珍惜的品质——勤劳、乐观、包容、纯朴、安静、简单。农村有至亲至爱的一辈子都会关爱的人——家人、亲戚、邻居、伙伴。农村有让人一辈子都不会忘记的味道——饭的香甜与菜的可口。

很幸运自己的选择，在大学里，我选择了建筑工程技术专业。从此真正走进了建筑，不再像搭纸牌、堆积木那样的天真。从小的梦想就是长大后成为一名建筑师，给他人、为自己建造最具有个性的房子。喜爱建筑，建筑就是创造，我们把钢筋、水泥、砌块、木材等其他材料加以组合拼凑，提供一个平台，承载着不同的民族，传播着不同的文化。喜爱建筑，建筑就是融合，我们从旧的建筑走向新的建筑，从不同的建筑走向同一个建筑。喜爱建筑，建筑就是历史，走进古建筑了解那段历史，身临那个环境，或沧桑或热闹。喜爱建筑，建筑就是美，是形式美与内在美的统一。

这次的选择更重要，相信我的这次选择一定也是幸运的。我经常问自己，“我一直在做什么”、“我能够做什么”。不管做什么，责任是最重要的。责任就是能力，责任就是坚持，责任就是成绩。

我坚信有志者事竟成，对待任何一件事情，都要有始有终！我可爱可敬的领导，耽误了你们的时间，谢谢。

×××

××××年××月××日

【评析】

这是一名大学毕业生的自荐信，行文偏感性，没有明确地提出求职目标，也没有详尽地罗列自己的求职资历，通篇以一种诗性的自荐为主，畅谈生活赋予他的知识和力量，还有他对所学专业的热爱之情，相较于那些直奔主题、急于求成式的求职信，风格迥异，别具一格，颇有耳目一新之感。

项目三　个人简历

一、个人简历的含义

简历是对自己的生活经历，包括学历、工作经历等，有选择、有重点地加以概括叙述的一种常用写作文体。简历的内容有很强的目的性。一般来说，写简历的目的是求职，重点应放在学历、专业特长、能力业绩上。

二、个人简历的写作特征

1. 具有求职目标的明确性。有人说简历如衣服，也需要经常替换，意思是指个人简历要与写作者所求职的职位相适应。与写作者所学习的专业对口的行业可能有很多，针对不同的求职职位，就要有不同的个人简历，而在个人简历中所求职的职位也需要有明确性。据相关调查显示，个人简历的求职目标明确，可以大大提高求职的成功率。

2. 简洁明了，便于阅读。在个人简历中还有一个关键的“简”字，也就是说个人简历要简洁。一方面，简洁的个人简历看起来更加清晰明了，便于阅读；另一方面，简洁也能节省招聘方的时间，进而给人留下好的印象。以简洁明了的文字来突出自身的优势，也是实力的体现。

3. 模板新颖。通常写个人简历都需要有一个模板，很多人都是在互联网上下载的模板，如果个人简历模板能够有新颖的元素，就可以大大提高其效力。

三、个人简历的写作格式

1. 标题

个人简历多用“个人简历”、“求职简历”作标题。

2. 正文

个人简历的正文有一段式和多段式两种结构。

(1)一段式。从姓名、出生地、籍贯、出生年月、民族、团体党派写起，按时间顺序叙述主要学习、工作经历及主要成绩、贡献。

(2)多段式。适用于经历较丰富、年岁较大的人。写法是：先总述主要经历，再分段叙述各阶段或各方面的主要经历。

3. 落款

在个人简历右下方署明写作者的姓名，并在下面注明年、月、日期。

四、个人简历的写作要求

1. 个人简历一定要写得充实，有内容，有个性，至少能在一定程度上反映出写作者的真实情况。

2. 个人简历有1～2页即可，不可太长。简历的格式应便于阅读，有吸引力，并使人对自己和自己的目标有良好的印象。在简历中要充分展示专业特长和一般特长，强调过去所取得的成绩，最好能写出三种以上的成绩和优点，并且要讲究材料的排列顺序。

一般而言，白纸黑字是个人简历的最佳载体。要注意文字间隔及字体的常规性，同时，还应注意语法、标点和措辞，避免出现错别字。

3. 不宜写那些对择业不利的内容，如对薪水的要求和对工作地点的要求。成绩也不必全写上，主要写专业课的成绩即可。

五、个人简历的写作范文

【案例一】

个人简历

◆个人资料

姓名：______ 政治面貌：______ 性别：______ 学历：______ 年　龄：______

系别：______ 民　族：______ 专业：______ 籍贯：______ 健康状况：______

◆知识结构

主修课：______ 专业课程：______ 选修课：______ 实习：__________

◆**专业技能**

接受过全方位的大学基础教育，受到良好的专业训练和能力的培养，在地震、电法等各个领域，有扎实的理论基础和实践经验，有较强的野外实践和研究分析能力。

◆**外语水平**

××××年通过国家大学英语四级考试。××××年通过国家大学英语六级考试。具有较强的阅读、写作能力。

◆**计算机水平**

熟悉DOS、Windows98操作系统和Office 2010、Internet互联网软件的基本操作，掌握FORTRAN、Quick Basic、C语言等。

◆**主要社会工作**

小学：班劳动委员、班长。

中学：班长、校学生会主席、校足球队队长。

大学：班长、系学生会主席、校足球队队长、校园旗班班长。

◆**兴趣与特长**

☆喜爱文体活动、热爱自然科学。

☆小学至中学期间曾进行过专业单簧管训练，是校乐团成员，参加过多次重大演出。

☆中学期间，曾是校生物课外活动小组和地理课外活动小组骨干，参加过多次野外实践和室内实践活动。

☆喜爱足球运动，曾担任中学校队，大学系队、校队的队长，并率队参加多次比赛。曾获××足球联赛(中学组)"最佳射手"称号，并参加过"××大学生足球联赛"。

◆**个人荣誉**

中学：×××优秀学生。×××优秀团员、三好学生、优秀干部。×××英语竞赛三等奖。

大学：校优秀学生干部。××××、××××年度三等奖学金与××××年度二等奖学金。

◆**主要优点**

★有较强的组织能力、活动策划能力和公关能力，在大学期间曾多次领导组织大型体育赛事、文艺演出，并取得良好效果。

★有较强的语言表达能力，从小学至今，曾多次作为班、系、校等单位代表，在大型活动中发言。

★有较强的团队精神，在同学中，有良好的人际关系，有较高的威信，善于协同作战。

◆**自我评价**

活泼开朗、乐观向上、兴趣广泛、适应力强、勤奋好学、脚踏实地、认真负责、坚忍不拔、吃苦耐劳、勇于挑战。

◆**求职意向**

可胜任应用××××及相关领域的生产、科研工作，也可以从事贸易、营销、管理及活动策划、宣传等方面的工作。

【案例二】

个人简历

<table>
<tr><td colspan="7">个人简历</td></tr>
<tr><td>姓名</td><td colspan="2">×××</td><td colspan="2">国籍</td><td>中国</td><td rowspan="5"></td></tr>
<tr><td>目前所在地</td><td colspan="2">×××</td><td colspan="2">民族</td><td>汉族</td></tr>
<tr><td>户口所在地</td><td colspan="2">×××</td><td colspan="2">身高/体重</td><td>×××cm/××kg</td></tr>
<tr><td>婚姻状况</td><td colspan="2"></td><td colspan="2">年龄</td><td></td></tr>
<tr><td>培训认证</td><td colspan="2"></td><td colspan="2">诚信徽章</td><td></td></tr>
<tr><td colspan="7">求职意向及工作经历</td></tr>
<tr><td>人才类型</td><td colspan="6">普通　求职</td></tr>
<tr><td>应聘职位</td><td colspan="6">建筑工程技术、测量，施工管理、造价</td></tr>
<tr><td>求职类型</td><td colspan="3"></td><td colspan="2">可到职日期</td><td>随时</td></tr>
<tr><td>个人工作经历</td><td colspan="6"></td></tr>
<tr><td colspan="7">教育背景</td></tr>
<tr><td>毕业院校</td><td colspan="6">郑州华信学院</td></tr>
<tr><td>最高学历</td><td colspan="2">大专</td><td colspan="2">毕业日期</td><td colspan="2">××××.7</td></tr>
<tr><td>所学专业一</td><td colspan="2"></td><td colspan="2">所学专业二</td><td colspan="2"></td></tr>
<tr><td rowspan="2">受教育培训经历</td><td>起始年月</td><td>终止年月</td><td>学校(机构)</td><td>专业</td><td>获得证书</td><td>证书编号</td></tr>
<tr><td>××××.9</td><td>××××.7</td><td>××学院</td><td>工程造价</td><td>毕业证书</td><td></td></tr>
<tr><td colspan="7">语言能力</td></tr>
<tr><td>外语能力</td><td colspan="2">英语　一般</td><td colspan="2"></td><td colspan="2"></td></tr>
<tr><td>普通话水平</td><td colspan="2">良好</td><td colspan="2"></td><td colspan="2"></td></tr>
<tr><td colspan="7">工作能力及其他专长</td></tr>
<tr><td colspan="7">本人性格开朗，积极向上，热情待人，谨慎对事，不畏艰苦，乐于学习。能熟练使用Office、CAD工程绘图等软件，能独立负责项目工程测量，熟悉工程施工流程及工序。
本人善于学习和总结经验教训，努力使工作做得更好，在工作中不断丰富自己的技术及管理知识，不断提升自己的工作能力，特别是领导及协调沟通能力，以增强个人的职业竞争能力。
良禽择木而栖，士为知己者用。如诚蒙重用必将全力以赴，不负众望。本人有能力带领团队完成好公司的各项工作和任务，并为公司创造较大的效益！
本人愿意到房地产公司应聘项目经理、工程总监等职务，敬请招聘单位给我面试机会，谢谢！</td></tr>
<tr><td colspan="7">详细个人自传</td></tr>
<tr><td colspan="7">个人联系方式</td></tr>
<tr><td>通信地址</td><td colspan="6">××省××市××县</td></tr>
<tr><td>联系电话</td><td colspan="2"></td><td colspan="2">家庭电话</td><td colspan="2"></td></tr>
<tr><td>手　机</td><td colspan="2">××××××××××××</td><td colspan="2">QQ号码</td><td colspan="2">××××××××</td></tr>
<tr><td>电子邮件</td><td colspan="2">×××××701@qq. com</td><td colspan="2">个人主页</td><td colspan="2"></td></tr>
</table>

项目四　申请书

一、申请书的含义

申请书是个人或集体向组织、机关、企事业单位或社会团体表述愿望、提出请求时使用的一种文书。申请书的使用范围广泛，种类也很多。按作者分类，可分为个人申请书和单位、集体公务申请书。申请书要求一事一议，内容要单纯。不同的对象有不同的申请书，常见的有入团申请书、入党申请书等。

二、申请书的写作格式

1. 标题。标题有两种写法：一是直接写“申请书”，二是在“申请书”前加上内容，如“入党申请书”、“调换工作申请书”等。一般采用第二种。

2. 称谓。顶格写明接受申请书的单位、组织或有关领导。如“尊敬的校领导”。

3. 正文。正文部分是申请书的主体，首先提出要求，其次说明理由。理由要写得客观、充分，事项要写得清楚、简洁。

4. 结尾。写明惯用语“特此申请”、“恳请领导帮助解决”、“希望领导研究批准”等，也可用“此致”、“敬礼”等礼貌用语。

5. 署名、日期。个人申请要写清申请者姓名，单位申请写明单位名称并加盖公章，注明日期。

案例评析

入党申请书

敬爱的党组织：

我志愿加入中国共产党，愿意为共产主义事业奋斗终生。我衷心地热爱党，她是中国工人阶级的先锋队，是中国各族人民利益的忠实代表，是中国社会主义事业的领导核心。中国共产党以实现共产主义的社会制度为最终目标，以马克思列宁主义、毛泽东思想、邓小平理论为行动指南，是用先进理论武装起来的党，是全心全意为人民服务的党，是有能力领导全国人民进一步走向繁荣富强的党。她始终代表中国先进生产力的发展要求，代表中国先进文化的前进方向，代表中国最广大人民的根本利益，并通过制定正确的路线方针政策，为实现国家和人民的根本利益而不懈奋斗。

从学生年代开始，一串闪光的名字——江姐、刘胡兰、雷锋、焦裕禄、孔繁森……给了我很大的启迪和教育。我发现他们以及身边许多深受我尊敬的人都有一个共同的名字——共产党员；我发现在最危急的关头总能听到一句话——共产党员跟我上。这确立了我要成为他们中的一员的决心。我把能参加这样伟大的党作为最大的光荣和自豪。

参加工作后，在组织和领导的关心和教育下，我对党有了进一步的认识。党是由工人阶级中的先进分子组成的，是工人阶级及广大劳动群众利益的忠实代表。党自成立以来，始终把代表各族人民的利益作为自己的重要责任。在党的路线、方针和政策上，集中反映和体现了全国各族人民群众的根本利益；在工作作风和工作方法上坚持走群众路线，并将群众路线作为党的根本工作路线；在党员的行动上，要求广大党员坚持人民利益高于一切，个人利益服从人民利益。

党以马列主义、毛泽东思想及邓小平理论为指导思想。《共产党宣言》发表一百多年来的历史证明，科学社会主义理论是正确的，社会主义具有强大的生命力。社会主义的本质，是解放生产力，发展生产力，消灭剥削，消除两极分化，最终达到共同富裕。毛泽东思想是以毛泽东同志为主要代表的中国共产党人，把马列主义的基本原理同中国革命的具体实践结合起来创立的。毛泽东思想是马列主义在中国的运用和发展，是被实践证明了的关于中国革命和建设的正确的理论原则和经验总结，是中国共产党集体智慧的结晶。邓小平理论是毛泽东思想在新的历史条件下的继承和发展，是当代中国的马克思主义，是指导中国人民在改革开放中胜利实现社会主义现代化的正确理论。在社会主义改革开放和现代化建设的新时期，在跨越世纪的新征途上，一定要高举邓小平理论的伟大旗帜，用邓小平理论来指导我们的整个事业和各项工作。

党是中国社会主义事业的领导核心。中国的革命实践证明：没有中国共产党的领导就没有新中国；没有中国共产党的领导，中国人民就不可能摆脱受奴役的命运，成为国家的主人。在新民主主义革命中，党领导全国各族人民，在毛泽东思想指引下，经过长期的反对帝国主义、封建主义、官僚资本主义的革命斗争，取得了胜利，建立了人民民主专政的中华人民共和国。中国的建设实践证明，中国只有在中国共产党的领导下，才能走向繁荣富强。新中国成立后，我国顺利地进行了社会主义改造，完成了从新民主主义到社会主义的过渡，确立了社会主义制度，社会主义的经济、政治和文化得到了很大的发展。尽管在前进的道路上遇到过曲折，但党用她自身的力量纠正了失误，使我国进入了一个更加伟大的历史时期。十一届三中全会以来，在邓小平理论的指导下，在中国共产党的领导下，我国取得了举世瞩目的发展，生产力迅速发展，综合国力大大增强，人民生活水平大幅提高。

我国社会主义初级阶段党的基本路线是：领导和团结全国各族人民，以经济建设为中心，坚持社会主义道路、坚持人民民主专政、坚持中国共产党的领导、坚持马列主义毛泽东思想，坚持改革开放，自力更生，艰苦创业，为把我国建设成为富强、民主、文明的社会主义现代化国家而奋斗。

中国共产党党员是中国工人阶级的有共产主义觉悟的先锋战士，必须全心全意为人民服务，不惜牺牲个人的一切，为实现共产主义奋斗终生。中国共产党党员永远是劳动人民的普通一员，不得谋求任何私利和特权。在新的历史条件下，共产党员要体现时代的要求，要胸怀共产主义远大理想，带头执行党和国家现阶段的各项政策，勇于开拓，积极进取，不怕困难，不怕挫折；要诚心诚意为人民谋利益，吃苦在前，享受在后，克己奉公，多作贡献；要刻苦学习马列主义理论，增强辨别是非的能力，掌握做好本职工作的知识和本领，努力创造一流成绩；要在危急时刻挺身而出，维护国家和人民的利益，坚决同危害人民、危害社会、危害国家的行为作斗争。

我决心用自己的实际行动接受党对我的考验，我郑重地向党提出申请：我志愿加入中国共产党，拥护党的纲领，遵守党的章程，履行党员义务，执行党的决定，严守党的纪律，保守党的秘密，对党忠诚，积极工作，为共产主义奋斗终生，随时准备为党和人民牺牲一切，永不叛党。

今后我会更加努力地工作，认真学习马克思列宁主义、毛泽东思想、邓小平理论，学习党的路线、方针、政策及决议，学习党的基本知识，学习科学、文化和业务知识，努力提高为人民服务的本领，时时刻刻以马克思列宁主义、毛泽东思想、邓小平理论作为自己的行动指南，用“三个代表”指导自己的思想和行动。坚决拥护中国共产党，在思想上同以江泽民同志为核心的党中央保持一致，认真贯彻执行党的基本路线和各项方针、政策，带头参加改革开放和社会主义现代化建设，为经济发展和社会进步艰苦奋斗，在生产、工作、学习和社会生活中起先锋模范作用。坚持党和人民的利益高于一切，个人利益服从党和人民的利益，吃苦在前，享受在后，克己奉公，多作贡献。自觉遵守党的纪律和国家法律，严格保守党和国家的秘密，执行党的决定，服从组织分配，积极完成党的任务。维护党的团结和统一，对党忠诚老实、言行一致，坚决反对一切派别组织和小集团活动，反对阳奉阴违的两面派行为和一切阴谋诡计。切实开展批评和自我批评，勇于揭露和纠正工作中的缺点、错误，坚决同消极腐败现象作斗争。密切联系群众，向群众宣传党的主张，遇事同群众商量，及时向党反映群众的意见和要求，维护群众的正当利益。发扬社会主义新风尚，提倡共产主义道德，为了保护国家和人民的利益，在一切困难和危险的时刻挺身而出，英勇斗争，不怕牺牲。反对分裂祖国，维护祖国统一，不做侮辱祖国的事，不出卖自己的国家，不搞封建迷信的活动，自觉与一切邪教活动作斗争。只要党和人民需要，我会奉献我的一切！

我深知按党的要求，自己的差距还很大，还有许多缺点和不足，如处理问题不够成熟、政治理论水平不高等。希望党组织从严要求，以使我更快进步。我将用党员的标准严格要求自己，自觉地接受党员和群众的帮助与监督，努力克服自己的缺点，弥补不足，争取早日在思想上，进而在组织上入党。

请党组织在实践中考验我！

此致

敬礼！

申请人：×××

××××年××月××日

【评析】

1. 这是一则相对规范的入党申请书，标题为内容＋申请书。

2. 主送为“敬爱的党组织”。

3. 正文陈述申请事项“加入中国共产党”，然后陈述入党理由：从上学到上班阐释了自己对党组织的认识及自己为加入党组织而作出的努力，理由充分。最后是申请结语。

4. 落款、日期规范。

项目五　感谢信与表扬信

一、一般书信

（一）一般书信的含义

书信是一种向特定对象传递信息、交流工作和思想感情的应用文书。

一般书信是与专门书信相对而言的，是指个人之间来往的信件，是人们用书面形式互相交流的一种工具。

(二)一般书信的写作格式

一般书信由信封和信笺两部分组成。

1. 信封

信封是写给邮递人员看的，方便邮递人员了解收寄双方的信息。现在我国信封上的内容一般由收信人的邮政编码、地址、姓名和寄信人的地址、姓名和邮政编码组成。

(1)收信人相关信息。在信封左上角写清收信人所在地区的邮政编码。

在收信人邮政编码之下写收信人地址，一定要写得详细具体，字迹工整。要写清楚收信人所在省、市(自治区)、县、区(乡镇)、街道(村)、门牌号码，发给单位的信还要写上单位名称。

在信封的中间写上收信人姓名，字体要稍大。姓名后空两格处可写上“先生”、“女士”、“同志”等字样，也可不写；之后写“收”、“启”、“鉴”等字样，也可不写。

(2)寄信人信息。这部分信息写在信封右下方处。寄信人地址的要求与收信人相同，也要写得准确、详细，在地址之后附上寄信人姓名。

在信封右下角处写上寄信人所在地区的邮政编码。

2. 信笺

信笺即书信的内容，一般由称谓、问候、正文、祝福语、落款等部分组成。

(1)称谓。在信笺的第一行顶格写，后加冒号，要单独占一行。称谓因对象不同而写法各异，一般是平时怎样称呼就怎样写，总之是要得体。若是工作性质的，一般用敬称，家信性质的可用昵称。

(2)问候。问候语在称谓语下面一行空两格处写，单独成行。问候语因对象和时间的不同而使用不同的词语。

(3)正文。正文是书信内容的主体，也即书信所要说的事，所要论的理，所要叙的情。正文部分的内容一般应分段写，可分为缘起语、主体文、结语三部分。

缘起语写明写信的原因和目的，用以引出主体文。

主体文是信的主要部分，写信人要询问或要回答的问题，都在这一部分里。如果问题较多，可按主次分段排列，一般一件事、一个问题为一段。如果是回信，应先回答对方信中提出的问题，再写自己的事情。

结语大多用在内容较多的书信末尾，将正文的内容总括一下，提出有何希望、要求等。若认为无必要，也可不写。

(4)祝福语。一般是写一些表示祝愿或敬意的话。如“敬祝健康”、“祝工作顺利”、“努力学习”、“祝你进步”、“此致敬礼”等，这些话要合乎身份，不可滥用。

(5)落款。包括署名和日期。写在祝福语右下方。署名可根据双方关系写全称或只写名字，下面再写上写信日期。

(三)一般书信的写作注意事项

一般书信虽然是最常见、运用得最广泛的应用文之一，但要真正写好一封信并不容易。要掌握书信的写作技巧，须注意以下几点：

1. 写信前应首先明确与收信人的关系及写信的目的。关系不同，目的不同，在使用称谓、语气和写法上也就不同。初次通信与多次通信不同，批评、驳斥对方的意见与表扬、鼓励对方的做法不一样，向长辈或老师请教问题和与同辈或同学讨论问题不一样，等等。只有将这些问题都弄清楚了，才能选择合适的风格，明确地表达出写信人的意思。

2. 要做到行款格式正确。信封格式不对、信息不全，可能导致信件被退回；称谓、问候语欠妥可能闹出笑话；忘记署名、日期，或表述不清，可能造成理解上的困难，影响信件内容。

3. 要使用简明、平直和口语化的语言。写信使用的语言要简明、开门见山，让人一目了然。

4. 如为寄往国外的信函，应遵从相应规定和习惯。

知识链接

古代书信别称

在中国古代，“书”、“信”有别，“书”指函札，“信”指送信的使者。书信有许多别名、美称，大致可以分为以下三类。

一、与材料相关的别称

札：札是古代书写用的小木简，后用作书信别称。《古诗十九首》中有“客从远方来，遗我一书札”的诗句。

函：封套叫作函，后也用来代指信件。“公函”即是公文信件，“函授”就是用通信的方法教学授课。

简：书简原指装书信的邮筒，古代书信写好后常找一个竹筒或木筒装好再捎寄，李白诗中便有“桃竹书简绮秀文”之句。后来书简也成了书信的代称，如宋代赵蕃的诗中有这样一句：“但恐衡阳无过雁，书简不至费人思。”

“笺”，是写信或题字用的纸，“素”是白色生绢，古人多在笺、素上写书信；“翰”是鸟羽，古以羽毛为笔。所以，笺、素、翰常被借指为书信。雅笺、素书、华翰等都是书信的美称。

二、与格式相关的别称

尺牍：古时书函长约一尺，故名尺牍，也称“尺素”、“尺翰”、“尺书”，皆泛指书信。

八行书：也是信札的代称。旧时信件每页八行，故称为八行书。《后汉书·窦章传》李贤注引马融《与窦章书》：“孟陵奴来，赐书，见手迹……书虽两纸，纸八行，行七字。”温庭筠词曰：“八行书，千里梦，雁南飞。”

三、与典故相关的别称

鸿雁、雁足、雁帛、雁书：典故出于《汉书》苏武牧羊的故事，借雁足传书，所以书信又有了雁足、雁帛、雁书等代名词。

鲤鱼：鲤鱼也代指书信，这个典故出自汉乐府诗《饮马长城窟行》：“客从远方来，遗我双鲤鱼。呼儿烹鲤鱼，中有尺素书。”以鲤鱼代称书信有几种说法，一种称为“双鱼”，如宋人晏几道《蝶恋花》词：“蝶去莺飞无处问，隔水高楼，望断双鱼信。”另一种称为“双鲤”，刘禹锡《洛中送崔司业使君扶侍赴唐州》诗：“相思望淮水，双鲤不应稀。”韩愈也有“更遣长须致双鲤”的诗句。李商隐《寄令狐郎中》诗中有：“嵩云秦树久离居，双鲤迢迢一纸书。”有的直接说成“鱼书”，唐代诗人韦皋《忆玉箫》：“长江不见鱼书至，为遣相思梦如秦。”因为常用鲤鱼代替书信，所以古人往往把书信结成鲤鱼形状。

二、感谢信

(一)感谢信的含义和特点

1. 感谢信的含义

感谢信是得到某人或某单位的帮助、支持或关心后答谢别人的书信。感谢信对于弘扬正气、树立良好的社会风尚，促进社会主义精神文明建设具有十分重要的意义。

2. 感谢信的特点

(1)表示公开感谢和表扬。

(2)言语感情真挚。

(3)内容表达方式多样。

(二)感谢信的分类

根据寄送对象不同，感谢信可以分为三种：直接寄送给感谢对象；寄送对方所在单位有关部门，或在其单位公开张贴；寄送给广播电台、电视台、报社、杂志社等媒体公开播报。

(三)感谢信的写作格式

感谢信一般由标题、称谓、正文、结语、署名与日期五部分构成。

1. 标题

可只写“感谢信”三字；也可加上感谢对象，如“致张子鸣同学的感谢信”、“致平安物业公司的感谢信”；还可再加上感谢者，如“赵明康全家致××社区居委会的感谢信”。

2. 称谓

写感谢对象的单位名称或个人姓名，如“××交警大队”、“刘白立同志”。称谓要顶格写，有的还可以加上一定的限定、修饰词，如“敬爱的”等。

3. 正文

主要写两层意思：一是写感谢对方的理由，即“为什么感谢”；二是直接表达感谢之意。

(1)感谢理由。首先准确、具体、生动地叙述对方的帮助，交代清楚人物、时间、地点、事迹、过程、结果等基本情况；然后在叙事基础上对对方的帮助做贴切、诚恳的评价，以揭示其精神实质、肯定对方的行为。在叙述和评价的字里行间要自然渗透感激之情。

(2)表达谢意。在叙事和评论的基础上直接对对方表达感谢之意，根据情况也可在表达谢意之后表示以实际行动向对方学习的态度。

4. 结语

一般用“此致敬礼”或“再次表示诚挚的感谢”之类的话，也可自然结束正文，不写结语。“此致”可以有两种正确的位置来进行书写，一是紧接着主体正文之后，不另起段，不加标点；二是在正文之下另起一行空两格书写。“敬礼”写在“此致”的下一行，顶格书写，后面一般加上一个惊叹号，以表示祝颂的诚意和强度。

5. 署名与日期

写感谢者的单位名称或个人姓名以及写信的时间。写信人的单位名称或姓名写在祝颂语下方空一至二行的右侧。再下一行写日期。

(四)感谢信的写作注意事项

许多人写感谢信，只知道罗列感谢的材料，最后说几句感谢之类的客套话，只是“意思意思”一下而已，给人的印象不深，也流于一般的客套形式。一封好的感谢信应该要有个性、见真情。

【案例】

感谢信

中国水利水电第八工程局有限公司：

乌江银盘水电站于2005年8月8日开工以来，我公司提出了“四位一体，各负其责，和谐共建”的银电建设管理文化，在贵公司和其他参战各方的共同努力下，取得了工程建设和“样板工地”创建双丰收，形成了建设与施工互动双赢局面。为此，特向贵公司表示感谢！

在乌江银盘水电站2010年度工程建设中，我公司把优质、高效建电站和创建安全文明施工样板工地作为2010年重点目标，得到了贵公司为主的各参建单位的高度重视和全力配合，取得了二期工程按期下闸蓄水、二期厂房工程主体混凝土浇筑按期完成、三期工程截流圆满成功和施工安全、施工质量的全面胜利，特别是“样板工地”创建得到了进一步提升。2010年12月，银盘水电站顺利通过中国大唐集团公司“样板工地”的复审验收，连续第四次保持了“安全文明施工样板工地”称号，并获得华中电监局2010年度华中区域电力建设工程安全管理优秀项目称号。这些成绩的取得是与贵公司的高度重视和大力支持分不开的。贵公司在银盘水电站工程建设中发挥了主力军作用。在此，再一次向贵公司表示衷心的感谢！并请贵公司转达我公司给予银盘施工局全体员工的亲切问候和良好祝愿！

2011年，是银盘水电站进入三期工程的第一个高峰年，同时也是银盘水电站首台机组于4月份发电和年底实现“一年四投”目标的关键年，工程任务十分艰巨，2011年度的施工生产将起着决定性的作用。由于贵公司占银盘电站80%以上的施工份额，请贵公司继续加大对银盘工程的关注和支持，确保贵公司承担施工项目的人力、物力资源，为实现今年首台机组发电的共同目标而奋斗。

祝：中国水利水电第八工程局有限公司鹏程万里，再展宏图！

重庆大唐国际武隆水电开发有限公司

二〇一一年二月十日

案例评析

感谢信

金鸡中学全体师生：

日出金鸡红胜火，春来武水绿如蓝。在这春光大好的日子里，我们踏着春的旋律，和着京广线上列车的节奏，来到了地灵人杰的金鸡中学练兵。

“金鸡”的翅膀保护着我们这些刚刚学步的“小鸡”。一个月来，我们的教育实习工作得到了你们的大力支持和关怀。教育，需要一定的物质条件做保证，尊敬的领导和工友为我们创造了很好的生活、工作条件；教学，是“教”和“学”的双边活动，亲爱的同学们密切地配合了我们；教艺，是永远遗憾的艺术，敬爱的指导老师不厌其烦地对我们悉心指导；班主任工作，是培养人的全方位的系统工程，各班主任老师亲切地教我们如何“施工”……如果说，我们取得一点点成绩的话，那与你们的支持和关怀都是分不开的。

一个月来，我们深深地感到咱们学校具有名实相符的“金鸡”特色——注重磨砺师生红的政治思想、硬的业务翅膀、敢啼敢鸣的学风、不断抓食的进取精神以及吃的是糠、是泥，生的是蛋、是生命的精华的奉献品格。我们在这里，分享到了幸福，也受到了陶冶。

我们多么想再在“金鸡”的翼护下学习、生活和工作啊！但京广线上列车的汽笛又呼唤我们归队，奔赴新的征途。在这依依惜别之际，让我们深深地道一声：感谢你们！现在乃至将来，我们都会说：我们教师生涯的列车的第一站是从“坪石”开出的！以后，我们还会托北上的列车捎来我们对你们的问好和祝福！

祝全体师生的人生旅途像京广线一样通畅！

祝咱们学校与金鸡齐鸣(名)，共坪石长寿！

韶关教育学院中文系赴金鸡中学教育实习队

××××年××月××日

【评析】

有一年春天，韶关教育学院中文系的师生到乐昌坪石镇金鸡中学进行教育实习，实习结束前夕，实习队给金鸡中学写了这封感谢信。

这封感谢信，首先在时令特征和地域特色中渲染感情，突出与对方相关联的独特事物，使“感谢”有所依托、铺垫，“感谢”的内容也有个性和真情。开头，“日出金鸡红胜火，春来武水绿如蓝”，是从白居易的《忆江南》中“日出江花红胜火，春来江水绿如蓝”的句子中化出，换入“金鸡”和“武水”，融入地域特色，使全文的抒发在时令和地域特色中得到渲染和烘托。后面行文中的“练兵”、“金鸡”、“京广线”、“列车”、“坪石”等词，都抓住地域特色，并融入了双关的含义，力求少说“普通话”，力求写出个性和真情。“一个月来……”一段，在地理人文中挖掘该校的办学特色，用“分享”“咱们学校”等词，使感情的抒发更为亲切和融洽。结尾部分，紧扣“京广线”、“金鸡”、“坪石”，化“祝颂”的抽象为具体，化客套为亲切。

其次，避免套话、空话，避免常规格式的呆板，在个性中寓真情，在真情中见个性。这封感谢信把“教育”、“教学”、“教艺”的属性与该校领导、教师、学生对我们工作的关怀和支持结合起来，既避免了材料的罗列，又增加了一点理性色彩，并使“关怀”和“支持”不流于空泛，使“感谢”的主题得到拓展，不至于“直奔主题”。由于前面的铺垫和蓄势，结尾之前的“让我们深深地道一声：感谢你们！”就自然而然地抒发出来，同时，也使感情得到强化。最后的“祝……”属于“祝颂语”，但又不像常规书信为了格式而添上去的“尾巴”，而成为全文感情的一个升华。

三、慰问信

(一)慰问信的含义和特点

1. 慰问信的含义

慰问信是以组织或个人的名义，向有关单位或个人表示慰藉、问候、致意的专用书信。

2. 慰问信的特点

(1)发文的公开性。慰问信可以直接寄给本人，但大多是以张贴、登报，在电台、电视上播放的形式出现的。公开性是慰问信的一个特点。

(2)情感的沟通性。无论是对有突出贡献者的慰问还是对遭遇困难者的慰问，情感的沟通是支撑慰问信的一个深层基础。慰问正是通过这种或赞扬表达崇敬之情，或同情表达关切之意的方式来达成双方的情感交流和相互理解。节日的慰问，尤其是为某一群体而设的节日的慰问，更是起着沟通情感的作用，如"三八"妇女节、教师节等的节日慰问。

(3)书信体的格式。慰问信采用的是书信体格式。

(二)慰问信的分类和作用

1. 慰问信的分类

根据慰问对象的不同，慰问信有如下三种类型：

(1)对取得重大成绩的集体或个人表示慰勉。

(2)对由于某种原因而遭到暂时困难和严重损失的集体或个人表示同情、安慰。

(3)在节日之际对有贡献的集体或个人表示慰问。

2. 慰问信的作用

无论是哪种类型，出色的慰问信无不充盈着同声同气的深切关怀，寄托着重重的敬意和勉励，让被慰问者切实感受到组织的温暖、同志的关心、亲人般的怜爱，从而进一步树立克服困难、再创佳绩的信心。

【案例一】

致邹韬奋夫人沈粹缜的慰问信

(一九四五年九月十二日)

周恩来

粹缜先生：

在抗战胜利的欢呼声中，想起毕生为民族的自由解放而奋斗的韬奋先生已经不能和我们同享欢喜，我们不能不感到无限的痛苦。您所感到的痛苦自然是更加深切的了。我们知道，韬奋先生生前尽瘁国事，不治生产，由于您的协助和鼓励，他才能够无所顾虑地为他的事业而努力。现在，他一生光辉的努力已经开始获得报偿了。在他的笔底，培育了中国人民的觉醒和团结，促成了现在中国人民的胜利。中国人民一定要继续努力，为实现韬奋先生全心向往的和平、团结、民主的新中国而奋斗不懈。韬奋先生的功业在中国人民心目中永垂不朽，他的名字将永远是引导中国人民前进的旗帜。想到这些，您，最深切地了解韬奋先生的人，一定也会在苦痛中感到安慰的吧！您的孩子—嘉骝，在延安过得很好，他的品格和勤学，都使他能无负于他的父亲，这也一定是可以使您欣慰的事吧！谨向您致衷心的慰问，并祝您和您的孩子们健康！

周恩来启

卅四年九月十二日

【案例二】

致我市建筑业企业的新春慰问信

全市各建筑业企业领导、同仁：

2014 年新春佳节即将来临，值此，谨向您表示节日的祝贺，顺祝马年大吉、事业兴旺、家庭幸福、万事如意！

已经过去的 2013 年，是实施“十二五”规划承上启下的重要一年，也是我市建筑业继往开来、提升内涵、科学发展的重要一年，全年建筑业产值、增加值大幅提升，产业规模创造了新的历史高点。建设事业的快速发展离不开您的开拓进取、创新思维和不懈努力，在此，向您致以衷心的感谢和崇高的敬意！

2014 年，是改革行动之年，也是我市建筑业与时俱进、转型升级、率先发展的关键一年，我们将以改进作风、提升服务为抓手，积极热情帮助企业解决发展中遇到的各类问题，力争让企业满意、让群众满意。

再次感谢您多年来对我们工作的支持和理解，同时希望春节后不要到建管局进行拜年活动，春节期间不必向建管局领导和机关工作人员拨打拜年电话、发送拜年短信、微信，将您的宝贵时间留出来，多看看您的朋友，多陪陪您的家人。

青岛市城乡建设委员会建筑工程管理局

2014 年 1 月 20 日

(三)慰问信的写作格式

慰问信通常由标题、称呼、正文、结尾、落款五部分构成。

1. 标题

标题通常由以下三种方式构成：

(1)单独由文种名称组成。如《慰问信》。

(2)由慰问对象和文种名共同组成。如《给抗洪部队的慰问信》。

(3)由慰问双方和文种名共同组成。如《朱德致抗美援朝将士的慰问信》。

2. 称呼

开头要顶格写上受文者的名称或姓名。如果是写给个人的，应在姓名之后，加上“同志”、“先生”等字样，如“鲁迅先生”。

3. 正文

称呼之下另起一行，空两格开始写慰问的正文。正文一般由发文目的、慰问缘由或慰问事项等几部分构成。

(1)发文目的。该部分要开宗明义，写清楚发此信的目的是代表何人向何人、何集体表示慰问。

如中共杭州市委慰问驻杭部队军烈属及转业军人的开头：“值此 1999 年新春佳节即将到来之际，中共杭州市委、市人大常委会、市人民政府、市政协代表全市人民，真诚地向你们及亲属表示亲切的慰问，并致以崇高的敬意。”

(2)慰问缘由或慰问事项。本部分要概括地叙述对方的先进思想、先进事迹，或战胜困难、舍己为人、不怕牺牲的可贵品德和高尚风格；或者简要叙述对方所遭受的困难和损失，以示发信方对此关切的程度。要表现出发信方的钦佩或同情之情。

4. 结尾

结尾表示共同的愿望和决心。

如“让我们携手并进，为早日实现祖国的四个现代化而共同奋斗”，又如“困难是暂时的，最后的胜利一定属于我们!”等。接着写祝愿的话，如“祝你们取得更好的成绩”、“祝节日愉快”等，但“祝”字后面的话应另起一行，空两格写，不得连写在上文末尾。

5. 落款

慰问信的落款要署上发文单位或发文个人的名称，并在署名右下方署上成文日期。

(四)慰问信的写作注意事项

慰问信的出发点是安慰、激励对方。在写作慰问信时，要注意以下几点：

1. 安慰。这里所要表达的安慰不是悲悯，而是理解，是感同身受。要理解对方的处境、困难，向对方表示出无限亲切、关怀的感情，使对方有一种如沐春风的感觉。

2. 激励。要看到慰问对象所付出的努力，要较全面地概括对方的可贵精神，并提出希望，勉励他们继续努力工作，刻苦奋斗，取得胜利。

3. 诚恳。行文要诚恳、真切，措辞要贴切。

4. 言简意赅。语言要凝练，篇幅一般较短小。

案例评析

致全省战斗在防治“非典”第一线医务人员的慰问信

全省战斗在防治非典型肺炎第一线的广大医疗卫生工作者：

你们好！自我省局部地区先后出现非典型肺炎病例以来，该病严重威胁着人民群众的身体健康和生命安全。面对突如其来的疫情，在党中央、国务院的高度重视和亲切关怀下，在卫生部的指导下，按照省委、省政府的果断决策和统一部署，全省各级医疗卫生部门和医务工作者临危受命，实践“三个代表”重要思想，依靠科学精神，依靠拼搏精神，依靠集体智慧，沉着应对，采取行之有效的对策和措施，取得了有效控制非典型肺炎的显著成果。

在我省全力以赴抗击非典型肺炎的战斗中，各级各类医疗卫生机构发扬救死扶伤的人道主义精神和集体主义精神，精诚合作，知难而上，勇挑重担。广大医疗卫生工作者，面对天灾临危不惧，视人民健康重于泰山，争先恐后勇挑重担，前仆后继，救死扶伤，抢救患者，控制疫情，查找病原，表现了不畏危难、舍生忘死的非凡勇气，良好的医德医风和高尚的情操，涌现了许许多多像叶欣同志一样的英雄和将危险留给自己、把健康送给患者的可歌可泣的感人事迹，你们为广东人民提了气，为广东争了光。广东人民不会忘记我们的白衣天使，更不会忘记像叶欣同志这样为救治患者而献出自己宝贵生命的优秀医务工作者。

正是由于你们的顽强拼搏和不懈努力，发生在我省的非典型肺炎得到了有效的控制，新发病例不断减少，治愈病例不断增加，治愈率不断提高。实践证明，我省广大医疗卫生工作者是一支作风硬、业务精、经得住考验、富有战斗力、能打硬仗的队伍，是党和人民可以充分信赖的队伍。

你们以无畏的精神和科学的态度，为广东，为全国，乃至为全球防治非典型肺炎作出了贡献。你们是和平年代的英雄，是无私奉献的楷模，是坚守在抗击非典型肺炎这一没有硝烟的战场上的勇士，是护卫人民群众身体健康和生命安全的白衣天使。

你们的贡献远远超出了医学和医务工作的领域，也为全社会弘扬高尚精神树起了一面旗帜。

你们卓有成效的工作，得到了中共中央总书记、国家主席胡锦涛同志，得到了党中央、国务院的充分肯定和高度赞誉。你们用鲜血和生命探索总结出来的非典型肺炎治疗防控经验，得到了世界卫生组织的高度评价。省委、省政府和全省人民为有像你们这样一支医疗卫生工作者队伍，感到无比高兴和自豪。省委、省政府代表全省人民向你们致以衷心的感谢、崇高的敬意和最亲切的慰问！

在我省防治非典型肺炎的关键时刻，中共中央总书记、国家主席胡锦涛同志亲临广东考察，到省疾病防控中心慰问并与医务工作者座谈，就全面控制非典型肺炎工作做了重要讲话，极大地坚定了全省上下攻克非典型肺炎的信心。希望全省各级医疗卫生机构和全体医疗卫生工作者，以胡锦涛总书记讲话精神为动力，认真贯彻落实“三个代表”重要思想，总结经验，再接再厉，进一步行动起来，彻底战胜疫魔，夺取非典型肺炎防治工作的全面胜利！

中共广东省委　广东省人民政府
二〇〇三年四月二十日

【评析】

在防治“非典”的关键时刻，有“中共中央总书记、国家主席胡锦涛同志亲临广东考察”，“就全面控制非典型肺炎工作作了重要讲话”，有“党中央、国务院的高度重视和亲切关怀”，有“卫生部的指导”，有“省委、省政府的果断决策和统一部署”，有“全省人民”的支持，上下一心，众志成城，这必然会极大地增强全省战斗在防治非典型肺炎第一线的广大医疗卫生工作者的必胜信心，“以胡锦涛总书记讲话精神为动力，认真贯彻落实‘三个代表’重要思想，总结经验，再接再厉，进一步行动起来，彻底战胜疫魔，夺取非典型肺炎防治工作的全面胜利”！

中共广东省委、广东省人民政府于2003年4月20日发出的《致全省战斗在防治“非典”第一线医务人员的慰问信》，在社会上特别是在第一线的医护人员中引起了很大的反响，收到了很好的效果。广东许多一线医护人员激动得流出了热泪，也备感振奋。是啊，在夜以继日的与病魔的战斗中，有着太多的酸甜苦辣，有着太多不为人知的艰辛与危险，看到如此情深义重的慰问信，能不激动得流泪吗？同时，广大的医护人员也感受到了党和政府战胜病魔的决心，感受到了党和政府的殷切期待。战斗在防治“非典”第一线的医务人员纷纷表达了战胜疾病的信心，非一线的医务人员也纷纷请战，希望投身到这场抗击战中。

人非草木，孰能无情。把话说到人的心坎上，就能打动人，感化人。慰问信只有表达出感同身受的理解和关怀，看到对方的努力和成绩，寄寓着重重的敬意和勉励，才能让被慰问者感受到组织的温暖，同志的关心，亲人般的怜爱，从而进一步树立克服困难、再创佳绩的信心，发挥慰问信强大的情感和精神的感召力。

四、表扬信

(一)表扬信的含义和作用

表扬信是对某个单位或个人的先进思想、优秀品行或模范事迹进行表彰或颂扬的书信。

其写作者在日常工作、生活中受益于被表扬者的高尚品行，特向被表扬者所在单位或其上级领导致信，以期使其受到表彰、奖励，使其精神发扬光大。

(二)表扬信的写作格式

表扬信通常由标题、称谓、正文、结尾和落款五部分构成。

1. 标题

一般而言，表扬信标题单独由文种名称“表扬信”组成。位置在第一行正中。

2. 称谓

在标题下一行顶格写上被表扬的机关、单位、团体或个人的名称、姓名。写给个人的表扬信注意要用敬称。若是直接张贴到机关、单位、团体的表扬信，开头也可不写受文单位。

3. 正文

正文的内容要另起一行，空两格写。一般要求写出下列内容：

(1)交代表扬的理由。重点叙述人物事迹的发生、发展、结果及其意义。叙述要清楚，要突出表扬内容的先进性，多让实事说话，少讲空道理。

(2)指出行为的意义。在叙事的基础上进行评价、议论，对被表扬者进行热情的赞扬，指出表扬对象所作所为的重要意义。注意赞扬要恰当，评价要恰如其分，客观地分析取得成就的各种因素，不空发议论，不以偏概全，不夸张溢美。

4. 结尾

该部分要提出对对方的表扬。如果是写给被表扬者的单位或领导的，可写“×××同志的优秀品德值得大家学习，建议予以表扬”、“建议在×××中加以表扬”等。如是写给本人的表扬信，可写“深受感动”、“值得我们学习”等方面的内容。

5. 落款

落款应写明发文单位名称或个人姓名，并在右下方注明成文日期。

【案例】

表扬信

××学院：

在学雷锋活动月中，贵校师生不仅从自己做起，从本校做起，搞好了清洁卫生，注意了文明礼貌，而且多次走上街头清理垃圾，赴敬老院慰问老人，为社区居民修理电器，等等。贵校师生热心公益、助人为乐的精神受到了大家的一致赞扬，为社区居民树立了良好榜样，对建设和谐社区起到了积极作用。在此，我们除向贵校师生学习以外，特写信向贵校参加活动的师生提出表扬，并建议在全校范围内广为宣传，将学雷锋活动推向高潮。

此致

敬礼！

××社区居委会

××××年×月×日

项目六　自我鉴定

一、自我鉴定的含义

自我鉴定，也称个人鉴定，是对自己某一阶段的政治思想、工作业务、学习生活等方面情况进行评价而形成的书面文字。

根据内容来分，自我鉴定可分为综合性自我鉴定和专门性自我鉴定两类。综合性自我鉴定是对自己各方面情况的综合评价，如毕业自我鉴定、职称评审表中的个人总结等；专门性自我鉴定是对自己某一方面的情况进行评价，如实习鉴定、思想汇报等。

自我鉴定主要有三点作用：一是总结以往的思想、工作、学习情况，展望未来，克服不足，指导今后的工作；二是帮助领导、组织、评委了解自己，做好入党、入团、职称评定、晋升的依据材料准备工作；三是重要的自我鉴定将成为个人历史生活中一个阶段的小结，具有史料价值，被收入个人档案。

二、自我鉴定的写作特征

1. 篇幅短小。写自我鉴定，必须从实际出发，如实地反映情况，恰当地分析过去。有什么写什么，杜绝弄虚作假，不能故意拔高。篇幅要短小精悍，切忌长篇累牍，无病呻吟。

2. 条理清晰，用语准确。自我鉴定不只是写给自己看的，有的要向上级汇报，有的要存档，因此应做到层次清晰、一目了然。语言应概括、准确、严谨、简明、平实。

3. 自我鉴定具有评语和结论的性质。如果是综合评价，则要对过去进行全面分析，作出恰如其分的评价；同时，根据工作或学习的实际，内容要有所侧重，分清主次详略。

三、自我鉴定的写作格式

自我鉴定的结构由标题、正文和落款三部分构成。

1. 标题

自我鉴定的标题有以下两种形式：

(1)性质内容加文种，如《学年教学工作自我鉴定》。

(2)用文种“自我鉴定”作标题。如果是填写自我鉴定表格，则不写标题。

2. 正文

自我鉴定的正文由前言、优点、缺点、今后的打算共四部分构成。

(1)前言。前言概括全文，常用“本学年个人优缺点如下：”、“本期业务培训结束了，为发扬成绩，克服不足，以利今后工作学习，特自我鉴定如下：”等习惯用语引出正文主要内容。

(2)优点。一般按政治思想表现、业务工作、学习等方面内容逐一写出自己的成绩和长处。

(3)缺点。一般从主要缺点写到次要问题，或只写主要的，次要的一笔带过。

(4)今后的打算。用简洁明了的语言概括今后的打算，表明态度，如“今后我一定×××，争取进步”等。

自我鉴定的正文行文，可用一段式，也可用多段式。要实事求是，条理清晰，用语准确。

3. 落款

在右下方署明鉴定人姓名，并在下面注明年、月、日期。

四、自我鉴定的写作要求

1. 自我鉴定必须写实，使人看了鉴定如见其人，可依据鉴定判断写作者的品质、能力、性格等，以便组织对写作者有所了解和合理使用。

2. 态度要端正，字迹要工整。有些人对自我鉴定不太重视，常常写得条理不清，文笔不畅，字迹潦草，口号连篇，马马虎虎，敷衍了事。这种鉴定给人留下的印象是缺乏责任心，或玩世不恭，或水平不高，会让人质疑其能力。

五、自我鉴定的写作范文

【案例一】

自我鉴定

一年以来，本人能积极参加政治学习，关心国家大事，拥护以×××同志为核心的党中央的正确领导，坚持四项基本原则，拥护党的各项方针政策，遵守校纪校规，尊敬师长，团结同学，在政治上要求进步；学习目的明确，态度端正，钻研业务，勤奋刻苦，成绩优良；班委工作认真负责，关心同学，热爱集体，有一定奉献精神。不足是工学矛盾处理得不够好，学习成绩需进一步提高。今后我一定克服不足，争取更大进步。

×××

2010 年×月×日

【案例二】

自我鉴定

时光如梭，转眼即逝，毕业在即，回首三年的学习生活，历历在目。三年来，在学习上我严格要求自己，注意摸索适合自己的学习方法，有较强的分析、解决问题的能力，学习成绩优良。

我遵纪守法，尊敬师长，热心助人，与同学相处融洽。我有较强的集体荣誉感，努力为班为校做好事。作为一名团员，我思想进步，遵守社会公德，积极投身实践，关心国家大事。在团组织的领导下，力求更好地锻炼自己，提高自己的思想觉悟。

性格活泼开朗的我积极参加各种有益活动。在高一我担任语文科代表，协助老师做好各项工作。我参加市演讲比赛获三等奖，主持校知识竞赛，任小广播员。高二以来我担任班级文娱委员，组织同学参加各种活动，如课间歌咏、班级联欢会、集体舞赛等。我在校文艺汇演中任领唱，参加朗诵、小提琴表演；在学校辩论赛中表现较出色，获“最佳辩手”称号。我爱好运动，积极参加体育锻炼，力求德、智、体全面发展。在校运会上，我在800米、200米及4×100米接力赛中均获较好名次。

三年的高中生活使我增长了知识，也培养了我各方面的能力，为我日后成为社会主义现代化建设的接班人打下了坚实的基础。但是，通过三年的学习，我也发现了自己的不足，那就是吃苦精神不够，具体体现在学习上"钻劲"不够、"挤劲"不够。当然，在我发现自己的不足后，我会培养吃苦精神，尽力完善自我，从而保证日后的学习成绩能有较大幅度的提高。

作为跨世纪的一代，我们即将告别中学时代的酸甜苦辣，迈入高校去寻找另一片更加广阔的天空。在这最后的中学生活里，我将努力完善自我，提高学习成绩，为几年来的中学生活画上完美的句号。

×××

2011年×月×日

小 结

职业生涯规划就是指个人与组织结合，在对一个人职业生涯的主客观条件进行测定、分析、总结的基础上，对自己的兴趣、爱好、能力、特点进行分析和权衡，结合时代特点，根据自己的职业倾向，确定最佳的职业奋斗目标，并为实现这一目标作出行之有效的安排。求职信是求职者向用人单位介绍本人的有关情况，表明求职意图，希望对方予以任用的一种书信。简历是对自己的生活经历，包括学历、工作经历等，有选择、有重点地加以概括叙述的一种常用写作文体。申请书是个人或集体向组织、机关、企事业单位或社会团体表述愿望、提出请求时使用的一种文书。书信是一种向特定对象传递信息、交流工作和思想感情的应用文书。感谢信是得到某人或某单位的帮助、支持或关心后答谢别人的书信。慰问信是以组织或个人的名义，向有关单位或个人表示慰藉、问候、致意的专用书信。表扬信是对某个单位或个人的先进思想、优秀品行或模范事迹进行表彰或颂扬的书信。自我鉴定，也称个人鉴定，是对自己某一阶段的政治思想、工作业务、学习生活等方面情况进行评价而形成的书面文字。

复习思考题

1. 职业生涯规划书的写作应遵循哪些基本原则？
2. 求职信的写作有哪些要求？
3. 简述个人简历的写作特征。
4. 简述自我鉴定的写作特征。
5. 简述申请书的内容结构。
6. 简述感谢信的内容结构。
7. 简述慰问信、感谢信、表扬信的异同。

8. 小李是某建筑学院室内设计专业的一名在校生，大二下半学期他想利用业余时间到社会上参加专业实习，比较后他选择了一家市内知名的实习单位，并希望可以通过实习顺利留在该单位任职，请你结合小李的实际情况，为他设计一份求职简历。要求包括封皮、表格式简历、求职信及个人能力相关证明材料。

学习情境三　职场沟通

学习目标

通过本学习情境的学习，了解通知、通报、公告、通告、报告、请示、批复、函、会议记录、会议纪要、条据、计划、总结、介绍信、证明信、电子邮件的基本格式；掌握通知、通报、公告、通告、报告、请示、批复、函、会议记录、会议纪要、条据、计划、总结、介绍信、证明信、电子邮件的写作方法。

能力目标

能结合实际，进行通知、通报、公告、通告、报告、请示、批复、函、会议记录、会议纪要、条据、计划、总结、介绍信、证明信、电子邮件的写作。

项目一　通知与通报

一、通知

(一)通知的含义和特点

1. 通知的含义

通知是指“适用于发布、传达要求下级机关执行和有关单位周知或者执行的事项，批转、转发公文的文种”。

2. 通知的特点

(1)指导性强。通知多为下行文，一般是上级机关为布置工作、规范做法、传达政策而制发，具有很强的指导性。

(2)适用范围广。无论党政机关、企事业单位或群众团体，在召开会议、部署工作、沟通情况时都经常运用通知这种文体。

(3)可分种类多。由于通知的适用范围广，可从不同的角度来划分它的种类。如按性质划分，有批转及转发的通知、发布法规规章的通知、布置工作的通知、任免聘用干部的通知、会议通知等；按形式分，有联合通知、紧急通知、预备通知、补充通知等。

(4)使用频率高。由于通知用途广泛，行文简便，灵活多样，因而是目前使用频率最高的机关公文文种。

(二)通知的分类

1. 发文通知。即发布文件的通知，包括印发文件的通知、转发文件的通知、批转文件的通知三种。

2. 指示性通知。即上级机关布置工作，要求下级机关办理或执行某些事项的通知。

3. 告知性通知。即需要有关机关和单位周知某些事项的通知。

4. 任免通知。即上级机关任免下级机关领导人或机关内部任免工作人员的通知。

5. 会议通知。即上级机关或发起单位发给与会单位和人员的通知。

(三)通知的写作格式

通知一般由标题、发文字号、受文单位、正文、落款组成。

1. 标题

标题由发文机关、事由和文种三要素组成，如《中共中央国务院关于加强城市规划建设管理工作的若干意见》、《国务院关于印发新一代人工智能发展规划的通知》、《住房建设部办公厅关于开展智慧城市创建工作情况总结的通知》。

拟写通知标题时，应注意把各种通知的性质体现出来，往往在“关于”后面标明“颁布”、“印发”、“发布”、“批转”、“转发”等字样，以表明其性质。

转发上级通知时，为避免标题中重复出现几个“通知”字样的问题，可以省略中间层次和转发单位所使用“通知”字样，只保留文件发源处的一个文种“通知”。如《××省住房和城乡建设厅转发住房城乡建设部办公厅关于进一步落实责任加强建筑施工安全监管工作的紧急通知》，可将标题写成《转发住房城乡建设部办公厅关于进一步落实责任加强建筑施工安全监管工作的紧急通知》。

2. 发文字号

按标准的公文格式书写。

3. 受文单位

在标题下面，正文之前，顶格写明被通知的单位。被通知单位可以是一个，也可以是多个，或者是所有下属单位，中间用逗号隔开，最后用冒号。

4. 正文

正文是通知的主体，即通知的内容。通知的正文一般要求写出发文缘由、具体事项和执行要求。发文缘由部分，要写清楚发文的依据和目的。常见的发文依据经常是上级某一文件精神或上级指示等。

具体事项部分，结合事项具体内容，要写清楚要通知的内容，可以分条列项表示，显示出一定的条理性和周密性。如起草会议通知，必须把会议召开的时间、地点、与会人员及注意事项逐一写明，不能遗漏；文字力求简练明确。

执行要求要明确具体，简洁有力，把有关事项写清楚即可，切忌空话、俗话、套话和长篇大论，要体现上级对下级的威严和行事果断。

5. 落款

在正文右下方写上发通知的机关名称和年、月、日，并加盖机关公章。

【案例】

关于开展2014年度国家智慧城市试点申报工作的通知

陕建发〔2014〕319号

各设区市住房和城乡建设局(建委)、建设规划局、西咸新区规划土地环保局、韩城市住房和城乡建设局、神木县、府谷县住房和城乡建设局,各有关企业:

2014年度智慧城市试点申报工作已全面启动。为进一步推动我省智慧城市建设,促进新型城镇化发展,发挥科技创新对新型城市建设的支撑引领作用,请各地市、企业按照相关要求,结合实际,积极组织开展智慧城市试点申报工作。现将申报有关事项通知如下:

一、申报类型

1. 城市(区、县、镇)试点申报

2. 智慧应用专项试点申报

二、申报要求

(一)智慧城市试点

1. 申报条件

城市(区、县、镇)人民政府已将智慧城市建设工作列入当地国民经济和社会发展"十二五"规划或本年度政府工作报告。

智慧城市试点项目建设应包括城市公共信息平台、公共基础数据库、智慧社区。

2. 申报程序

城市(区、县、镇)人民政府于2014年10月10日前提出申请并提供以下申报材料(并加盖公章):

(1)申报书;

(2)智慧城市发展规划纲要;

(3)智慧城市试点实施方案;

(4)智慧城市项目投融资方案。

以上申报材料报省住房和城乡建设厅,同时申报书报科学技术厅。

省住房城乡建设厅会同科学技术厅组织专家采取材料审查、实地考察、会议评审的方式,对试点城市进行初审,并提出审查和推荐意见,具体时间另行通知。

(二)智慧应用专项试点

1. 申报领域

申报领域包括:城市公共信息平台及典型应用、智慧社区(园区)、城市网格化管理服务、"多规融合"平台、城镇排水防涝、地下管线安全等。

2. 申报条件

承担专项建设运行的企业或企业联合体在所申报领域处于国家领先地位,技术、资金、人才实力雄厚,经营状况良好,所选择的示范地(已列入2012、2013年度的试点城市或本年度正在申报的城市)不少于2个。

3. 申报程序

承担专项建设运行的企业或企业联合体于2014年9月20日向省住房和城乡建设厅申请,并提交以下材料:

(1)专项试点申报书;

(2)国家智慧城市专项试点实施方案。

三、联系人及方式

陕西省住房和城乡建设厅

联系人：李××

联系方式：029—××××××××

陕西省科学技术厅

联系人：王××

联系方式：029—××××××××

附件1：住房城乡建设部办公厅 科学技术部办公厅《关于开展国家智慧城市2014年试点申报工作的通知》

附件2：申报材料电子样本

陕西省住房和城乡建设厅(公章)

陕西省科学技术厅(公章)

2014年9月11日

二、通报

(一)通报的含义和特点

1. 通报的含义

《条例》规定，通报“适用于表彰先进、批评错误、传达重要精神或者告知重要情况”。总之，通报是上级把有关的人和事告知下级的公文。它的运用范围很广，各级党政机关和单位都可以使用。它的作用是表扬好人好事，批评错误和歪风邪气，通报应引以为戒的恶性事故，传达重要情况以及需要各单位知道的事项。其目的是交流经验，吸取教训，教育干部、职工群众，推动工作的进一步开展。

2. 通报的特点

在学习和写作通报时，要把握好通报的以下四个特点：

(1)告知性。通报的内容常常是把现实生活当中一些正(反)面的典型或某些带倾向性的重要问题告诉人们，让人们知晓、了解。

(2)教育性。通报的目的不仅仅是让人们知晓内容，更重要的任务是让人们知晓内容之后，从中接受先进思想的教育，或警戒错误，引起注意，接受教训。这一目的不是靠指示和命令方式，而是靠正面典型的带动和反面典型的警示来达到的。

(3)政策性。政策性并不是通报独具的特点，其他公文也同样具有这一特点。但通报尤其是表扬性通报和批评性通报的政策性更为突出。因为通报中的决定(即处理意见)直接涉及具体单位、个人，或事情的处理牵涉到其他单位、部门效仿执行的问题。因此，通报必须讲究政策依据，体现党的政策。

(4)范围性。通报的发布范围，往往是在一个机关或一个系统内部使用。通报虽然具有公开“通”晓，广而“告”之之意，但发布范围仅仅限于本机关或本系统。

(二)通报的分类

通常按内容性质将通报分为三类，即表彰性通报、批评性通报和情况通报。

1. 表彰性通报

表彰性通报是表彰先进个人或先进单位的通报。这类通报，着重介绍人物或单位的先进事迹，点明实质，提出希望、要求，然后发出学习的号召。

2. 批评性通报

批评性通报是批评反面典型人物或单位的错误行为、不良倾向、丑恶现象和违章事故等的通报。这类通报通过列举情况、找根源，阐明处理决定，使人从中吸取教训，以免重蹈覆辙。这类通报应用面广，数量大，惩戒性突出。

3. 情况通报

情况通报是上级机关把现实社会生活中出现的重要情况告知所属单位和群众，让其了解全局，与上级协调一致、统一认识、统一步调，克服存在的问题，开创新的局面。这类通报具有沟通和知照的双重作用。

(三)通报的写作格式

1. 标题

标题通常由发文机关名称、事由和文种组成，如《住房城乡建设部关于公布 2017 年度全国绿色建筑创新奖获奖项目的通报》。少数通报的标题是在文种前冠以机关单位名称，如《中共××市纪律检查委员会通报》。

2. 主送机关

除普发性通报外，其他通报一般应该标明主送机关。有的通报特指某一范围内，可以不标注主送机关。

3. 正文

(1)表彰通报。表彰通报是从高层机关到基层单位都广泛采用的常用公文类型，其规格低于嘉奖令、表彰决定，但是，以发公文的方式对个人或集体的先进事迹进行表彰，这本身就是一种郑重、严肃的态度，写作时对此需有正确认识。

表彰通报的正文分为四个部分，具体如下：

①介绍先进事迹。这一部分用来介绍先进人物或集体的行动及其效果，要写清时间、地点、人物、基本事件过程。表达时使用概括叙述的方式，只要将事实讲清楚即可，不能展开绘声绘色地描绘，篇幅也不宜过长，但须要素完备、事实清楚，体现公文的叙事特点。如果是基层单位表彰个人先进事迹的通报，事迹可以稍具体一些。

②先进事迹的性质和意义。这部分主要采用议论的写法，但并不要求有严谨的推理，而是在概念清晰的前提下用精练的文字作出评判。例如，“李继红同学拾金不昧的行为，体现了当代大学生良好的精神面貌，为我校赢得了荣誉。”这部分评价性的文字要注意措辞的分寸感和准确性，不能出现过誉或夸饰的现象。

③表彰决定。这部分写什么会议或什么机构决定，给予表彰对象以什么项目的表彰和奖励。例如，“经中国建筑业协会组织评选，总后礼堂整体改造和地下车库工程、九江长江公路大桥、重庆国际博览中心等 200 项工程获 2014—2015 年度中国建设工程鲁班奖(国家优质工程)。为鼓励获奖单位，树立争创工程建设精品的优秀典型，对获奖工程的承建单位和参建单位给予通报表彰。”如果表彰对象人数较多，或者有具体的奖励项目，可分别列出。

这部分在表达上的难度不大，要注意的主要是表意清晰、简练，用词精当。

【案例】

省人民政府决定：授予金牌获得者占旭刚“浙江省劳动模范”称号，给予通报嘉奖，晋升工资二级，奖励住房(三室一厅)一套；给予银牌获得者吕林、曹棉英和铜牌获得者刘坚军各记大功一次，晋升工资一级；给予占旭刚的教练陈继来记大功一次，晋升工资二级；给予曹棉英的教练周琦年、刘坚军的教练王小明各记功一次、晋升工资一级。

4)希望和号召。这是表彰通报必须有的结尾部分，用来提出希望、发出号召。例如，“望广大建筑业企业全面贯彻落实党的十八届五中全会精神，深入开展工程质量治理两年行动，以受表彰单位为榜样，大力弘扬精益求精的鲁班精神，勤于探索、勇于创新，加快实现转型升级，为建筑业改革发展作出积极努力和新的贡献。”

希望和号召表述的是发文的目的，也是全文的思想落脚点，要写得完整、得体，富有逻辑性。

【案例一】

关于二季度绿色建筑评价标识工作进展情况的通报

陕建科发〔2017〕7号

各设区市住房和城乡建设局(规划局、建委)，杨凌示范区住房和城乡规划建设局，西咸新区规划建设局，韩城市住房和城乡建设局，神木县、府谷县住房和城乡建设局：

2017年第二季度，全省共申报绿色建筑评价标识项目67个、建筑面积1 035.83万平方米。现将具体情况通报如下：

一、工作进展情况

申报绿色建筑评价标识的67个项目中，一星级项目55个，建筑面积923.86万平方米；二星级项目12个、建筑面积111.97万平方米。公共建筑27个，居住建筑37个，医院建筑2个，工业建筑1个。西安市组织申报56个项目，西咸新区5个项目，榆林市2个项目，宝鸡市、渭南市、商洛市、汉中市各1个项目。59个项目进行了专家评审，5个项目待评审，2个项目进行了公示公告，1个项目通过绿色施工图技术要点审查。

二、下一步工作要求

(一)加强对绿色建筑项目建设的监督和管理。要按照《陕西省民用建筑节能条例》严格实施绿色建筑标准，加强对市场各方责任主体违法违规行为的查处，不断促进绿色建筑工程质量的提升。

(二)严格落实绿色建筑施工图审查制度。要督促施工图审查机构严格执行《陕西省民用建筑节能条例》第四十二条的规定，依据《陕西省绿色建筑施工图设计文件技术审查要点》、《陕西省绿色保障性住房施工图设计文件技术审查要点》，开展绿色建筑项目的施工图设计审查。

(三)建立完善绿色建筑评价及统计制度。请西安、宝鸡、咸阳、铜川、渭南、延安、榆林、安康按照要求上报绿色建筑项目信息统计季报表。请铜川、安康按照要求上报民用建筑能耗与节能信息统计报表。请咸阳、商洛两个“省绿色建筑网上申报试点城市”，按照要求组织开展网上申报工作。

附件：2017年二季度申报绿色建筑评价标识项目情况表

陕西省住房和城乡建设厅

2017年7月26日

【案例二】

住房城乡建设部关于公布2017年度全国绿色建筑创新奖获奖项目的通报

建科〔2017〕186号

各省、自治区住房和城乡建设厅，直辖市、计划单列市建委(建设局)，新疆生产建设兵团建设局：

为推进我国绿色建筑健康发展，促进住房城乡建设领域实现资源节约、环境保护的目标，根据《关于印发〈全国绿色建筑创新奖管理办法〉的通知》(建科函〔2004〕183号)、《关于印发〈全国绿色建筑创新奖实施细则〉和〈全国绿色建筑创新奖评审标准〉的通知》(建科〔2010〕216号)要求，我部组织完成了2017年度全国绿色建筑创新奖的评审工作。经审定，“卧龙自然保护区中国保护大熊猫研究中心灾后重建项目”等49个项目获得2017年度全国绿色建筑创新奖。

现予公布。

附件：2017年度全国绿色建筑创新奖获奖项目名单

中华人民共和国住房和城乡建设部

2017年8月29日

(2)批评通报。批评通报是针对某一错误事实或某一有代表性的错误倾向而发布的通报，有针砭、纠正、惩戒的作用。它可以是针对某一个人所犯的错误事实而发，如《住房城乡建设部办公厅关于×××等4人申报一级建造师注册弄虚作假行为的通报》；也可以针对某一领域或某一部门、单位的不良现象而发，如《2017年7月房屋市政工程生产安全事故情况通报》、《住房城乡建设部办公厅关于福建百胜祥建筑工程有限公司等6家企业资质申报弄虚作假行为的通报》、《国务院关于一份国务院文件周转情况的通报》；还可以针对普遍存在的某种问题而发，如《中共中央纪律检查委员会通报(立即刹住用公款请客送礼、吃请受礼的歪风)》。

批评通报分为如下四个部分：

①错误事实或现象。如果是对个人的错误进行处理的通报，这部分要写明犯错误人的基本情况，包括姓名、所在单位、职务等，然后是对错误事实的叙述，要写得简明扼要、完整清晰。

如果是对部门、单位的不良现象进行通报，这部分篇幅较大，如《国务院关于一份国务院文件周转情况的通报》，将广东省政府用70天时间才将国务院一份文件转发下去，而广州市政府又用了100多天才将这份文件转发到各个区县的情况进行了比较详细的叙述，占全文篇幅的一多半。

如果是针对普遍存在的某一问题进行通报，这部分要从不同地方、不同单位的许多同类事实中，选择出一些有代表性的进行综合叙述。如《中共中央纪律检查委员会通报(立即刹住用公款请客送礼、吃请受礼的歪风)》，综合叙述了上海、长沙若干单位请客送礼、吃请受礼的事实，列举了大量的统计数字。

②错误性质或危害性的分析。处理单一错误事实的通报，这部分要对错误的性质、危害进行分析，一般都写得比较简短。

对综合性的不良现象或问题进行通报，这部分分析性文字会比较详细一些。

【案例】

用公款请客送礼、吃请受礼的歪风，是与党的艰苦奋斗、勤俭建国的优良传统和正在开展的增产节约、增收节支活动背道而驰的。它不仅大量浪费国家资财，影响经济建设，而且严重损害党和政府的声誉，败坏党风和社会风气，发展下去，势必会腐蚀和葬送一批党员干部。对此，党中央、国务院、中央纪委曾三令五申，明令禁止。但为什么这股歪风屡禁不止、反复发作以至会愈演愈烈呢？重要的原因是：一方面，我们有些党组织，特别是党员领导干部，对此认识不足，重视不够，没有看到这个问题的严重性、危害性，思想认识上没有解决问题，所以，或纠而不力，或根本没有认真纠正，因而不能根除；另一方面，是由于在这个问题上执纪不严，违纪未究，或者时紧时松，致使一些人认为这方面的规定不过是表面文章，没有什么约束力，任你三令五申、吃喝我自为之，看你可奈我何？因此，中央纪委认为，现在的问题已经不是再多说什么，而是要坚决执行党中央、国务院、中央纪委已有的规定，并对违犯者严格执纪。

在上文例子中，对请客送礼、吃请受礼的性质和原因，分析得全面、深刻，为下文提出纠正措施打下了基础。

③惩罚决定或治理措施。对个人单一错误事实进行处理，要写明根据什么规定，经什么会议讨论决定，给予什么处分等。

对普遍存在的错误现象或问题，在这部分中要提出治理、纠正的方法措施。内容复杂时，这部分可以分条列项。如中央纪委关于请客送礼、吃请受礼的通报，就提出了五条严厉措施来制止这股歪风。

④提出希望要求。在结尾部分，发文机关要对受文单位提出希望要求，以便受文单位能够高度重视、认清性质、吸取教训、采取措施。

【案例】

目前全国人民正在努力开创各项事业的新局面，国务院要求，作为上层建筑的各级国家机关，必须适应新的形势，认真改进工作。国务院办公厅要带头提高办事效率。……各省、市、自治区政府和国家机关各部门，都要结合机构改革，认真改变作风，改进工作方法，提高办事效率，努力开创机关工作的新局面。

如果是针对一些违纪比较严重的现象进行通报，结尾部分的措辞还可以更严厉一些，如提出继续违反要严惩、要登报公布等警告。

(3)情况通报。用来传达重要精神、沟通重要情况的通报是情况通报。为了让下级单位对一些重要事件或全局状况有所了解，上级机关应该适时发布这样的通报。关于党的建设、关于“三严三实”宣传教育活动、关于工业经济效益、关于工程进展、关于资金筹集情况等，都可以成为这种通报的主要内容。例如，2015 年 12 月 15 日发布的《国务院办公厅关于第一次全国政府网站普查情况的通报》。

情况通报正文由以下三个部分构成：

①缘由与目的。情况通报的开头要首先叙述基本事实，阐明发布通报的根据、目的、原因等。

作为开头，文字不宜过长，要综合归纳、要言不烦。

【案例】

针对我市书刊市场近来销售淫秽色情读物和非法出版活动又有回潮的情况，市文化局最近会同市工商、公安、邮电等部门对市区部分书刊摊点进行了检查，现将检查情况通报如下……

②情况与信息。这是主体部分，主要用来叙述情况、传达信息，通常内容较多，篇幅较长，要注意梳理归类，合理安排结构。例如，《住房城乡建设部办公厅关于进一步加强建筑施工安全生产工作的紧急通知》的主体部分，分为两大部分。第一部分简单通报一些地区接连发生建筑施工群死群伤事故。第二部分提出要求：一是深刻认识当前安全生产严峻形势；二是立即开展安全生产大检查；三是进一步加强安全生产标准化工作；四是严肃追究安全生产事故责任。

③希望与要求。在明确情况的基础上，对受文单位提出一些希望和要求。这部分是全文思想的归结之处，写法因文而异，总的原则是抓住要点、切实可行、简练明白。

(四)奖惩性决定与表扬、批评性通报的区别

奖惩性决定与表扬、批评性通报因内容材料相似或相同而容易混淆。

1. 出发点与侧重点不同

奖惩性决定重在处置，它的着眼点在于奖惩有关单位或个人，它代表了领导层的权威意志。奖功罚过是其首要目的，教育或警示他人是其次要目的。通报的目的则是使受文单位了解某一重要情况或典型事件，从而受到教育或警示。表扬性通报对被表扬的单位主要是理解上级的精神，更上一层楼；而对后进单位主要是学习受表扬单位的经验，起步前进；对一般单位主要是学先进、找差距、定措施。批评性通报，对一般单位主要是对照自己，防患于未然；对有类似问题或尚有隐患存在的单位则鸣钟警戒以根除侥幸心理。总而言之，奖惩性决定重在处置，奖功罚过；表扬、批评性通报重在教育比照，或先进示范，或以儆效尤。

2. 标题写法不同

表彰性决定的标题格式通常有：《×××关于授予×××称号的决定》或《×××关于给予×××表彰的决定》，如《国务院关于授予赵春娥、罗健夫、蒋筑英全国劳动模范称号的决定》。

处分性决定的标题格式通常有：《×××关于对××的处理决定》，如《×××关于对“六二八”重大责任者××的处理决定》。

决定的标题中常常含有处置性动词，如授予、处理、给予等动词。

表扬、批评性通报标题的通常格式如：《××××自治区人民政府关于柳州市壶东大桥特大交通事故的通报》、《住房城乡建设部办公厅关于彭某申报一级建造师注册弄虚作假行为的通报》。从中可以看出，表扬、批评性通报的标题中一般不使用处置性动词。

3. 正文的组成不同

奖惩性决定重在处置，表扬、批评性通报重在宣传与教育，正文的构成侧重点不同。奖惩性决定的正文一般先简要叙述先进事迹或错误事实，然后写明组织的处理决定。表扬性通报的正文部分一般包括概述先进事迹，指出主要做法经验或叙述事情发生经过并分析意义，提出要求和希望或号召大家学习。批评性通报的正文部分一般包括叙述错误事实经过，表明通报发出单位对事件的态度及处理意见，分析错误或事故产生的原因与危害性、提出要求或警示其他单位或个人。

案例评析

××市卫生局关于医生张×滥用麻醉药品造成医疗事故的通报

各区县、各乡镇医疗卫生单位：

2002年7月5日晚7时25分，×县×镇×村农民李×因下腹部疼痛，被送到×镇卫生院治疗。该院夜班医生张×以“腹痛待诊”处理，为病人开了阿托品、安定等解痛镇静药，肌肉注射哌替啶10毫克。7月6日下午5时许，该病员因腹痛加剧，再次到该卫生院治疗。医生刘××诊断其为“急性阑尾炎穿孔，伴腹膜炎”。该病员被急转市第二人民医院治疗，于当晚7时施行阑尾切除手术。手术过程中，发现阑尾端部穿孔糜烂，腹腔脓液弥漫。切除了坏死的阑尾，清除了腹脓液约300毫升，安装了腹腔引流管条。经过积极治疗，输血300毫升，病人才脱离危险，但身心受到了严重的损害。

急性阑尾炎是一种常见的外科急腹症，诊断并不困难。×镇卫生院张×工作马虎，处理草率，在没有明确诊断以前，滥用麻醉剂哌替啶，掩盖了临床症状，延误了病人的治疗时间，造成了较为严重的医疗事故。这种对人民生命财产极不负责任的做法是严重错误的。为了教育张×本人，经卫生局研究，决定给张×行政记过处分，扣发全年奖金，并在全市范围内通报批评。

各单位要从这次医疗事故中吸取教训，加强对职工的思想教育，增强职工的责任感，以对人民高度负责的精神，端正服务态度，提高服务质量。同时，要加强对麻醉药品的管理，认真执行××省卫生厅《关于严格控制麻醉药品使用范围的规定》，严禁滥用麻醉药品。今后如发现违反规定者，要首先追究单位领导的责任。

2002年7月25日(公章)

【评析】

本则通报的主旨是：批评医生张×严重失职的错误行为，并以此为戒，警示全市医疗卫生单位的领导和职工从中吸取教训，增强责任感，以防此类事故的再度发生。为了彰明这一意旨，使通报的信息深入人心，本文在选材、构思与表达方面颇费了一番工夫，具体来说有以下几个特点：

1. 选材的典型性

选材是写好通报的基础；选用典型材料是通报写作的基本要求。尤其是表彰性和批评性通报，其事例应让人感到确实值得学习或引以为戒。倘若将一些缺乏典型性、代表性的事例作为通报材料，或“小题大做”，或“借题发挥”，则非但起不到教育或警示作用，反而会产生负面影响，甚至造成信任危机。

本则例文将一起医疗事故作为通报的写作材料，具有十分典型的意义。

首先，从业务性质说，作为医疗卫生部门，最为要紧、最需防范的事件，莫过于医疗事故。以医疗事故作为通报材料，最容易引起人们的警觉。

其次，从造成事故的原因看，一般来说，医疗事故的发生并不鲜见，但是并非所有的事故都需要通报批评。由于医疗条件、技术设备或医疗水平所限，有些事故是很难避免的，也可以说是在“情理之中”的；另一些事故则是可以避免却未能避免的，其原因在于主观努力不够或工作马虎，这是很“不合情理”的。而例文所及，恰恰属于后者，这是最需要引以为戒的典型事故。

再次，从事故的经过和结果看，如果医生张×不给患者注射哌替啶，患者熬不住病痛，很有可能提前(甚至连夜)赶往其他医院就诊，不至于造成严重后果。而张×却滥用麻醉剂，掩盖了病情，延误了治疗时间，造成了较为严重的后果，这一教训也是十分深刻的。

从以上三方面审视，这是一起相当典型的医疗事故，具有普遍的教育意义与很强的说服力，以此作为反面教材，必能产生非同寻常的教育与警示作用。

2.“述事”的简明性

所谓“述事”，即陈述基本事实，这是通报写作中首先要涉及的一项重要内容。事实的陈述应做到简练而明确(即所谓“简明性”)。

“简练”，本是所有公文在语言表达上的一个共同要求；而就通报的“述事”来讲，除了要求文字精练以外，在表达方式上则应该使用概述手法，不宜像通讯报道那样展开详细叙述，更不能使用描写方法。例文所述医疗事故，由镇卫生院的夜诊写到市医院的手术，交代了事件的全部过程，倘若写成通讯会洋洋洒洒一大篇，而本文由于使用了概述手法，也不过是第一个自然段寥寥200余字的篇幅，便完整地交代了事故的原委。

不过，“简练”不等于“简陋”，如果一味求“简”，过于简单粗陋，就会“简”而不“明”，无法让人对所通报的事实形成一个完整的印象，当然更难以让读者产生爱憎之情与明确的是非判断。因此，通报事实的陈述又不宜过简，“简”应以“明”为前提、为尺度。“明”，是指“明确”，即明确记叙的六要素(时间、地点、人物、事件的起因、经过、结果)以及一些相关数据。例文中三次提到“时间”(甚至能具体到几点几分)；三次提到“地点”(患者住地以及两个医疗单位)；“人物”除患者外，还涉及与事故的发生、救治病人密切相关的两名医生；肇事的“原因”，在于医生张×的草率处理；事故的“经过”，即从夜诊到手术的全过程；“结果”，造成了较严重的医疗事故，最后在市医院的抢救中转危为安。另外，文中还涉及能显示事故严重程度的三个相关数据：哌替啶的用量、被清除的腹脓液量以及输血量。这种相当完备的陈述，将整个事故的来龙去脉交代得一清二楚，即使下文不做评论，读者也能从中辨明是非并总结出深刻的教训来。虽然这段概述仅有200余字，却占了整篇通报40%的篇幅，在全文中的比重还是相当大的。在这里，“长”与“短”、“简”与“明”、“概括叙述”与“完备叙述”等概念，辩证地、和谐完美地统一起来。

3.“评析”的论断性

例文的第二段，共四句话，可分为两个层次：前三句为第一层，是对事件的“分析评价”；末句为第二层，是制文机关的“处理意见”。

所谓“评析”，即作者对事件的认识；评析的目的，在于引导读者透过事实现象去认识事件的本质，从而准确把握通报的精神。例文的评析部分，包含了对事故“原因”与“影响”的分析(前二句)以及对事件“性质”的评价(第三句)，不仅写得入情入理，切中了问题的要害，足以使事故责任人口服心服，而且斩钉截铁、简洁有力，便于读者把握要领，深受教育。

能有如此的表达效果，其诀窍在于突出了通报“评析”部分的“论断性”。“论”，即“推论”；“断”，即“判断”。它要求作者从通报事实中推断出有关结论，然后以“判断”的逻辑形式表达出来。“论断”不同于“论证”，“论证”，即论述、证明，它是普通议论文的“三要素”(论点、论据、论证)之一，即运用论据来证明论点的过程与方法；“论断”则不然，其推演过程无须展示出来，即在表达形式上不作任何的推理与证明，是一种只“断”不“论”的议论方式。通报“评析”部分的论断性，不仅让文字表达简洁精辟、掷地有声，而且能有效地增强文章的庄重色彩。

4.“意见”的合理性

例文第二段的最后一句，是发文机关(即××市卫生局)对这起事故的“处理意见”。文章写道：为了教育张×本人(按处理的“目的”)，经卫生局研究(按处理的“法定程序”)，决定给张×行政记过处分，扣发全年奖金，并在全市范围内通报批评(按处理“决定”)。这句话首先以两个介宾短语“为了……”、“经……”做状语，分别从“目的”、“法定程序”两个角度，申明了处理决定的合理合法性；然后按照“行政处分—经济处罚—通报批评”的顺序，“由重而轻”地依次罗列出处理决定的全部内容。不仅在表达形式上给人以清晰的“层次感”，而且在表达内容上显示出合理适度的“分寸感”。

该文的作者(市卫生局)对政策的把握是颇为准确的：既然医生张×因失职造成较为严重的医疗事故，那么，理当受到“行政处分”；为了教育本人、挽回影响并警示广大医务工作者，也很有必要在全市“通报批评”；即便是“经济处罚”也不为过分。试想，患者的经济损失与精神损害，应该由谁来负责任呢？可见，这种处理决定既是必要的，又是可行的，它以事实为依据，以政策为准绳，合情合理，恰如其分。

5.“要求”的针对性

例文的末段是对受文者提出的要求与希望，它是集中体现通报意旨的一个部分，目的在于提醒受文者高度重视，吸取教训，改善服务，避免在今后的工作中出现类似原因造成的医疗事故。

通报的“要求”往往是一些原则性的指导意见，一般只需概括地提出，无须具体详尽地说明，篇幅不宜过长。不过，也不宜过于笼统。从例文所述看，医生张×所致事故的教训有二：其一，工作马虎就会严重失职；其二，滥用麻醉药品就会对患者造成危害。正是针对这两个问题，例文末段分别提出了不同的要求：该段第一句为第一项要求，即“增强职工的责任感”；后两句为第二项要求，即“加强对麻醉药品的管理”。两项“要求”，与通报的事件在内涵与外延上均保持了高度一致，显示了极强的针对性。

6.“章法”的逻辑性

纵观例文全篇的三段文字，在章法安排上形成了下列逻辑层次：陈述事实(第一段)—分析评价(第二段)—处理意见(第二段)—希望要求(第三段)。这便是批评性通报所惯用的典型“构文程式”。

第一段对事实的陈述，是全文的基础，也是为第二段的分析评价所做的铺垫；第二段明确指出事故的原因、性质与教训，既为“处理意见”提供了理论依据，又为第三段的“希望要求”做了铺垫。而全文的主旨则是通过二、三两段内容显示出来的，它恰恰被置于做过充分铺垫之后的重心地位，从而表现得异常集中而突出。同时，层层铺垫，层层推进，也让主旨渐趋明朗且步步深化，并扎根在分外牢固的基础之上。

项目二　公告与通告

一、公告

(一)公告的含义和特点

1. 公告的含义

公告是公文的主要文种之一，它和通告都属于发布范围广泛的晓谕性文种。《条例》对公告的功能做了如下规定：“适用于向国内外宣布重要事项或者法定事项。”重要事项主要包括：公布法律、法令、法规；重大国家事务活动，如国家领导人出访、任免、逝世；公布重大科技成果；公布有关重要决定，如《关于企业工资薪金和职工福利费等支出税前扣除问题的公告》。法定事项主要包括按照法律规定发布的公告，以及根据法律条文向社会公布有关规定的公告。

2. 公告的特点

(1)发文权力的限制性。由于公告宣布的是重大事项和法定事项，发文的权力被限定在高层党政机关及其职能部门的范围。具体来说，中共中央、全国人民代表大会及其常务委员会、国务院及其所属部门，各省市、自治区、直辖市党政领导机关，某些法定机关，如税务局、海关、铁路局、人民银行、检察院、法院等，有制发公告的权力。其他地方行政机关一般不能发布公告。党团组织、社会团体、企事业单位，不能发布公告。

(2)发布范围的广泛性。公告是向“国内外”发布重要事项和法定事项的公文，其信息传达范围有时是全国，有时是全世界。比如，我国曾以公告的形式公布中国科学院院士名单，一方面确立他们在我国科学界学术带头人地位，另一方面尽力为他们争取在国际科学界的地位。这样的公告肯定会在世界科学界产生一定的影响。我国有关部门还曾在《人民日报》上刊登公告，公布中国名酒和中国优质酒的品牌、商标和生产企业，以便消费者能认清名牌。

(3)题材的重大性。公告的题材，必须是能在国内国际产生一定影响的重要事项，或者依法必须向社会公布的法定事项。公告的内容庄重严肃，体现着国家权力机关的威严，既要能够将有关信息和政策公之于众，又要考虑在国内国际可能产生的政治影响。一般性的决定、通知的内容，都不能用公告的形式发布，因为它们很难具有全国和国际性的意义。

(4)内容和传播方式的新闻性。公告有一定的新闻性特点。所谓新闻，是对新近发生的、群众关心的、应知而未知的事实的报道。公告的内容，都是新近的、群众应知而未知的事项，在一定程度上具有新闻的特点。公告的发布形式也有新闻性特征，它一般不用红头文件的方式传播，而是在报刊上公开发布。

(二)公告的分类

1. 重要事项的公告

凡是用来宣布有关国家的政治、经济、军事、科技、教育、人事、外交等方面需要告知全民的重要事项的，都属此类公告。常见的有国家重要领导岗位的变动、领导人的出访或其他重大活动、重要科技成果的公布、重要军事行动等。例如，《中华人民共和国全国人民代表大会公告》、《新华社受权宣布我国将进行向太平洋发射运载火箭试验的公告》都属此类公告。

2. 法定事项的公告

依照有关法律和法规的规定，一些重要事情和主要环节必须以公告的方式向全民公布。如《住房城乡建设部关于发布行业标准〈建筑与小区管道直饮水系统技术规程〉的公告》。

《中华人民共和国企业破产法》第十四条规定："人民法院应当自裁定受理破产申请之日起二十五日内通知已知债权人，并予以公告。"如《广东省深圳市中级人民法院受理破产案件公告》。

《国家公务员暂行条例》第十六条规定，录用国家公务员要"发布招考公告"，如《湖南省2015年考试录用公务员公告》。

《中华人民共和国民事诉讼法》规定发布的公告种类繁多，有通知权利人登记公告、送达公告、开庭公告、宣告失踪与宣告死亡公告、财产认领公告、强制迁出房屋公告、强制退出土地公告等。

上述公告均属法定事项公告。

(三)公告的写作格式

1. 标题

公告的标题有四种不同的构成形式。

(1)公文标题的常规形式，由"发文机关＋主要内容＋文种"组成，如《住房城乡建设部关于2013年第五批一级建造师注册人员名单的公告》。

(2)省略主要内容的写法，由"发文机关＋文种"组成，如《中华人民共和国外交部公告》、《住房城乡建设部关于发布行业标准〈装配式劲性柱混合梁框架结构技术规程〉的公告》。这是公告比较常用的标题形式。

(3)省略发文机关，由"主要内容＋文种"组成，如《关于核准2017年第二批工程造价咨询甲级资质企业名单的公告》、《关于对2006年北京名牌产品初选名单征求意见的公告》。

(4)只标文种"公告"二字。

2. 发文字号

公告一般不用公文的常规发文字号，而是在标题下文正中标示"第×号"。有些公告可以没有发文字号。

3. 正文

公告的正文一般包括开头、主体、结语三个部分。

开头主要用来写发布公告的缘由，包括根据、目的、意义等。这是公文普遍采用的常规开头方式，多数公告都采用这样的开头。但也有不写公告缘由，一开头就进入公告事项的。

主体用来写公告事项。因每篇公告的内容不同，主体的写法因文而异，有时用贯通式写法，有时需要分条列出。总之，这部分要求条理清楚、用语准确、简明庄重。

结语一般用"特此公告"的格式化用语作结。不过，这不是唯一的选择，有些公告的结尾专用一个自然段来写执行要求，也有的公告既不写执行要求，也不用"特此公告"的结语，事完文止，也不失为一种干净利落的收束方式。

【案例】

住房城乡建设部关于发布行业产品标准《混凝土结构用成孔芯模》的公告

中华人民共和国住房和城乡建设部公告第 1605 号

现批准《混凝土结构用成孔芯模》为建筑工业行业产品标准，编号为 JG/T352—2017，自 2018 年 1 月 1 日起实施。原《现浇混凝土空心结构成孔芯模》(JG/T352—2012)同时废止。

本标准在住房和城乡建设部门户网站(www. mohurd. gov. cn)公开，并由我部标准定额研究所组织中国标准出版社出版发行。

中华人民共和国住房和城乡建设部

2017 年 7 月 10 日

二、通告

(一)通告的含义和特点

1. 通告的含义

通告是公文的主要文种之一。《条例》规定，通告“适用于在一定范围内公布应当遵守或者周知的事项”。

通告的作者可以是各级党政机关，也可以是基层企事业单位。如上至国务院、国务院各部委、各国家职能部门，下至学校、工厂、街道办事处等，都可以发布通告。

2. 通告的特点

(1)法规性。通告常用来颁布地方性的法规，这些法规一经颁布，特定范围内的部门、单位和民众都必须遵守、执行。例如，《××省无线电管理委员会办公室关于清理整顿无线电通信秩序的通告》就有关事宜做了八条规定；《××市人民政府关于坚决清理非法占道经营的通告》就改善交通秩序和市容环境做了五条规定。

(2)周知性。通告的内容，要求在一定范围内的人或特定的人群普遍知晓，以使他们了解有关政策法令，遵守某些规定事项，共同维护社会公务管理秩序。

(3)务实性。所有的公文都是实用文，从根本性质上说都应该是务实的。但有的公文只是告知某事，或者宣传某些思想、政策，并不指向具体事务。通告则是一种直接指向某项事务的文种，务实性比较突出。

(4)行业性。不少通告都具有鲜明的行业性特点，如税务局关于征税的通告，机动车管理部门关于机动车辆年度检验的通告，房产管理局关于对商品房销售面积进行检查的通告等，都是针对其所负责的那一部分的业务或技术事务发出的通告。因此，通告行文中要时常引用本行业的法规、规章，使用本行业的术语、行话。

(二)通告的分类

根据通告的内容和性质，通告可分为知照性通告和规定性通告。

1. 知照性通告

知照性通告是行文机关或专业部门在一定范围内向单位和人民群众公布具体事项的通告。这类通告主要用于告知公众某件事情，如发生的新情况，出现的新事物，以及需要公众知道的新决定等。这类通告大都具有专业性和单一性，往往不具有法规性质，但也有一定的约束力。各专业部门、社会团体和企事业单位等都可发布这类通告。

【案例】

关于丰台区东大街三〇七医院门前路口采取交通管理措施的通告

为保证丰台区东大街三〇七医院门前路口的交通安全与畅通，根据《中华人民共和国道路交通安全法》的有关规定，决定自2016年3月29日起，丰台区东大街三〇七医院门前路口，禁止机动车由北向北方向掉头。

特此通告。

北京市公安局公安交通管理局

2016年3月22日

2. 规定性通告

规定性通告用来向机关单位和个人公布应该在特定范围严格遵守执行的规定和要求。这类通告中的规定和要求大多是围绕着保证某个问题的解决或某一事项或活动的正常进行而制定的。例如，《××市人民政府关于坚决清理非法占道经营的通告》、《关于查禁赌博的通告》。

(三)通告的写作格式

通告一般由标题、正文和落款三个部分组成。通告不写受文者，这与它的性质有关。通告是公布性、周知性的文体，要求登报或张贴让众所周知，故不写受文者。

1. 标题

通告的标题，一般由"发文单位+事由+文种"构成，如《××市电话号码升八位号前割接试验通告》、《北京市人民政府关于继续实施交通管理措施的通告》；也可由事由+文种构成，如《关于北京市2016年第三批二级建造师注册人员名单通告》。如遇特别紧急情况，可在通告前加上"紧急"二字。

【案例】

郑州市人民政府关于发行绿城通卡的通告

郑政通〔2013〕57号

为推进我市城市一卡通建设，市政府成立了郑州城市一卡通有限责任公司，负责发行以公共交通应用整合为突破口，逐步搭载政务、公共事业和小额支付应用的绿城通卡，一期实现公交、地铁的一卡通用。公交公司不再发行公交卡，老的公交卡不能在地铁使用，半年内由绿城通卡替代。现绿城通卡发行工作已经准备就绪，定于2013年12月23日正式发行，具体事宜按《绿城通卡发行使用办法》的规定办理。

特此通告。

郑州市人民政府

2013年12月20日

2. 正文

通告的正文一般由缘由、事项和结尾三个部分构成。

第一是缘由部分，写明发通告事项的目的。这部分主要阐述发布通告的背景、根据、目的、意义等。通告常用特定承启句式"为……特通告如下"或者"根据……决定……特此通告"引出通告的事项。

第二是事项部分，写发通告事项的内容。通告事项是通告全文的核心部分，包括周知事项和执行要求。撰写这部分内容，首先要做到条理分明，层次清晰。如果内容较多，可采用分条列项的方法；如果内容比较单一，也可采用贯通式方法。其次，要做到明确具体，需清楚地说明发文对象应执行的事项，以便于理解和执行。

第三是结尾部分，常用"特此通告"或"本通告自发布之日起实施"作结，但有的通告也不用。

3. 落款

落款写明发文单位和发文日期。

(四)通告与公告的异同

《条例》明确规定，公告"适用于向国内外宣布重要事项或者法定事项"，通告"适用于在一定范围内公布应当遵守或者周知的事项"。

从上述定义和实际运用的情况来看，公告和通告有两个共同的特点：一是它们都属于公开性文件，在有效的范围内，了解其内容的人越多越好；二是在写法上要求篇幅简短，语言通俗易懂、质朴庄重。

当然，这两个文种的区别也是比较明显的。

1. 内容属性不同。公告用于"向国内外宣布重要事项或者法定事项"，兼有消息性和知照性的特点；与公告相比，通告的内容是"在一定范围内应当遵守或周知的事项"，具有鲜明的执行性、知照性。

2. 告启的范围不同。公告面向国内外的广大读者、听众，告启面广；通告的告启面则相对较窄，只是面向"一定范围内的"的有关单位和人员。

3. 使用权限不同。公告通常是党和国家高级领导机关宣布某些重大事项时才用，新华社、司法机关以及其他一些政府部门也可以根据授权使用公告；而通告则适用于各级党政机关和企事业单位。

目前，公告和通告这两个文种在实际运用中存在着比较严重的混乱现象。在报纸杂志中，在公共场所的招贴栏上，常常可以看到××企业开业的鸣谢公告、宣传产品质量的公告、补交电话费的公告、桥牌大赛的通告、老干部体检的通告，等等。这些不规范、不妥当的做法对这两种具有法定效力的文件的权威性和约束力造成了不良影响。这种现象应该引起各级党政机关和企事业单位的注意。

项目三 报告、请示与批复

一、报告

(一)报告的含义和特点

1. 报告的含义

报告是下级机关向上级机关或业务主管部门反映情况、汇报工作、报送文件、报告查询事宜时所写的汇报性公文。

在机关中，报告的使用范围很广。按照上级部署或工作计划，每完成一项重要工作，一般都要向上级机关写报告，用以反映工作的基本情况、工作中所取得的经验教训、工作中存在的主要问题以及今后工作的设想，以取得上级领导部门的指导。报送、报批文件，回答上级查询的问题等，也使用报告。

作为党政机关公文的报告，和一些专业部门从事业务工作时所使用的、标题中也带有“报告”二字的行业文书，如“审计报告”、“评估报告”、“立案报告”、“调查报告”等，不是相同的概念。这些行业文书不属于党政公文的范畴，注意不要混淆。

2. 报告的特点

(1)行文的单向性。报告是下级机关向上级机关汇报工作、反映情况、提出建议时使用的单方向上行文，不需要上级机关给予批复。在这方面，报告和请示有较大的不同。请示具有双向性特点，必须有批复与之相对应；报告则是单向性行文，不需要任何相对应的文件。因此，类似“以上报告当否，请批示”的说法是不妥当的。

(2)事后的汇报性。在机关工作中，有“事前请示，事后报告”的说法。这一点也是报告同请示的根本区别。这一特征决定了报告一般事后行文。多数报告是在开展了一段时间的工作之后，或是在某种情况发生之后向上级作出的汇报，让上级掌握基本情况或对工作进行指导。

(3)表达的陈述性。报告具有汇报性，是向上级讲述做了什么工作，这项工作是怎样做的，有些什么情况、经验体会、存在问题和今后打算等，所以在行文上一般都用叙述的笔法，即向上级机关或业务主管部门陈述其事，而不是像请示那样祈使、请求。陈述性是报告区别于请示的又一大特点。

(4)内容的真实性。报告是用于向上级机关反映情况、汇报工作的，所以必须以实事求是的态度提供真实情况，不能夸大或缩小，更不能弄虚作假。

(5)建议的可行性。报告中提出的建议或意见必须符合党和国家的方针政策，在操作上具有可行性。

(二)报告的分类

1. 根据性质分类

(1)综合报告。综合报告即将全面工作或一个阶段许多方面的工作综合起来写成的报告。它在内容上具有综合性、广泛性，往往有一文数事的特点，协作难度较大，要求较高，如《××市关于“十二五”规划执行情况的报告》。

(2)专题报告。专题报告是指针对某项工作、某一问题、某一事项或某一活动写成的报告，在内容上具有专一性，往往有一事一报、迅速及时的特点，如《××区关于元旦春节市场安排情况的报告》。

2. 根据行文目的分类

(1)呈报报告。这是直接向上级机关汇报工作、反映情况的报告。根据具体内容和性质又可分为综合报告与专题报告两种。

(2)呈转报告。向上级机关汇报工作、提出意见或建议，并请求将该报告批转有关部门或地区执行的报告叫做呈转报告，如《林业部关于加强野生动物保护管理工作的报告》。

(3)回复报告。用于答复上级询问或汇报所交办事情办理结果的报告，如《××市民政局关于拥军优属情况的报告》。

3. 根据内容分类

(1)工作报告。工作报告即汇报工作进展情况、总结经验教训、提出今后工作意见的报告。

(2)情况报告。情况报告即反映重要情况、重大事故、重要问题的报告。

(3)答复报告。答复报告即回答上级机关交办或查询事项的报告。

(4)报送报告。报送报告即下级机关向上级机关报送文件、物品的报告。

(三)报告的写作格式

在结构上，报告主要包含标题、主送机关、正文和落款四部分。

1. 标题。标题由发文机关、事由和文种构成。

2. 主送机关。主送机关就是受文机关，报告的主送机关一般是发文机关的直属上级机关。

3. 正文。报告正文一般由开头、主体和结语等部分组成。开头主要交代报告的缘由，概括说明报告的目的、意义或根据，然后用过渡语句如“现将××情况报告如下”转入主体部分。主体是报告的核心部分，用来说明报告事项，一般包括两方面内容：一是工作情况及问题；二是进一步开展工作的意见。在不同类型的报告中，正文中报告事项的内容可以有所侧重。工作报告在总结情况的基础上，重点提出下一步工作安排意见，大多都采用序号、小标题来区分层次。答复报告则根据真实、全面的情况，按照上级机关的询问和要求回答问题，陈述理由。递送报告只需要写清楚报送的材料(文件、物件)的名称、数量即可。结语部分应另起一段来写，根据报告种类的不同一般都有不同的程式化用语，工作报告和情况报告的结束语常用“特此报告”，答复报告多用“专此报告”，递送报告则用“请审阅”、“请收阅”等。

4. 落款。落款包括发文机关名称和成文时间等。

(四)报告的写作注意事项

1. 实事求是。向上级机关汇报工作、反映情况，一定要实事求是，既报喜又报忧，以便上级机关全面了解真实情况，作出科学决断，正确指导工作。

2. 抓住关键。要深入调查研究，全面掌握材料，抓住事物的关键进行分析归纳，提出鲜明的观点或中肯的意见、建议、措施。

3. 遵守规范。撰写报告时应严格遵守行文规则，按照规范格式行文，不得在报告中夹带请示事项，不得越级或多头报送。

案例评析

××省人民政府关于××市第三棉花加工厂特大火灾事故检查处理情况的报告

国务院：

××××年4月21日，我省××市第三棉花加工厂发生一起特大火灾事故，烧毁皮棉10 980担，污染1 396担；烧毁籽棉5 535担，污染72 600担；烧毁部分棉短绒、房屋、机器等。造成直接经济损失20 129 000余元，加上付给农民的棉花加价款3 669 000余元，共损失23 799 000余元。

火灾发生后，虽然调集了本省和邻省部分地区的消防人员和车辆参加灭火，保住了主要的生产厂房、设备，抢救出部分棉花，但由于该厂领导组织指挥不力，加上风大、垛密，缺乏消防水源，致使火灾蔓延，给国家造成了巨大损失。事故发生后，省委、省政府立即采取紧急措施，派有关部门负责人赶赴现场，协助调查处理这一事故，做好善后工作。经过上下通力合作，该厂于4月30日正式恢复生产。

从调查核实的情况看，这次火灾是一起重大责任事故，其直接原因是该厂临时工李××违反劳动纪律，擅自扭动籽棉上垛机上的倒顺开关，放出电火花引燃落地棉所致。但这次火灾的发生，领导负有重大责任。一是长期以来，厂领导无人过问安全工作。从去年棉花收购以来，该厂有记录的火情就有十二次，并因仓储安全搞得不好，消防组织不健全，消防设施失灵等，多次受到通报批评。厂长段××严重丧失事业心和责任感，对火险隐患听之任之，对上级部门的批评置若罔闻，直至得知发生火灾消息后，也没有及时赶到现场组织抢救。因此，段××对这次火灾应负主要责任。分管安全生产工作的副厂长张××，工作不负责任，对该厂发生的多次火情，从未研究、采取措施，对造成这次火灾负有重大责任。二是××市委、市政府对该厂的领导班子建设抓得不紧。19××年建厂以来，一直没有成立党的组织，班子涣散，管理混乱。这次火灾发生后，分管财贸工作的副市长×××同志，忙于参加商品展销招待会，直至招待会结束才到火灾现场，严重失职，对火灾蔓延、扩大损失负有重要领导责任。三是这次事故虽然发生在基层，但也反映出省政府、××行署的领导，在经济体制改革的新形势下，对安全生产工作中出现的新情况、新问题认识不足，抓得不力。

另外，近几年来，××市棉花生产发展较快，收购量大幅度增加，储存现场、垛距、货位都不符合防火安全规定的要求。再加资金缺乏，编制不足，消防队伍的建设跟不上，消防设施不配套，也给及时扑救、控制火灾带来了困难。

为了认真吸取这次特大火灾的沉痛教训，我们采取了以下措施：

（一）认真学习国务院关于搞好安全生产的有关规定，提高对新形势下搞好安全工作的认识。省政府于五月上旬发出了《关于加强安全生产工作的紧急通知》，要求各级政府各部门认真学习有关安全工作的规定，牢固树立“安全第一，预防为主”的思想，迅速制订安全措施，建立健全安全生产、安全管理、安全监察等各项制度。××市第三棉花加工厂发生的火灾事故已通报全省。

（二）在全省开展安全生产大检查，及时消除事故隐患。从五月中旬开始，省政府确定由一名副省长负责，组织了四个检查组，到有关地市，对矿山、交通、棉储、化工、食品卫生等行业进行重点检查。各地市也分别组成检查组，进行安全检查。

（三）对××市第三棉花加工厂发生的这起特大火灾事故，省政府责成省供销社、省劳动局、省公安厅会同××地委、行署核实案情，抓紧做好善后工作。××地委、行署几次向省委、省政府写了检查报告，请示处分，并已整顿了企业领导班子，决心接受这次事故的教训。事故的性质和责任已经查明，对肇事者李××已依法逮捕，负有直接责任的厂长段××、副厂长张××依法处理。对××市政府分管财贸工作的副市长×××同志，给予行政撤职处分。

我们一定要在现有人力、物力、技术条件下，尽最大努力做好安全工作，防止此类事故的发生。

以上报告，如有不当，请指正。

××省人民政府（印）

××××年××月××日

【评析】

情况报告，应该是体现“情、因、策”的报告，其写作目的在于向上级机关汇报以下几个问题：出现了什么情况（“情”）；为什么会出现这种情况（“因”）；怎样应对这种情况（“策”）。这便自然地构成了情况报告所特有的行文思路：陈述情况—分析原因—提出对策（措施或建议）。

例文10个自然段，除末段作结语以外，其余9段可分三个部分：1、2两段“陈述情况”；3、4两段“分析原因”；5～9段“提出对策（措施）”。

一、例文具体分析

1. 陈述情况

第1段交代损失情况。文章一开篇便点明了时间、地点和事件，作为全文的总起；接着，以一连串数字说明了损失之惨重，突出了事故的严重性。

第2段交代了抢救情况与善后工作，以省府机关组织实施的调查处理点题，并以此作为分析原因和提出对策的依据。

2. 分析原因

对于事故发生的原因，作者从主观、客观两个角度作出了全面深入的分析。

第3段为主观原因分析，这是分析的重点。报告首先以调查核实为依据，认定这是一起重大责任事故。然后，从直接责任和领导责任两个方面作出分析：直接责任在于临时工李××违反劳动纪律所致；而领导责任则涉及厂领导、市领导、省领导三个层次，按照责任由重到轻、级别由低到高的逻辑顺序一路写来，显示了十分明晰的条理。

第4段为客观原因分析，它虽然处于次要位置，但在整个原因分析中也是必不可少的一项内容，有了它才能保证分析的全面、客观与公正性。

3. 提出对策

所谓“对策”，是指应对某种情况的策略与方法。在情况报告写作中，对策的表现形态有两种：有些是已经、正在或将要实施的，这时的对策便以措施的形态出现；另有一些属于发文机关职权范围以外的对策，这时报告只能以建议的形式提出，供上级机关作为决策的参考。不过，无论采用哪种形态，都必须有明确的针对性，应针对具体的情况以及产生这种情况的原因拿出切实可行的对策，这就是所谓“因‘情’陈‘策’、据‘因’陈‘策’”的原则。

例文的对策部分，是以措施的形式表述的，报告针对这一责任事故以及安全生产的某些薄弱环节，说明了已经采取的三项措施：其一，建立健全安全生产规章制度；其二，进行安全生产大检查；其三，善后工作及惩处决定。

文章最后一个小段，以惯用结语作结。

全文内容充实，结构严谨，显示了章法的完整性与条理性。

二、例文的表达特点

例文的表达也颇具特色，主要表现在以下几个方面：

1. 三种表达方式有机结合

例文陈述情况部分主要运用了“叙述”方式，其中谈损失的一段文字，又兼用了数字说明法。分析原因部分主要运用了议论方式，同时又兼用了叙述手法，其中对于各种责任的分析，采用事实在前、论断在后的据事说理法，形成“叙—议—叙—议”反复交叠的形式。提出对策部分，则以说明为主，其中对有关事实的交代，又兼用了叙述手法。如此，叙述、议论、说明三种表达方式各司其职，又相互穿插、有机配合，从而让报告的内容得到全面、深入、充分、准确的表达。

2. 两种分析角度纵横交叉

例文对事故原因的分析，包含着三个逻辑层次：在总体上，首先从主观原因、客观原因两个角度展开第一个逻辑层面上的横向分析；在对主观原因的分析中，作者又从直接原因、领导责任(即间接原因)两个角度展开第二层次的横向分析；而在间接原因的分析中，则由厂到市到省步步深入地展开了第三个层次的纵向分析。三个逻辑层次之间，又形成逐层推进的纵向结构。横向分析，保证了分析的全面性；纵向分析，保证了分析的深刻性。纵横配合并相互交叉，将事故原因分析得非常到位、精辟。

3. 表达详略的恰当处理

例文对表达详略的处理得体适度，分寸感极强。如报告一开篇便一口气列出7个数据，繁弦急管、密密匝匝，给人以沉重的压抑感，不仅突出了事故的严重程度，而且从表达技法上看，也收到了强烈的表达效果。而接下来所陈述的抢救情况和善后工作，虽然其本身都有极其复杂而艰难的过程，但作者却以概述方法做简笔略写，仅以三言两语便交代完毕，因为它对表现全文的主旨——接受惨痛教训、重视安全生产仅仅起到辅助作用。

再如第二部分的原因分析：主观原因分析占据了80%的篇幅，客观原因则一笔带过；直接原因仅用一句话作交代，而对领导责任却做了非常详尽的分析。因为，从表现主旨的角度看，主观原因，尤其是各级领导对于安全生产的麻痹与疏忽，是最值得借鉴的教训。

统观全文的详略安排，报告依据表现主旨的需要作出恰当处理，时而密不透风，时而疏可走马，不仅突出了重点，而且显示了章法节奏上的灵活变化。

4. 用语简明，言约意丰

“用语简明，言约意丰”是写作报告的一项基本要求。除了报送报告和部分答复报告以外，一般说来，报告(包括工作报告、情况报告，以及少数答复报告)的内容较为丰富，篇幅也较长。为了尽可能地压缩篇幅，报告写作中特别强调语言的简洁度。例文在这方面也给我们提供了很好的范例。如分析客观原因的一段文字：“近几年来，××市棉花生产发展较快，收购量大幅度增加，储存现场、垛距、货位都不符合防火安全规定的要求。再加资金缺乏，编制不足，消防队伍的建设跟不上，消防设施不配套，也给及时扑救、控制火灾带来了困难。”这段文字涉及很多客观因素，但由于较多地使用了短语、短句，而形成了一种分外简洁明快的表达风格，寥寥几十字，就将众多客观因素交代得一清二楚。

二、请示

(一)请示的含义和特点

1. 请示的含义

请示是下级机关向上级机关请求指示、批准的公文，是上行文。

《条例》规定，请示“适用于向上级机关请求指示、批准”。请示是典型的上行文。请示属于呈请性(也称“报请性”，即呈报上级机关请求帮助解决问题)的上行文，它是下级机关向上级机关反映并请求帮助解决疑难问题的一种重要的公文文种。

2. 请示的特点

(1)行文的期复性。发出请示意味着将得到一份批复。在公文体系中，请示是为数不多的双向对应文体之一，与它相对应的文体是批复。下级有一份请示报上去，上级就会有一份批复发下来。不管上级是不是同意下级的请示事项，都必须给请示单位一个回复。因此可以说，写请示最直接的目的就是得到批复。而且，下级机关都是在遇到比较重要的情况和问题需要解决时，才会及时向上级机关请示，急切地期待回复是请示单位的必然心态。我们把这一特点称为“期复性”。

(2)事务的单一性。请示内容要一事一文，多事多文。如果确有若干事项都需要同时向同一上级机关请示，可以同时写出若干份请示，它们各自是一份独立的文件，有不同的发文字号和标题。而上级机关则会分别对不同的请示作出不同的批复。

(3)行文的时效性。应在问题发生或处理前行文，不可先斩后奏。

(4)要求的可行性。请示中提出的请予批准的要求，应是切实可行的。

(5)行文的针对性。请示的行文，有很强的针对性。必须针对本机关没有对策、没有把握或没有权限、没有能力解决的重要事件和问题才能运用请示。不得动辄就向上级请示，那样看起来像是尊重上级，实际上却是把矛盾交给上级、自己躲避责任的表现。

(二)请示的分类

根据请示的内容，可以分为以下两类：

1. 政策性请示

政策性请示应用主要包括以下几种情况：对新问题、新情况，无章可循的情况；与其他机关单位就某个问题有分歧，需要上级裁决；对上级文件中某些政策界限把握不准，无法处理具体问题，或对上级某项决定的内容有看法，请求重新研究，予以答复。

总之，通俗地讲，在不知如何办时，向上级请示。

2. 事务性请示

事务性请示应用主要包括以下几种情况：发现问题，提出解决的意见，请求批准后再执行；因权限关系，对涉及经济、物资、编制等问题自己不能做主，需要请上级审查批准；请求批准有关规定、方案、规划等；请求审批某些项目、指标等；请求批转有关办法、措施等。

总之，已有计划安排，但需要经过上级的批准才可施行。

(三)请示的写作格式

1. 标题

请示的标题由发文机关名称、事由和文种构成，如《××省人民政府关于增拨防汛抢险救灾用油的请示》。

2. 主送机关

请示的主送机关是指负责受理和答复该文件的机关。每件请示只能写一个主送机关，不能多头请示。如确实有送达不同上级机关的需要，应采取抄送的形式。《条例》规定，向上级机关行文“原则上主送一个上级机关，根据需要同时抄送相关上级机关和同级机关”“受双重领导的机关向一个上级机关行文，必要时抄送另一个上级机关”。

3. 正文

正文结构一般由开头、主体和结语等部分组成。

(1)开头。开头主要交代请示的缘由。它是请示事项能否成立的前提条件，也是上级机关批复的根据。原因客观、具体，理由合理、充分，上级机关才好及时决断，予以有针对性的批复。

【案例】

《××市××局关于成立老干部办公室的请示》的开头

随着干部制度的改革和时间的推移，我局离退休干部日益增多，截至目前已达65人。由于没有专门的管理服务机构和工作人员，致使这些老同志的政治学习和生活福利得不到应有的组织和照顾，一些实际困难得不到妥善解决。为了使离退休老同志老有所为、老有所养、老有所依，充分发挥余热，根据上级有关部门的规定和离退休老同志的迫切要求，我们拟成立老干部办公室。现将成立老干部办公室的几个问题，请示如下：……

缘由的写作，对于请示的效果有直接的影响。缘由陈述总的要求是重情、合理、合法，要换位思考。具体如下所述：

①重情。所谓“情”是指作者渗透在文中的感情色彩，即在重大问题上鲜明的倾向性。应用文虽不能像抒情散文那样热情奔放、直抒胸臆，但并非不存在任何感情因素。作为应用文体的请示，在缘由陈述中就渗透着不可忽视的感情因素。古代公文名篇《陈情表》就是渗情于叙、情理交融的一篇请示性公文。作者李密为奉养祖母而请求辞官，其文辞婉转凄恻，其情溢于言表，既道出了李密自己可怜的身世，又生动地诉说了祖孙二人相依为命的情景，还表达了对晋武帝的知遇感激之情。辞切情真，婉曲动人，致使晋武帝读后为之动容动情，不仅准许他暂缓赴任，还赐给他两个奴婢，到郡县奉养他的祖母。与其说是文中所讲的孝义之理起了作用，不如说是李密对祖母的一片真情感动了晋武帝。要注意的是，请示虽有“情”，但它不张扬、不外露、不用感情色彩浓重的词，而是只叙其事，直陈其理，朴实无华，端庄持重，“重情而不溢情”。

②合理。在请示写作中，“理”的陈述有着非常重要的作用。有时请示的内容虽有“情”，但却于“理”不容，上级即使有心帮助，也是爱莫能助。因此，所请示的内容、问题符合党和国家的方针政策和上级有关文件规定至关重要，因为无“理”就不能申明请示的意旨，得不到有关领导的理解和支持。

请示中对“理”的陈述，不同于议论文中的说理过程。一般来说只需把有关条款，作为请示的依据即可。这是因为请示是写给上级的，相关指示精神本就来源于上级，如果在此大谈特论，难免有班门弄斧、给上级上“政治课”之嫌。

③合法。请示的写作还必须合“法”。如果不合“法”，其问题同样得不到解决和批准，尤其是财经类的请示，绝对不能违反相关财经制度和纪律，只有在法令条文和有关制度和纪律允许的范围内，其请示的事情才有可能被批准。

④换位思考，找准切入点。换位思考，就是要站在领导的高度，从全局的角度申述自己的理由，把自己要解决的问题同全局的利益联系起来，从上级的关注点切入，使自己急于解决的问题成为上级单位急于解决的问题，这样才易使所请求的事项得到上级的首肯。

(2)主体。主要说明请求事项，是向上级机关提出具体请示，也是陈述缘由的目的所在。这部分内容要单一，只宜请示一件事。另外，请示事项要写得具体、明确、条理清楚，以便上级机关给予明确批复。

【案例】

《××市××局关于成立老干部办公室的请示》一文的主体部分

一、老干部办公室的主要职责是做好离退休干部的管理服务工作。具体任务是：

(一)组织离退休干部学习党的方针政策，使他们了解党和政府的大事，了解新形势，跟上新形势。

(二)定期召开离退休干部座谈会，交流思想。

(三)开展身体力行、丰富多彩的文体活动，增进离退休干部的身心健康。

二、老干部办公室的编制及干部调配等问题，具体意见如下：

(一)老干部办公室直属我局领导，拟设处级建制。

(二)该办公室拟设行政编制五名，其中主任(正处级)一名，副主任(副处级)一名。编制由局内调配解决。办公室经费由局行政经费中调剂解决。

(3)结语。结语应另起段，习惯用语一般有“当否，请批示”、“妥否，请批复”、“以上请示，请予审批”或“以上请示如无不妥，请批转各地区、各部门研究执行”等。

(4)落款。落款包括署名和成文时间两项内容。

(四)请示行文注意事项

1. 根据隶属关系行文

请示是在有隶属关系的上下级之间使用的上行文，不相隶属的机关或部门之间，不可以发请示。

请示是上行公文，行文时不得同时抄送下级机关，以免造成工作混乱，更不能要求下级机关执行上级机关未批准和未批复的事项。

2. 一般不得越级行文

请示与其他行政公文是相同的。如果因特殊情况或紧急事项必须越级请示时，要同时抄送越过的直接上级机关。除个别领导直接交办的事项外，请示一般不直接送领导个人，这一点要特别注意。

只有在下列情况下，才能采用越级行文的方式：

(1)情况紧急特殊，如果逐级上报下达会延误时机造成重大损失。

(2)经多次请示直接上级机关而问题长期未予解决或与直接上级有争议而又急需解决的事项。

(3)上级机关直接交办并指定直接越级上报的具体事项。

(4)出现需要直接询问、答复或联系的不涉及被越过的机关的职权范围的具体事项。

(5)需要检举、控告直接上级机关等。

3. 做到一文一事

一份请示只能写一件事，这是便于上级工作的需要。如果一文多事，可能导致受文机关无法批复。如果确有若干事项都需要同时向同一上级机关请示，则可以同时写出若干份请示，它们各自都是一份独立的文件，有不同的发文字号和标题。而上级机关则会分别对不同的请示作出不同的批复。

4. 避免多头请示

请示只能主送一个上级领导机关或者主管部门。受双重领导的机关向上级机关行文，应当写明主送机关和抄送机关，由主送机关负责答复其请示事项。请示如果多头行文，可能得不到任何机关的批复。

(五)请示与报告的区别和使用

1. 请示与报告的区别

(1)具体功用、目的不同。这是两类文种最基本的区别。请示旨在请求上级批准、指示，需要上级审批，重在呈请；报告是向上级汇报工作、反映情况，提出意见或建议，答复上级询问，一般不需上级答复，重在呈报。

二者的目的、功用不同，也决定了二者的写作重点不同。请示和报告虽然都要陈述、汇报情况，但报告的重点就在汇报工作情况，报告中不能夹带请示事项；而请示中陈述情况只是作为请示原因，即使反映情况所占篇幅再大，其重点仍在请示事项。

(2)内容含量不同。请示用于向上级机关请求批准、指示，凡是下级机关、单位无权处理、无力解决以及按规定应经上级机关批准认定的问题，均可写为请示。由此可将请示分为请求指示的请示、请求批准的请示和请求批转的请示等三类。其中第一类多涉及法规政策上、认识上的问题，第二类多涉及人事、财务、机构等方面的具体事项。

请示一般都比较简短。

而报告按其内容可分为向上级汇报工作的工作报告，反映情况的情况报告，提出意见建议的建议报告，答复上级询问的答复报告，报送文件、材料或物品的报送报告。

报告的内容涉及面较为广泛，篇幅一般较长。

(3)行文时机不同。请示的行文时机具有超前性，必须在事前行文，等上级机关作出答复之后才能付诸实施；而报告则可在事后行文，也可在工作进行过程中行文，一般不在事前行文。

(4)受文机关处理方式不同。请示属承办件，收文机关必须及时处理，明确作答，限期批复；报告多属阅知件，除需批转的建议报告外，收文机关对其他报告都可不做答复。如果把请示误写为报告，就可能因不同处理方式而误时误事。

(5)主送机关不同。请示一般只主送一个直接上级机关，不宜多头、多级主送，以免因责任不明或者互相推诿影响到办文效率和质量。即使受双重领导的机关、单位上报请示，也应根据内容分别写明主送、抄送机关，以根据主次分清承办责任，由主送机关负责答复请示的问题。

报告有时可多级多头主送，如情况紧急需要上级领导机关尽早知道的灾情、疫情等。

(6)标题、结束用语不同。一般来说，请示的标题中含“请示”二字，报告的标题中不含“请示”。

请示的结尾一般用“妥否，请批示”或“特此请示，请予批准”等字样的结束用语，明确表明需要上级机关回复的迫切要求；报告的结尾多用“特此报告”等字样，一般不写需要上级必须予以答复的词语。

(7)处理结果不同。请示属于“办件”，上级机关应对请示类公文及时予以批复；报告属于“阅件”，对报告类公文上级机关一般以批转形式予以答复，但不会件件予以答复。

2. 请示与报告混淆的几种表现形式

(1)把请示当作报告。即把请求指示、批准的请示当作报告。如《××××关于申请购买×××的报告》，指本机关根据工作需要，提出购买×××的要求，请求上级机关予以批准，批准后方可执行的事项。这类应属于请示，而行文实践中有时恰恰使用了报告这一文种。

(2)把报告当作请示。有些报告是下级呈送给上级并要求批转的报告，这类呈转性报告极易被当作请示。如《××××关于××××的报告》末尾处应写“以上报告，如无不妥，请批转×××执行”。这种报告属于典型的呈转性报告，但是往往被当作了请示。

(3)请示与报告混合型。有些公文既请示工作又报告情况，或者既报告情况又夹带请示事项，这些形式都不符合公文的使用规范。如《××××关于××××的请示报告》，其内容既汇报了工作，又夹带提出了请示事项。这种混合的形式，极易使上级机关理不出头绪，处理了一件事情而耽误了另外几件事情。

3. 请示与报告混淆的不良影响

请示与报告混淆，往往为上级机关正常的公文处理带来不便，还容易使上级机关错批、漏批文件，甚至有时延误事情的处理，严重影响公文质量。准确地报送请示与报告，可以使上级机关了解情况，便于及时指导，增强上下级机关之间的交流。

案例评析

关于工程建设立项请示

××市发展和改革委员会：

我院自××××年2月省政府批准升格为高职学院以来，为建设合格加特色的高职学院，努力完善各项办学条件。据省教育厅安排，将于××年内对我院进行“高职高专人才培养工作”评估，其结果将作为核实我院招生计划、发展规模、专业设置等的主要依据，这势必对我院的生存和发展产生重大的影响。

长期以来，我院在省林业厅、××市政府的关心、支持下，各项事业都取得较快发展，为我省林业事业和闽北区域经济发展培养了近二万名各类专业技术人才。但由于现有校园土地只有198亩(含后山林地)，严重制约了学院的发展，与国家教育部《普通高等学院基本办学条件的指标(试行)》的有关规定有较大差距。经我院申请，××××年4月6日××市常务会议决定，在××市江南新区职校园区内有偿划拨300亩土地，同时另再控制300亩土地作为我院的教学建设用地，用于建设学院的新校区。

综上所述，学院经过充分研究和论证，拟投资建设江南新校区。该建设项目总投资8 833万元，其中2006—2010年江南校区一期工程建设，总投资为3 883万元，2010—2015年组织第二期工程建设，总投资为4 950万元，所需建设资金由学院向金融机构贷款及其他渠道融资和自筹解决。江南新校区一期工程建成后，全日制在校生规模可达1 500～2 000人。根据项目建设的相关规定，特向贵委申请立项。

以上请示妥否，请批复。

××学院

【评析】

这份基层单位的请示，内容严谨有序，语言简明通畅，是一篇充满说服力的请示佳作。

请示发文的根本目的在于说服上级，使有关要求获得批准。在实事求是的基础上，请示的拟制者应特别注意表述的条理性，以使请示内容体现出难以拒绝的说服力。例文切实地做到了这一点。

应当说，这篇请示的成功运作，固然与实际情况密不可分，其表述的严密条理性也起到了不容忽视的作用。

例文从请求批准内容的安排上，也充分体现了规范、严谨的构思。

三、批复

(一)批复的含义和特点

1. 批复的含义

批复是上级机关答复下级机关请示事项的答复性公文。其制发和应用一般以下级的请示为前提。当下级机关的工作涉及方针、政策等方面的重大问题，报请上级机关审核批准时，当下级机关在工作中遇到新情况、新问题无章可循，报请上级机关给予明确指示时，当下级机关遇到无法解决的具体困难，报请上级机关给予指导帮助时，当下级机关对现行方针政策、法规等有疑问，报请上级机关予以解答说明时，当下级机关因重大问题有意见分歧，报请上级机关裁决时，上级机关都应该用批复予以答复。除此之外，有时批复还被用来授权政府职能部门发布或修改行政法规和规章。

2. 批复的特点

批复具有权威性、针对性和指示性等特点。

(1)权威性。批复发自上级机关，代表着上级机关的权力和意志，对请示事项的单位有约束力，特别是那些关于重要事项或问题的批复，常常具有明显的法规作用。

(2)针对性。凡是批复，必须是针对下级机关请示事项而发，内容单纯，针对性强。

(3)指示性。批复的目的是指导下级机关的工作，因此，批复在表明态度以后，还应当概括地说明方针、政策以及执行中的注意事项。

(二)批复的分类

根据内容、性质的不同，批复可分为两类：一类是审批性批复；一类是指示性批复。

1. 审批性批复。它主要是针对下级机关请示的公务事宜，经审核后所做的指示性答复。比如，关于机构设置、人事安排、项目设立、资金划拨等事项的审批。

2. 指示性批复。它主要是针对方针、政策性问题进行答复。这一类批复，不只是对请示机关提出请示事项的答复，而且批复的指示性内容在其管辖范围内具有普遍的指导和规范作用。另外，授权政府职能部门发布或修改行政法规和规章的批复，也属于指示性批复。

（三）批复的写作格式

批复在结构上是由标题、正文、落款组成。

1. 标题。批复的标题一般有以下几种形式：一是“发文机关＋行文对象＋批复事项＋文种”，这是一个完全式标题，如《国务院关于上海市开展“证照分离”改革试点总体方案的批复》；二是“发文机关＋事由＋文种”，如《国务院关于同意设立“中国航天日”的批复》；三是“发文机关＋原件标题＋文种”，如《国务院关于全国基础测绘中长期规划纲要（2015—2030年）的批复》。它们的共性是都要加“关于”和“的”。

2. 正文。批复的正文包括批复引语、批复内容和结束语。

（1）批复引语。批复引语是为了引叙来文。引叙的目的是为了说明批复根据，标明批复对象，使请示机关明确批复的针对性。例如，“你市关于报请审批上海市开展‘证照分离’改革试点总体方案的请示收悉。”然后陈述处理意见或用“现批复如下”引出处理意见。

（2）批复内容。批复内容是针对请示中提出的具体问题给予的肯定性或否定性的逐一答复。在答复问题时，一般要复述请示的主要内容后再表态，对于完全同意的请示，不必写出理由，而对不同意的，应在不予批准字样的否定意见后写足充分的理由。文字要求简洁。

（3）结束语。结束语写法有三种：第一种是提行写“此复”或“特此批复”；第二种是写希望和要求，给执行请求事项的答复指明方向；第三种是“秃尾”，即请示事项答复完毕就告结束，此种结尾方法使用的频率越来越高。

3. 落款。这部分写在批复正文右下方，署成文日期并加盖公章，成文日期用数字标全年、月、日。

（四）批复的写作注意事项

在批复的撰写上要注意以下几个方面的原则和要求：

1. 有理有据。要核实请示缘由的真实性，研究请示所提意见或建议的可行性，有些情况应先作调查研究。凡请示事项涉及其他部门或地区的问题，批复前都要与其协商，取得一致意见。

2. 注意行文的针对性。下级机关请示什么事项，上级机关就批复什么事项。

3. 批复的观点要明确。无论审批性批复还是指示性批复，批复机关的态度要明朗，不能太抽象，更不能模棱两可，以免使下级机关无所遵循。

4. 批复及时。批复是因下级机关的请示而行文，凡下级机关能够向上级机关行文请示的，说明事关重要，时间紧迫，急需得到上级机关的指示和帮助，所以上级机关应当及时批复，否则就会贻误工作，甚至会造成重大损失。

5. 批复的行文言简意赅。要做到言止意尽，庄重周严，以充分体现批复的权威性。

【案例一】

国务院关于同意设立陕西西咸新区的批复

国函〔2014〕2 号

陕西省人民政府：

你省关于设立陕西西咸新区的请示收悉，现批复如下：

一、同意设立陕西西咸新区。西咸新区位于陕西省西安市和咸阳市建成区之间，区域范围涉及西安、咸阳两市所辖7县(区)23个乡镇和街道办事处，规划控制面积882平方公里。西咸新区是关中—天水经济区的核心区域，区位优势明显、经济基础良好、教育科技人才汇集、历史文化底蕴深厚、自然生态环境较好，具备加快发展的条件和实力。要把建设西咸新区作为深入实施西部大开发战略的重要举措，探索和实践以人为核心的中国特色新型城镇化道路，推进西安、咸阳一体化进程，为把西安建设成为富有历史文化特色的现代化城市、拓展我国向西开放的深度和广度发挥积极作用。

二、西咸新区建设要高举中国特色社会主义伟大旗帜，以邓小平理论、“三个代表”重要思想、科学发展观为指导，紧紧围绕创新城市发展方式，走资源集约、产业集聚、人才集中、生态文明的发展道路，促进工业化、信息化、城镇化、农业现代化同步发展，着力建设丝绸之路经济带重要支点，着力统筹科技资源，着力发展高新技术产业，着力健全城乡发展一体化体制机制，着力保护生态环境和历史文化，着力创新体制机制，努力把西咸新区建设成为我国向西开放的重要枢纽、西部大开发的新引擎和中国特色新型城镇化的范例。

三、陕西省人民政府要切实加强对西咸新区建设的组织领导，完善工作机制，明确工作责任，积极稳妥扎实推进西咸新区建设发展。要认真做好西咸新区发展总体规划以及土地利用总体规划、城市和镇总体规划、环境保护规划、水资源供求中长期规划等专项规划的编制工作，做好与国家及本省相关规划的衔接。要着力优化空间布局，切实节约集约利用土地，严格保护耕地和基本农田。要抓紧开展环境影响评价，切实保护和节约水资源。要加强历史遗址保护和非物质文化遗产传承，增强文化软实力。要进一步明确发展思路，突出发展重点，创新发展方式，统筹推进西咸新区发展，涉及的重要政策和重大建设项目要按规定程序报批。

四、国务院有关部门要按照职能分工，加强对西咸新区建设发展的支持和指导，在有关规划编制、政策实施、项目布局、资金安排、体制创新、对外开放等方面给予积极支持，为西咸新区发展营造良好的政策环境。要加强沟通协调，建立由国务院有关部门和陕西省人民政府参与的部省际联席会议制度。国家发展改革委要会同有关部门做好有关重大发展政策的落实工作，帮助协调解决西咸新区建设过程中遇到的困难和问题。

建设西咸新区，对于创新城市发展方式、深入实施西部大开发战略、引领和带动西部地区发展、扩大向西开放具有重要意义。各有关方面要统一思想、密切配合，开拓创新、真抓实干，共同推动西咸新区持续健康发展，努力开创陕西经济社会发展新局面。

国务院(公章)

2014年1月6日

【案例二】

关于温岭市智慧城市一期工程可行性研究报告的批复

市住房和城乡建设规划局：

你局关于要求审批温岭市智慧城市一期工程可行性研究报告的函(温建规〔2016〕124号)及相关附件收悉。我局已组织有关专家对该工程可行性研究报告进行了评审，会后可研编制单位根据审查意见对可研报告进行了修改完善，经审查，原则同意国信招标集团股份有限公司编制的该工程可行性研究报告。根据温发改受理〔2016〕3号受理通知书精神，现就有关事项批复如下：

一、项目建设的必要性

2015年4月7日，住建部和科技部联合发文，明确温岭市列入国家智慧城市第三批试点名单。建设温岭市智慧城市一期工程是响应国家"智慧城市"发展战略号召，通过信息和通信技术的综合运用，解决温岭城镇化过程中的诸多矛盾和问题，推动城市管理全方位创新应用，实现城市可持续发展，提升城市综合竞争力的重要举措。项目的建设是必要的。

二、项目建设内容及规模

项目分为两类工程，一类工程以智慧温岭基础体系建设为主，包括建设数据中心的机房、软硬件系统、基础系统和核心系统，完成系统架构的搭建，建设城市综合治理、城市应急指挥平台和城市管理服务三大应用系统平台，架构智慧温岭基础体系。二类工程在智慧温岭基础体系基础上，实现基于互联网＋的智慧应用项目叠加，包括城市停车管理、智慧教育、智慧社区、城市照明、智慧旅游、智慧管网、智慧水务等内容的应用体系建设。

三、项目选址

项目建设覆盖温岭市域，其中数据中心和指挥中心利用温岭市锦屏公园辅助用房进行改造。

四、项目总投资及资金来源

项目总投资约135 854万元，资金由经招标确定的投资方与政府方组建的PPP项目公司筹集解决。

五、项目招标

项目采用公开招标方式确定社会资本方。

六、信息报送

根据《浙江省人民政府办公厅转发省发改委关于做好全省投资项目管理信息系统运行工作意见的通知》(浙政办发〔2009〕172号)要求，请相关职能部门在完成该项目审批事项后及时录入相关审批信息，请项目单位在项目符合《国务院办公厅关于加强和规范新开工项目管理的通知》(国办发〔2007〕64号)要求的八项开工条件后，及时录入实施进展信息。

特此批复。

温岭市发展和改革局(公章)

2016年7月1日

案例评析

批复

人文学院党委：

2003年×月×日你院的请示中所提出的增补人文学院党委委员的事项我们已经收到。经校党委七名常委在×月×日的常委会上反复讨论决定，并举手表决，最终一致通过。现将决定告之你们，我们原则上同意你们上报的两名同志为你院党委委员。

此决定。

中共××大学委员会

二〇〇三年×月×日

【评析】

该文啰唆，表述不严密，不符合公文的要求，具体评析如下：

一、标题不规范

批复的标题一般采用"关于＋主要内容＋文书种类"的形式，该公文标题过于简单，表意不清。

二、表述不严密

在批复时，对有关事项的名称一般要单独、完整地表述。如"撤销×××的值班任务，改由×××野战医院担任；×××野战医院的值班任务不变"等语句，都是对批复内容准确而郑重的表述形式。因此，在对批复事项的表述中既要避免有些文种经常使用的指代形式，如"你部的请示中所提出的事项……"，更不可使用文学作品中常用的承前省、蒙后省等表述方法。在该文中，"你院党委委员"、"两同志"等都必须写明具体名称。

三、批复的意见要明确

批复意见在"批复"中是核心内容，所以要特别注重其表达方式是否全面、准确地反映了首长、机关的意图。从批复的内容上表达批复意见主要有以下几种类型：

1. 同意请求批准的事项；

2. 不同意请求批准的事项；

3. 部分同意请求批准的事项等。

在表达批复意见时应简要、明确地表明上级领导的意见，如"同意……"或"不同意……"，态度要十分鲜明，对于同意的事项通常应补充一些简短而必要的要求性语句。在不同意下级请示事项的批复中，则需用恳切的语词，简要讲明道理。对下级的请求意见，部分同意或部分不同意的批复，则更需要明确具体地讲清同意事项和不同意事项，并分别讲清理由，提出相应要求，同时还应把需要修改、补充、调整、说明的内容讲清。对尚不十分明确的问题，要尽量给予态度鲜明的答复，不能含糊其辞、模棱两可。本文中"原则上同意"，则表现了上级机关的含糊态度。

四、语言啰唆不简洁

公文写作要求简明，这里有两层含义：一是指公文的文字量要力求少，篇幅要尽可能短。二是语言文字要精练，不累赘，不重复，对那些可有可无的字、词、句，应当删去。要用最少的文字，准确严密地表达最丰富的内容。做到篇无累段，段无累句，句无累字。即每一段、每一句、每个字都有它存在的价值。本文"经校党委七名常委在×月×日的常委会上反复讨论决定，并举手表决，最终一致通过"一句中多有累赘之词。

五、结束语使用错误

批复的结束语只用"此复"或"特此批复"。有些批复以"此复"作结语，更多的批复不专设结语，仅以"要求"、"希望"代之。

该文中使用"此决定"不符合批复的格式要求。修改稿如下：

关于增补人文学院党委委员的批复

人文学院党委：

你院《关于增补×××、×××两同志为党委委员的请示》已收悉。经校党委常委会研究，同意增补×××、×××两同志为人文学院党委委员。

此复。

中共××大学委员会

二〇〇三年×月×日

原文(摘自《应用写作》2004年第3期，作者：赵光)

项目四　函

一、函的含义和特点

(一)函的含义

《条例》规定，函适用于不相隶属机关之间商洽工作、询问和答复问题、请求批准和答复审批事项。

函作为公文中唯一的一种平行文种，其适用的范围相当广泛。在行文方向上，不仅可以在平行机关之间行文，而且可以在不相隶属的机关之间行文，其中包括上级机关或者下级机关行文。在适用的内容方面，它除了主要用于不相隶属的机关相互商洽工作、询问和答复问题外，也可以向有关主管部门请求批准事项，向上级机关询问具体事项，还可以用于上级机关答复下级机关的询问或请求批准事项，以及上级机关催办下级机关有关事宜，如要求下级机关函报报表、材料、统计数字等。另外，函有时还可用于上级机关对某件原发文件作较小的补充或更正，不过这种情况并不多见。

二、函的特点

1. 沟通性。函用于不相隶属的机关之间相互商洽工作、询问和答复问题，起着沟通作用，充分显示平行文种的功能，这是其他公文所不具备的特点。

2. 灵活性。函的灵活性主要有两个方面：一是行文关系灵活。函是平行公文，但是它除了平行行文外，还可以向上行文或向下行文，没有其他文种那样严格的特殊行文关系的限制。二是格式灵活。除了国家高级机关的主要函件必须按照公文的格式、行文要求行文外，其他一般函件比较灵活自便，可以按照公文的格式及行文要求办，可以有文头版，也可以没有文头版，不编发文字号，甚至可以不拟标题。

3. 单一性。函的主体内容应该具备单一性的特点，一份函只宜写一件事项。

二、函的分类

(一)按性质划分

函按性质划分，可以分为公函和便函两种。公函用于机关单位正式的公务活动往来，便函则用于日常事务性工作的处理。便函不属于正式公文，没有公文格式要求，甚至可以不要标题，不用发文字号，只需要在尾部署上机关单位名称、成文时间并加盖公章即可。

(二)按发文目的划分

按发文目的函可以分为发函和复函两种。发函即主动提出公事事项所发出的函，复函则是为回复对方所发出的函。

(三)按内容和用途划分

函按内容和用途可以分为商洽事宜函、通知事宜函、催办事宜函、邀请函、请示答复事宜函、转办函、催办函、报送材料函等。

三、函的写作格式

由于函的类别较多，从制作格式到内容表述均有一定灵活机动性。这里主要介绍规范性公函的结构、内容和写法。公函由首部、正文和尾部三部分组成。

(一)首部

首部主要包括标题、发文字号、主送机关三个内容。

1. 标题。公函的标题一般由发文机关名称、事由和文种构成。

2. 发文字号。公函要有正规的发文字号，写法与一般公文相同，由机关代字、年号、顺序号组成。大机关的函，可以在发文字号中显示“函”字，如“国办函〔2009〕9 号”。

3. 主送机关。主送机关即受文并办理来函事项的机关单位，于文首顶格写明全称或者规范化简称，其后用冒号。

(二)正文

正文结构一般由开头、主体、结尾、结语等部分组成。

1. 开头。开头主要说明发函的缘由，一般要求概括交代发函的目的、根据、原因等内容，然后用“现将有关问题说明如下”或“现将有关事项函复如下”等过渡语转入下文。复函的缘由部分，一般首先引叙来文的标题、发文字号，然后再交代根据，以说明发文的缘由。

2. 主体。这是函的核心内容部分，主要说明致函事项。函的事项部分内容单一，一函一事，行文要直陈其事。无论是商洽工作、询问和答复问题，还是向有关主管部门请求批准事项等，都要用简洁得体的语言把需要告诉对方的问题、意见叙写清楚。如果属于复函，还要注意答复事项的针对性和明确性。

3. 结尾。结尾一般用礼貌性语言向对方提出希望，或请对方协助解决某一问题、请对方及时复函、请对方提出意见、请主管部门批准等。

4. 结语。通常应根据函询、函告、函商或函复的事项，选择运用不同的结束语，如“特此函询(商)”、“请即复函”、“特此函告”、“特此函复”等。有的函也可以不用结束语，如属便函，可以像普通信件一样，使用“此致”、“敬礼”。

(三)尾部

尾部一般包括署名和成文时间两项内容。

【案例】

住房城乡建设部关于博斯腾湖风景名胜区总体规划的函

建城函〔2017〕233 号

新疆维吾尔自治区人民政府：

你区关于审批博斯腾湖风景名胜区总体规划的请示收悉。经国务院同意，现函复如下：

一、原则同意《博斯腾湖风景名胜区总体规划(2017—2030 年)》(以下简称《总体规划》)。

博斯腾湖风景名胜区总面积为 3 550 平方公里，核心景区面积为 1 304 平方公里。自规划批准之日起 1 年内，应完成风景名胜区和核心景区范围的标界立桩，建立健全国家级风景名胜区徽志。

二、要认真落实《风景名胜区条例》及《总体规划》确定的分级分类保护要求，按照划定的一级、二级、三级保护区范围，严格执行相应保护措施、建设控制要求和环境保护标准。严格保护风景名胜区内的湖泊水系、自然湿地、文物古迹、珍稀野生动植物等景观和生态资源，特别要加强对博斯腾湖、大河口、白鹭洲、金沙滩、芦苇湿地等重要景观资源的保护管理，维护风景名胜资源的真实性和完整性。风景名胜区内严禁侵占河湖岸线、滥伐林木、污染水体、损毁文物古迹等行为。要限期改造、搬迁或拆除影响景观环境的建筑设施，恢复自然环境和景观风貌。要尽快完善环境卫生、污水处理、防灾减灾等保护性基础设施。

三、要按照《总体规划》要求，严格控制利用强度，一级保护区为禁止建设范围，二级保护区为严格限制建设范围，三级保护区为控制建设范围，坚持保护优先、开发服从保护的原则，尽快编制报批详细规划，引导和控制各项建设活动。禁止超容量接纳游客，风景名胜区日合理游客容量控制在 40 000 人次以内、日极限游客容量控制在 80 000 人次以内。严格控制景区内旅游服务设施数量、用地和建筑规模。做好规划设计，做到建筑风格与景区环境相协调。加强湖泊水系等资源的保护及科学利用，严格保护珍稀动植物。要做好城乡规划与风景名胜区规划的协调衔接，控制居住区规模，优化风景名胜区周边区域的功能定位和用地布局，妥善处理重大项目布局、城乡建设、居民生产生活与景区资源保护利用的关系。加强景区旅游市场整治，引导景区居民有序从事旅游服务。

四、《总体规划》是指导风景名胜区保护、利用和管理的重要依据，风景名胜区内的一切保护、利用和建设活动都必须符合《总体规划》要求。你区及巴音郭楞蒙古自治州人民政府要加强对博斯腾湖风景名胜区工作的领导，强化风景名胜区管理机构的职能，建立健全各项规章制度，切实做到统一规划、统一管理。我部将会同国务院有关部门加强对《总体规划》实施工作的指导、监督和检查。

中华人民共和国住房和城乡建设部
2017 年 8 月 22 日

四、函的写作注意事项

函的写作，应注意以下几点：

1. 行文简明，用语有分寸。撰写函件时，要注意行文简洁明确，用语把握分寸。无论是平行机关还是不相隶属的机关的行文，都要注意语气平和有礼，不要以势压人或强人所难，也不必逢迎恭维、曲意客套。至于复函，则要注意行文的针对性、答复的明确性。

2. 注意时效性。函也有时效性的问题，特别是复函更应该迅速、及时。及时处理函件，以保证公务等活动的正常进行。

3. 函的内容必须单一、集中。一般来说，一个函件以讲清一个问题或一件事情为宜。

4. 函的写法以陈述为主，只要把商洽的工作、询问和答复的问题、请求批准的事项写清楚就行。

5. 发函都是要请对方予以支持的，或商洽工作，或询问题，或请求批准，因此，函的语言要求朴实，语气要恳切，态度要谦逊。

五、易混淆的文种

易与函混淆的文种主要有请示、批复、通知、意见等。

(一)请示和请求批准函

二者都可用于请求批准，但使用时有严格的区别。

1. 类型不同。请示是上行文，函是平行文。

2. 主送机关不同。请示是向有领导、指导关系的上级机关行文，而函是向同一系统平行的和不相隶属的业务主管机关行文。

3. 内容范围不同。请示既可用于请求批准，又可用于请求指示；函主要用于请求批准涉及业务主管部门职权范围内的事项。

4. 受文机关复文方式不同。请示的受文机关以批复表明是否批准或作出指示；函的受文机关只能用函(审批函)表明是否批准或作出答复。

因此，要注意不要把请求批准函误用为请示、报告，也要注意不要将审批复函误用为批复。

(二)批复与审批函

这里的函是专指用于有关主管部门发出的审批函。批复和审批函都可用于审批有关事项，但使用时有严格的区别。

1. 类型不同。批复是下行文，函是平行文。

2. 主送机关不同。批复是向有领导、指导关系的下级机关、单位行文；而函是向同一系统平行的和不相隶属的机关、单位行文。

3. 内容范围不同。批复既可用于作出批准，又可用于作出指示。函主要用于审批涉及业务主管部门职权范围内的事项。

病文分析

请看以下几份公文的标题：

例 1：××乡人民政府给县财政局的《关于解决修路所需经费的请示》；

例 2：××县电业局给县直各单位的《关于近期停电的通知》；

例 3：××市教育局给县政府《关于调整县职业教育结构的批复》；

例 4：《关于对〈××市房产开发管理暂行办法〉修改意见的函》。

例 1、例 2 和例 3 属文种错用。这三份文件标题的文种都应该用函，不应该用请示、通知和批复。因为例 1 中乡一级政府和上一级财政局，例 2 中县电业局和县直各单位，例 3 中市教育局和县政府，均属于不相隶属的关系，因此这些相关单位之间行文，只能用函。

例 4 的文种应用意见。意见可以上行、下行，也可以平行。意见作为平行文，一般是在答复不相隶属机关询问和征求意见时使用。比如起草规范性公文时，往往需要有关部门对草拟的公文提出意见，有关部门在提意见时就多用意见文种。所以此例不宜用函，应该用意见。

项目五　会议记录、会议纪要

一、会议记录

(一)会议记录的含义

会议记录是在会议过程中由专门的记录人员把会议情况和会议内容如实笔录形成的书面材料。

(二)会议记录的种类

1. 详细记录。对会议全过程进行详细记录，包括发言人的一举一动。

2. 摘要记录。将发言人有关会议议题的讲话要点、重要数据和材料记录下来。

3. 重点记录。不对会议过程和个别发言逐一作出记录，只记录重要的会议事件和会议决议。

(三)会议记录的特点

1. 原始性。用流水账的方式记录会议进程和发言内容，全面、自然，但是不成文，记录会议原始材料。

2. 客观性。不允许记录员掺进自己的言论或者倾向。重要的会议需要两名以上的记录员。

3. 规范性。使用统一的记录专用笺；按统一的记录格式记录；使用规范的简体字和行书草字；使用规范的速记和紧缩记法；要用蓝黑墨水的钢笔或者可用于档案书写的专用笔。

(四)会议记录的写作格式

会议记录由标题、会议组织情况、会议进行情况、尾部构成。

1. 标题。会议名称＋记录；会议内容＋记录。

2. 会议组织情况。

(1)会议时间：年、月、日、午、时。

(2)会议地点：要具体清楚。

(3)会议出席人：重要会议由出席者亲笔签到，大型会议由代表签出席人数；一般会议由记录员记录出席人姓名或写出与会人员的范围。如“处级以上党员干部”“全体教职工”。

(4)缺席人：重要会议要记录清楚缺席人的姓名和缺席原因。

(5)列席人：特邀列席人员，要详细记录其姓名、职务。可以由列席人亲笔签到，也可以由记录员填写。

(6)记录员：写清楚姓名。

(7)议题：有多个议题时要分条列写。

3. 会议进行情况。包括主持人开场白、大会主题报告、讨论发言、决议。

(1)开场白：了解会议意图的主要依据，要着重记录。

(2)大会主题报告：有发言稿的要记录下报告题目，注明原文见附件；没有发言稿的要记录下要点。

(3)讨论发言：按照发言顺序将每个人的发言内容记录下来。要写清楚发言人姓名，不要写职衔。

(4)决议：会议最后作出决定的，要把决议梳理概括清楚，分条列出。暂时议而未决的就写“暂不决议”。

4. 尾部。包括结束语和署名。结束语，记录完毕，另起一行低二格写“散会”“休会”；署名，记录员检查后在“散会”的右下方签名，交主持人过目，签上主持人姓名。

案例评析

××区干部培训中心第×次办公室会议记录

时间：2017年3月4日14：30—17：00

地点：培训大楼第×会议室

出席人：刘××(主任)、杨××(教务长)、张××(办公主任)、吴××(办公室秘书)及各培训部主要负责人

缺席人：王××、张××(外出开会)

主持人：刘××(主任)

记录人：吴××(办公室秘书)

一、报告

(一)杨××报告中心基本建设进展情况。(略)

(二)主持人传达区人民政府《关于压缩行政经费的通知》(以下简称《通知》)。(略)

二、讨论

我中心如何按照区人民政府《通知》的精神抓好行政经费的合理开支，切实做到既勤俭节约，又不影响正常的培训教学、科研等活动的开展。

三、决议

(一)利用两个半天时间(具体时间由各培训部自己安排，但必须安排在本周内)组织有关人员集中传达学习《通知》精神，提高认识，统一思想。

(二)各培训部负责人在认真学习的基础上，利用下周政治学习时间向群众传达、宣讲。

(三)各培训部责成有关人员根据《通知》的压缩指标，重新审查和修改本年度行政经费开支预算，并于两周内报主任办公室。

(四)各培训部必须严格控制派出参加外地会议及外出学习人员的人数，财务科更要严格把关。

(五)利用学习和贯彻《通知》精神的机会，对全中心员工普遍开展一次勤俭节约、艰苦朴素的传统教育。

散会。

主持人(签名)

记录人(签名)

【评析】

1. 标题为会议名称+记录。

2. 会议组织情况记录了会议的基本信息，包括时间、地点、出席人、缺席人、主持人及记录人员，完备详尽。

3. 会议进行情况记录了会议的几个主要内容，包括报告、讨论及决议，思路清晰。

4. 尾部信息：会议主持人及记录人签字。

5. 行文“有闻必录”，符合会议记录的书写原则。

二、会议纪要

(一)会议纪要的含义

“纪”有综合整理的意思，“要”指要点。会议纪要是用于记载、传达会议情况和议定事项的会务性文书，即把会议的主要情况、主要精神加以综合整理，形成文字，是《党政机关公文处理工作条例》中明确规定的15种公文之一。

(二)会议纪要的种类

1. 部署工作型。部署工作型会议主要为解决问题召开，会议纪要要把会议精神和决定传达下去。

2. 交流研讨型。交流研讨型会议主要目的在于交流和探讨，不一定作出决议，会议纪要的目的是把情况通报给大家。

(三)会议纪要的写作格式

1. 标题。常用形式是“会议名称＋文种”。也可以用正副标题的形式，正标题一般用概括的语言体现会议精神或会议主题，副标题以“××会议纪要”说明。

2. 正文。一般分为会议概况、会议内容、结束语三个部分。会议概况一般位于开头，介绍会议时间、会议名称、会议议题、出席人、主持人、会议过程。视具体情况定详略，一般要求简洁扼要。会议内容是会议纪要的重点，要写明、写充实会议的重要发言和决议，不可出现缺漏。一般有综合归类、分项罗列、摘要式三种写法。结束语是正文部分的小结，往往对与会者、下级机关、群众提出希望和要求。

3. 署名。由会议支持机关撰写，可以在最后署名，也可以不署名。

案例评析

嘉兴智慧交通“禾行通”建设协调会议纪要

2014年9月18日，市交通运输局组织召开嘉兴智慧交通“禾行通”建设协调会，会议由市交通运输局严凤祥总工程师主持，中国移动嘉兴分公司、浙大中控、中国四维、市公路局、市港航局、市运管局等单位参加(名单附后)。根据嘉兴市交通运输局和中国移动嘉兴分公司《推进“嘉兴智慧交通试点建设”战略合作协议》，中国移动嘉兴分公司负责公众出行信息服务发布系统“禾行通”智能手机客户端软件的开发和推广工作，并为客户提供服务支撑合作内容。中国移动嘉兴分公司已开发建设“禾行通”总体框架、集成了智慧电召、智慧公交和公共自行车子模块并安卓版已在上线试用。目前中国移动嘉兴分公司评估“禾行通”智能手机客户端其他模块软件的开发需要部分资金和技术支撑，中国移动嘉兴分公司筹措该项资金困难，无法保证下一阶段的软件开发，鉴于此情况，会议对“禾行通”下一阶段建设和内容进行协调，现将会议纪要如下：

一、会议认为“禾行通”是嘉兴智慧交通公众出行信息服务最有效载体，根据智慧交通总体建设要求，“禾行通”要加快建设，满足公众出行信息服务需求。

二、会议明确“禾行通”完善与建设分工

1.“禾行通”总体框架和十二个子模块由浙大中控负责完善并开发建设、集成。

2. 中国移动嘉兴分公司提供“禾行通”已开发集成的智慧电召、智慧公交和公共自行车等相关子系统源代码，并配合浙大中控做好“禾行通”开发、集成工作。

3. 中国四维负责合同范围内相关软件开发并配合浙大中控总体集成。

4. 市运管局牵头做好涉及运管的智慧电召、智慧公交、公共自行车、长途客运、汽车维修和驾培信息等开发集成的业务协调工作。

5.“禾行通”建成后注册与运维由中国四维下属注册在嘉兴的嘉兴四维智城科技有限公司负责。原中国移动嘉兴分公司注册的安卓版“禾行通”移交给嘉兴四维智城科技有限公司，具体运维协议另行签订。

三、会议要求

1.“禾行通”系统地图统一使用中国四维基于嘉兴天地图开发的嘉兴智慧交通专题地图，浙大中控将“禾行通”12大子系统整合封装成1个APP，并根据设计要求统一注册和意见反馈处理。

2.“禾行通”支撑由各业务部门负责提供，基础数据统一基于智慧交通数据中心的数据进行开发，开发后的数据、软件和发布系统集中在智慧交通数据中心统一管理，有序开放。在浙大中控负责开发的“禾行通”未完成前，暂由中国移动嘉兴分公司负责已开发的“禾行通”安卓版及部分已上线试用功能运维。

3.“禾行通”安卓版在2014年10月底前完成系统开发并开始内部测试，12月初上线发布，其他版本开发根据安卓版上线使用情况再商定。

【评析】

这是一则比较规范的会议纪要。

1. 标题由会议名称及纪要组成。

2. 正文部分先交代了会议基本情况，使人们对会议整体情况有所了解。然后“会议认为”“会议明确”两个段落介绍了会议的目的和分工；接着“会议要求”一段提出了会议的三点要求，对下一步工作作出了具体安排。

3. 纪要具有鲜明的指导性，使与会单位和相关人员明白要做什么、怎么做，在准确传达会议精神方面起到了重要作用。

相关链接

会务性文书之间的区别与联系

会议决议、会议记录、会议简报、会议公报、会议纪要都是会议文件，但是它们产生的方式和作用不同。

会议记录是原始材料，“有闻必录”；会议纪要则是正式文件，需要加工整理，留下重要的内容，剔除枝节。会议纪要一般比较重要的会议才写，会议记录则一般会议都需要写。会议纪要既可向上呈报，又可向下传达，还可以在平级机关之间沟通。

会议决议是按照法定多数表决通过的，会议纪要主要由会议支持机关审定制发；决议的内容较纪要更具有原则，纪要要求详尽具体。

会议简报主要用于反映会议动态、沟通情况，所载内容只具有参考性，而会议纪要具有指挥的权威性。

会议公报的内容与会议纪要有类似之处，但公报主要报道会议核心内容，是纪要的要点，公报仅用于党和国家的高层次会议。

项目六　条据

一、条据的含义

条据是单位或个人之间因买卖、借物等关系给对方的一种作为凭证或说明的具有固定格式的条文。条据记事简洁明了，使用方便，能作为凭据，是人们在日常工作中和生活中经常使用的一种应用文。

二、条据的种类

条据可以分为说明性条据和证明性条据两大类。说明性条据包括请假条、留言条等；证明性条据包括借条、欠条、收条、领条等。

三、条据的写作

(一)说明性条据的写作

1. 说明性条据的类型

(1)请假条。请假条是因病或因事不能正常上学、工作或参加活动，而向相关负责人说明情况、请求告假的条据。请假条要写明简要的情况和缘由，在语气上要略用恭敬语请求对方的谅解和允许。

(2)留言条。在日常交流中，因某种原因无法面谈，但又有话或有事要交代给对方，只好写张纸条留给对方，叫作留言条。留言条要写清楚留言的原因和具体要求，或另约拜访的时间、地点，或留下自己的联系方式。

2. 说明性条据的写作格式。说明性条据一般包括标题、称谓、正文、结尾和落款五个部分。

(1)标题。在第一行居中写上“请假条”或“留言条”三字。

(2)称呼。另起一行顶格书写，后面加冒号。如“尊敬的领导:”“××老师:”。

(3)正文。请假条要写清请假的原因和请求的事项，语气上要显得恭敬；留言条要写清交代对方的事情，或告诉对方的信息，如果事情紧急，还要告知对方自己的联系电话。

(4)结尾。请假条的结尾通常可以写“请批准”，也可以写“此致敬礼”。在写“此致敬礼”时应注意，正文结束后另起一行空两格写“此致”，再另起一行顶格写“敬礼”。留言条的结尾通常写一些表示祝愿或谢意的话。

(5)落款。在正文的右下方写上请假人或留言人姓名，姓名下方写上请假或留言的具体日期。

(二)证明性条据的写作

1. 证明性条据的类型

(1)借条。借条是个人或单位在借到别人钱、物时，由借方写给被借方作为日后归还凭证的条据，又称为借据。

借条要写明所借钱物的名称、种类、数量等。如果涉及金钱，一定要用大写，金额要写到元、角、分。此外，正文中还要写明归还的具体日期。

(2)欠条。欠条是个人或单位因拖欠他人钱、物时，由拖欠人写给被拖欠人作为凭证的条据。欠条的正文要写清欠什么人什么东西、数量多少，并注明归还的日期。

(3)收条。收条是收到个人或单位的钱、物时，由收取人写给对方的一种凭据，又称为收据。收条中具体要写明收到的物品和钱款。借物归还的，收到归还物时，应将借条退还给借方，也可在收条中注明。

(4)领条。领条是向他人或单位领取钱、物时，所出具的作为已收到的凭据。领条和收条都是作为收到钱物时的凭证，但领条是具条人亲自领取东西时所用的，他人送来或归还的东西，一般应出具收条。

2. 证明性条据的写作格式。证明性条据一般包括标题、正文、结尾、落款四个部分。

(1)标题。第一行居中写明条据的名称，“借条”、“收条”等，也可以写“今借到”、“今收到”字样。

(2)正文。写清向对方借、欠、收、领的物品名称及具体数量，其中涉及数字的部分必须用大写，如壹、贰、叁、肆、伍、陆、柒、捌、玖、拾、佰、仟、万、亿等。钱款还必须写明币种，如人民币、美元、欧元、英镑等。借条还应写明归还的期限以及所借物品遗失的赔偿等事宜。

(3)结尾。正文下方空两格写上“此据”二字。

(4)落款。正文的右下方写上署名和落款的日期。署名前一般应冠以“借款人”、“领款人”等字样。署名应当是本人亲笔签名的真实姓名。

案例评析

【案例一】

请假条

李主任：

我因头疼发烧，经医生诊断系重感冒，无法上班，特请假两天(9月10日、11日)，请批准。

附：医院证明

此致

敬礼！

请假人：×××

××××年××月××日

【评析】

这则请假条将请假的理由和请假时间都交代得清清楚楚，符合规定。

【案例二】

留言条

张老师：

今天上午9点我来找您，您不在家。我想借您的《建筑法规》一书，今晚7点再来，您如有空，请在家等我。

×××

××××年××月××日

【评析】

这则留言条表达出了探访的意图和具体请求，符合留言条的规定。

【案例三】

借条

今借到财务科人民币叁仟元整，作出差费用，日后按规定报销，多退少补。

此据。

借款人：×××

××××年××月××日

【评析】

这是向单位借钱时写给对方的凭证。写明了钱物的名称、数量及按规定报销，在涉及具体金额上注意了数字的大写。

【案例四】

欠条

原借王小虎人民币壹仟元整，已还伍佰元整，尚欠伍佰元整，将于一个月内还清。

×××

××××年××月××日

【评析】

这是写给借方的凭证，写明了尚欠钱物的名称、数量及归还时间，是则有效的欠条。

【案例五】

收条

今收到吴××施工员报名费壹仟元整。

×××

××××年××月××日

【评析】

这张收条的格式规范，将从何人手中收到的何物及数量交代得很清楚。

【案例六】

领条

今从材料科领取塑料安全帽贰拾顶。

此据。

施工队队长：×××

××××年××月××日

【评析】

这则领条是从相关部门领取物品的凭证，写明了领到的物品及数量。

项目七　计划与总结

一、计划

(一)计划的含义

计划是党政机关、企事业单位、社会团体或个人为了实现某项目标而制订出总体和阶段的任务及其实施方法、步骤和措施的书面文件。

计划是行动的先导，很多工作都是通过计划来进行的。有了计划就有了明确的奋斗目标和实施方案，就会增强自觉实践的意识，从而提高工作质量，出色地完成工作任务。

计划的含义宽泛，常见的规划、纲要、要点、方案、安排、设想、打算等都属于计划类范畴。由于它们涉及的时间、内容、范围不同而有所区别。

(二)计划的特点

1. 预见性

古人云："人无远虑，必有近忧。"就是告诫人们无论做什么都要有预先的打算和准备。计划应从实际情况出发，对未来作出科学的预见，应在行动之前充分考虑到可能遇到的问题和困难，并提出相应的解决办法。

2. 指导性

计划是用来指导人们未来工作的行为准则，它避免了工作中的盲目性，规定人们做什么，按什么样的方法、步骤做，朝什么方向努力以及出现问题用什么样的方法来解决等。

3. 可行性

为了达到预期目的，计划必须具体明确、切实可行、符合实际。如果目标定得过高，则无法实施和完成；目标定得过低，计划没有预见性，无法达到理想的效果。只有计划的方法、步骤、措施具体才能保证计划的可行性。不符合实际的计划将是一纸空文。

4. 科学性

计划必须具有科学性，好的计划往往是建立在严密的科学基础上的。制订计划时通过科学的调研，指出明确的目标和切实可行的措施和方法，才能制订出符合本单位客观实际的、科学的计划。

(三)计划的种类

计划的应用范围广泛，因而类别较多，可以按不同的标准划分出不同的类别，常见的有以下几种分法：按性质分为综合计划、专业计划；按内容分为工作计划、学习计划、生产计划、教学计划、科研计划、军事计划等；按时间分为长期计划、短期计划、年度计划、季度计划、月计划、周计划等；按范围分为国家计划、地区计划、单位计划、部门计划、班级计划、个人计划等；按效力分为指令性计划、指导性计划；按形式分为条文式计划、表格式计划、文表结合式计划。

(四)计划的写作格式

1. 标题

计划的标题有全称式、简明式两种形式。由单位名称、适用时限、计划内容、计划种类四要素组成的是全称式，如《××建筑公司2012年确保施工顺利进行的工作计划》。标题中省略掉其中某些要素的是简明式，即“事由＋文种”的基本形式，如《××公司销售部工作计划》。如果所订计划尚需讨论或未经批准的，则需在标题后用括号加注“草案”、“讨论稿”等字样。如《××建筑公司2012年确保施工顺利进行的工作计划(征求意见稿)》。

2. 正文

正文包括计划的前言、主体和结语三部分。

(1)前言。前言又称为导语，主要交代制订计划的依据、目的，明确为什么要这样做，或说明依据什么方针、政策，在什么条件下制订的计划，使人们了解制订及执行计划的必要性。这部分内容在写作时要写得简明扼要。

(2)主体。主体部分也是计划的核心部分，主要交代计划的目标、步骤、措施，即说明做什么、怎么做、什么时候做、做到什么程度。要求目标要具体，措施方法要得力，时间要明确，奖惩要分明，以便具体实施。

(3)结语。结语部分可以强调计划的重点；可以针对执行计划中可能出现的问题提出处理办法；也可以提出希望和要求，或提出号召，鼓舞斗志。不一定所有计划都有单独的结尾，有的计划事项写完就自然结束。

3. 落款

在正文右下方写明制订计划的单位或个人的名称，并在名称下方写明制订计划的具体时间。上报或下发的计划还应在署名和日期上加盖公章。

(五)计划的写作要求

1. 切合实际，统筹兼顾

无论是写长期计划还是短期计划，都必须从实际出发，要充分分析客观条件，所写的计划既要有前瞻性，又要留有余地，使其通过努力便能完成。事关全局性的计划，还应把方方面面的问题考虑周全，计划分解到部门，要处理好大、小计划之间的关系，整体与局部之间的关系，做到统筹兼顾。

2. 突出重点，主次分明

一段时间内要完成的事情很多，先做什么，后做什么，主要做什么，次要做什么，必须有重有轻，有先有后，点面结合，有条不紊，这样才有利于工作的全面开展，从而达到事半功倍的效果。

3. 目标明确，步骤具体

计划的目标必须明确，才会使执行者明确努力的方向。步骤具体，切实可行，才有利于实施和检查。

【案例】

"十三五"装配式建筑行动方案

为深入贯彻《国务院办公厅关于大力发展装配式建筑的指导意见》(国办发〔2016〕71 号)和《国务院办公厅关于促进建筑业持续健康发展的意见》(国办发〔2017〕19 号)，进一步明确阶段性工作目标，落实重点任务，强化保障措施，突出抓规划、抓标准、抓产业、抓队伍，促进装配式建筑全面发展，特制定本行动方案。

一、确定工作目标

到 2020 年，全国装配式建筑占新建建筑的比例达到 15%以上，其中重点推进地区达到 20%以上，积极推进地区达到 15%以上，鼓励推进地区达到 10%以上。鼓励各地制定更高的发展目标。建立健全装配式建筑政策体系、规划体系、标准体系、技术体系、产品体系和监管体系，形成一批装配式建筑设计、施工、部品部件规模化生产企业和工程总承包企业，形成装配式建筑专业化队伍，全面提升装配式建筑质量、效益和品质，实现装配式建筑全面发展。

到 2020 年，培育 50 个以上装配式建筑示范城市，200 个以上装配式建筑产业基地，500 个以上装配式建筑示范工程，建设 30 个以上装配式建筑科技创新基地，充分发挥示范引领和带动作用。

二、明确重点任务

(一)编制发展规划

各省(区、市)和重点城市住房城乡建设主管部门要抓紧编制完成装配式建筑发展规划，明确发展目标和主要任务，细化阶段性工作安排，提出保障措施。重点做好装配式建筑产业发展规划，合理布局产业基地，实现市场供需基本平衡。

制定全国木结构建筑发展规划，明确发展目标和任务，确定重点发展地区，开展试点示范。具备木结构建筑发展条件的地区可编制专项规划。

(二)健全标准体系

建立完善覆盖设计、生产、施工和使用维护全过程的装配式建筑标准规范体系。支持地方、社会团体和企业编制装配式建筑相关配套标准，促进关键技术和成套技术研究成果转化为标准规范。编制与装配式建筑相配套的标准图集、工法、手册、指南等。

强化建筑材料标准、部品部件标准、工程建设标准之间的衔接。建立统一的部品部件产品标准和认证、标识等体系，制定相关评价通则，健全部品部件设计、生产和施工工艺标准。严格执行《建筑模数协调标准》、部品部件公差标准，健全功能空间与部品部件之间的协调标准。

积极开展《装配式混凝土建筑技术标准》、《装配式钢结构建筑技术标准》、《装配式木结构建筑技术标准》以及《装配式建筑评价标准》宣传贯彻和培训交流活动。

（三）完善技术体系

建立装配式建筑技术体系和关键技术、配套部品部件评估机制，梳理先进成熟可靠的新技术、新产品、新工艺，定期发布装配式建筑技术和产品公告。

加大研发力度。研究装配率较高的多高层装配式混凝土建筑的基础理论、技术体系和施工工艺工法，研究高性能混凝土、高强钢筋和消能减震、预应力技术在装配式建筑中的应用。突破钢结构建筑在围护体系、材料性能、连接工艺等方面的技术瓶颈。推进中国特色现代木结构建筑技术体系及中高层木结构建筑研究。推动“钢—混”、“钢—木”、“木—混”等装配式组合结构的研发应用。

（四）提高设计能力

全面提升装配式建筑设计水平。推行装配式建筑一体化集成设计，强化装配式建筑设计对部品部件生产、安装施工、装饰装修等环节的统筹。推进装配式建筑标准化设计，提高标准化部品部件的应用比例。装配式建筑设计深度要达到相关要求。

提升设计人员装配式建筑设计理论水平和全产业链统筹把握能力，发挥设计人员主导作用，为装配式建筑提供全过程指导。提倡装配式建筑在方案策划阶段进行专家论证和技术咨询，促进各参与主体形成协同合作机制。

建立适合建筑信息模型（BIM）技术应用的装配式建筑工程管理模式，推进BIM技术在装配式建筑规划、勘察、设计、生产、施工、装修、运行维护全过程的集成应用，实现工程建设项目全生命周期数据共享和信息化管理。

（五）增强产业配套能力

统筹发展装配式建筑设计、生产、施工及设备制造、运输、装修和运行维护等全产业链，增强产业配套能力。

建立装配式建筑部品部件库，编制装配式混凝土建筑、钢结构建筑、木结构建筑、装配化装修的标准化部品部件目录，促进部品部件社会化生产。采用植入芯片或标注二维码等方式，实现部品部件生产、安装、维护全过程质量可追溯。建立统一的部品部件标准、认证与标识信息平台，公开发布相关政策、标准、规则程序、认证结果及采信信息。建立部品部件质量验收机制，确保产品质量。

完善装配式建筑施工工艺和工法，研发与装配式建筑相适应的生产设备、施工设备、机具和配套产品，提高装配施工、安全防护、质量检验、组织管理的能力和水平，提升部品部件的施工质量和整体安全性能。

培育一批设计、生产、施工一体化的装配式建筑骨干企业，促进建筑企业转型发展。发挥装配式建筑产业技术创新联盟的作用，加强产学研用等各种市场主体的协同创新能力，促进新技术、新产品的研发与应用。

（六）推行工程总承包

各省（区、市）住房城乡建设主管部门要按照“装配式建筑原则上应采用工程总承包模式，可按照技术复杂类工程项目招投标”的要求，制定具体措施，加快推进装配式建筑项目采用工程总承包模式。工程总承包企业要对工程质量、安全、进度、造价负总责。

装配式建筑项目可采用“设计—采购—施工”（EPC）总承包或“设计—施工”（D—B）总承包等工程项目管理模式。政府投资工程应带头采用工程总承包模式。设计、施工、开发、生产企业可单独或组成联合体承接装配式建筑工程总承包项目，实施具体的设计、施工任务时应由有相应资质的单位承担。

(七)推进建筑全装修

推行装配式建筑全装修成品交房。各省(区、市)住房城乡建设主管部门要制定政策措施，明确装配式建筑全装修的目标和要求。推行装配式建筑全装修与主体结构、机电设备一体化设计和协同施工。全装修要提供大空间灵活分隔及不同档次和风格的菜单式装修方案，满足消费者个性化需求。完善《住宅质量保证书》和《住宅使用说明书》文本关于装修的相关内容。

加快推进装配化装修，提倡干法施工，减少现场湿作业。推广集成厨房和卫生间、预制隔墙、主体结构与管线相分离等技术体系。建设装配化装修试点示范工程，通过示范项目的现场观摩与交流培训等活动，不断提高全装修综合水平。

(八)促进绿色发展

积极推进绿色建材在装配式建筑中应用。编制装配式建筑绿色建材产品目录。推广绿色多功能复合材料，发展环保型木质复合、金属复合、优质化学建材及新型建筑陶瓷等绿色建材。到2020年，绿色建材在装配式建筑中的应用比例达到50%以上。

装配式建筑要与绿色建筑、超低能耗建筑等相结合，鼓励建设综合示范工程。装配式建筑要全面执行绿色建筑标准，并在绿色建筑评价中逐步加大装配式建筑的权重。推动太阳能光热光伏、地源热泵、空气源热泵等可再生能源与装配式建筑一体化应用。

(九)提高工程质量安全

加强装配式建筑工程质量安全监管，严格控制装配式建筑现场施工安全和工程质量，强化质量安全责任。

加强装配式建筑工程质量安全检查，重点检查连接节点施工质量、起重机械安全管理等，全面落实装配式建筑工程建设过程中各方责任主体履行责任情况。

加强工程质量安全监管人员业务培训，提升适应装配式建筑的质量安全监管能力。

(十)培育产业队伍

开展装配式建筑人才和产业队伍专题研究，摸清行业人才基数及需求规模，制定装配式建筑人才培育相关政策措施，明确目标任务，建立有利于装配式建筑人才培养和发展的长效机制。

加快培养与装配式建筑发展相适应的技术和管理人才，包括行业管理人才、企业领军人才、专业技术人员、经营管理人员和产业工人队伍。开展装配式建筑工人技能评价，引导装配式建筑相关企业培养自有专业人才队伍，促进建筑业农民工转化为技术工人。促进建筑劳务企业转型创新发展，建设专业化的装配式建筑技术工人队伍。

依托相关的院校、骨干企业、职业培训机构和公共实训基地，设置装配式建筑相关课程，建立若干装配式建筑人才教育培训基地。在建筑行业相关人才培养和继续教育中增加装配式建筑相关内容。推动装配式建筑企业开展企校合作，创新人才培养模式。

三、保障措施

(一)落实支持政策

各省(区、市)住房城乡建设主管部门要制定贯彻国办发〔2016〕71号文件的实施方案，逐项提出落实政策和措施。鼓励各地创新支持政策，加强对供给侧和需求侧的双向支持力度，利用各种资源和渠道，支持装配式建筑的发展，特别是要积极协调国土部门在土地出让或划拨时，将装配式建筑作为建设条件内容，在土地出让合同或土地划拨决定书中明确具体要求。装配式建筑工程可参照重点工程报建流程纳入工程审批绿色通道。各地可将装配率水平作为支持鼓励政策的依据。

强化项目落地，要在政府投资和社会投资工程中落实装配式建筑要求，将装配式建筑工作细化为具体的工程项目，建立装配式建筑项目库，于每年第一季度向社会发布当年项目的名称、位置、类型、规模、开工竣工时间等信息。

在中国人居环境奖评选、国家生态园林城市评估、绿色建筑等工作中增加装配式建筑方面的指标要求，并不断完善。

(二)创新工程管理

各级住房城乡建设主管部门要改革现行工程建设管理制度和模式，在招标投标、施工许可、部品部件生产、工程计价、质量监督和竣工验收等环节进行建设管理制度改革，促进装配式建筑发展。

建立装配式建筑全过程信息追溯机制，把生产、施工、装修、运行维护等全过程纳入信息化平台，实现数据即时上传、汇总、监测及电子归档管理等，增强行业监管能力。

(三)建立统计上报制度

建立装配式建筑信息统计制度，搭建全国装配式建筑信息统计平台。要重点统计装配式建筑总体情况和项目进展、部品部件生产状况及其产能、市场供需情况、产业队伍等信息，并定期上报。按照《装配式建筑评价标准》规定，用装配率作为装配式建筑认定指标。

(四)强化考核监督

住房城乡建设部每年4月底前对各地进行建筑节能与装配式建筑专项检查，重点检查各地装配式建筑发展目标完成情况、产业发展情况、政策出台情况、标准规范编制情况、质量安全情况等，并通报考核结果。

各省(区、市)住房城乡建设主管部门要将装配式建筑发展情况列入重点考核督查项目，作为住房城乡建设领域一项重要考核指标。

(五)加强宣传推广

各省(区、市)住房城乡建设主管部门要积极行动，广泛宣传推广装配式建筑示范城市、产业基地、示范工程的经验。充分发挥相关企事业单位、行业协会的作用，开展装配式建筑的技术经济政策解读和宣传贯彻活动。鼓励各地举办或积极参加各种形式的装配式建筑展览会、交流会等活动，加强行业交流。

要通过电视、报刊、网络等多种媒体和售楼处等多种场所，以及宣传手册、专家解读文章、典型案例等各种形式普及装配式建筑相关知识，宣传发展装配式建筑的经济社会环境效益和装配式建筑的优越性，提高公众对装配式建筑的认知度，营造各方共同关注、支持装配式建筑发展的良好氛围。

各省(区、市)住房城乡建设主管部门要切实加强对装配式建筑工作的组织领导，建立健全工作和协商机制，落实责任分工，加强监督考核，扎实推进装配式建筑全面发展。

案例评析

2016年西安市城乡建设工作计划

2015年，全市城建工作坚定不移地围绕建设国际化大都市和丝路新起点的宏伟目标，不断拉大城市骨架，完善城市功能，彰显城市特色，缓解交通拥堵，改善人居环境，城建各领域取得了新突破，为建设品质西安迈出了坚实的步伐。其中，省级重点示范镇和文化旅游名镇建设投资、城市县城污水处理率等2项省考指标顶住了经济下行压力，逆势而上，其他27项目标任务全部完成，实现了"十二五"的完美收官。

2016年是"十三五"规划的开局之年，也是系统推进全面创新改革试验的起步之年。城乡建设的总体思路是：深入贯彻党的十八大，十八届三中、四中、五中全会，省、市"两会"，以及全国、全省城市和建设工作会议精神，以遵循"五大理念"为引领，以建设品质西安为契机，以实施城乡一体为统筹，以服务五项重点工作为基调，以提高城市建设精细化水平为载体，着力发展公共交通，着力保护生态环境，着力推进村镇建设，着力实施惠民工程，着力规范行业秩序，努力提升城市功能和综合承载力，为建设具有历史文化特色的国际化大都市奠定坚实基础。

必须把握的原则是：

——创新发展，管理提升。深入研究新常态下城乡建设发展模式，建立科学高效的城市建设项目策划、包装、实施、验收过程管理机制和全程监督机制。

——协调发展，均衡联通。统筹公共资源配置，协调板块关系，推进城乡统筹，大力破解难题、补足短板，促进区域和城乡建设均衡发展，互联互通。

——绿色发展，文化传承。以生态文明为根本，做好护山、兴水、增绿文章；以历史文化保护为己任，彰显城市特色；加强建筑产业化，推进装配式建筑产业发展。

——开放发展，深化改革。进一步放大财政资金的撬动功能，推进多平台运作和PPP融资模式，提高社会资本参与度，促进城乡基础设施建设、维护和运营市场化。

——共享发展，专注民生。把城乡规划、建设和管理的出发点和落脚点放在惠民安民上，保障民生供给，改善人居环境，让广大市民共享城乡建设成果。

主要工作任务：全市城乡建设将围绕加快创新城乡发展理念，全面提升城乡基础设施水平，构建立体式网络化综合交通体系，切实缓解城市交通拥堵状况，全面提高生态环境质量，为建设国际化大都市奠定坚定基础。

加大投资，促进城建计划执行。全年安排城建投资432亿元，较去年增长11.3%。其中：市本级投资规模249.5亿元，增长21.7%。重点投资领域涉及道路交通、防洪排涝、环境保护、民生公用等方面。完善计划执行通报排名督察和考核工作制度，建立预考核工作机制。启动政府购买服务的融资工作，完成综合管廊50.29亿、雨污水管网58.8亿融资；提高城建资金使用效益和效率，积极推动项目方案招标竞赛工作，严格控制资金结转使用。

攻坚克难，推进缓堵保畅工程。推进"公交都市"示范城市建设，加快地铁3号、4号线建设，开工建设5号、6号线和临潼线；完成韩森东路、亚行四桥主体工程，启动昆明路、万寿路、幸福路及北延伸、西安火车站周边基础设施、纺织城火车站周边基础设施等重点路桥工程建设；打通开元路、凤城七路等5条断头路；完成投运公共自行车1万辆；开工建设出行车位5万个；加大对综合管廊和海绵城市政策引导力度；推进板块间互联互通的管网体系建设。

惠民便民，改善人居生活环境。加快实施再生水管网及配套设施建设、城市老化供水管网改造工程；推进热力管网工程、西安北联、草堂供热项目；实施二门站及天然气管道工程、天然气城市气化三期等工程；树立城市"双修"理念；继续推进特色街区配套基础设施工程、城市夜景照明工程；城市污水处理率达到95.5%，县城污水处理率达到82%；完成老旧小区提升改造100万平方米，实施农村危房改造3 500户。

绿色引领，打造生态美丽西安。推进“八水润西安”工程，重点推进幸福林带建设工程，加快城市绿化、秦岭环山绿道、红光公园、开园公园、尚稷公园改造、“见缝插绿”工程、城市雨污水管线分流改造、生活垃圾无害化处理PPP项目、江村沟垃圾填埋场四期、餐厨垃圾资源化利用和无害化处理工程等。启动编制《公共建筑节能设计标准》、《居住建筑节能设计标准》，完成既有建筑外围护节能改造10万平方米。

创新机制，积极落实城市治理。按照市建委《建设工地和两类企业专项治理工作方案》要求，严格落实19条扬尘污染防治标准，完善扬尘治理打分通报制度，对黄土未覆盖、道路浮尘较厚和保洁不到位的工地，加倍扣分，强化建设工地扬尘治理区县负责制；对未有效落实应急措施的建设、施工单位取消建筑工程项目文明工地评审；对未有效落实应急措施的“两类企业”，降低或取消信用等级评价。

统筹城乡，推进新型城镇建设。坚持集约、智能、绿色、低碳的新型城镇化理念，加快推进以人为核心的城镇化，完成省级“两镇”建设投资26.8亿元，市级4.074亿元。制定“十三五”期间的我市“两镇”补助政策；采用农户自建和政府帮建两种方式，继续推进农村危房改造；建立农村环境保洁长效机制，不断提升村庄环境综合整治水平。

加强管理，提高住房建设水平。加强房地产项目管理，实行以项目手册为主要方式的项目全过程监管统筹房地产业发展，推进全面质量管理，提高住房及配套设施质量，健全多层次住房供应体系。开展上庄、曹家堡、向阳沟、双竹村、西四里等五大重点保障房配套基础设施建设。全年房地产新开工面积900万平方米。

主动服务，做大做强建筑行业。加强行政审批改革，清理、取消无法规依据的办理事项和程序，大力推动建筑市场法制化建设；积极培育我市龙头骨干企业，组织本市企业与央企、外省大型企业合作，联合开拓市外市场；“西安市建设教育培训网”正式运行，继续办好“西安建设大讲堂”，完成建设行业教育培训9.3万人。

多措并举，加强建筑市场监管。加强行业诚信平台建设，强化建筑市场与施工现场联动管理，加大对各类违法违规建设行为的处罚力度，创造良好的市场秩序；开发预拌混凝土监管信息系统，提升信息化管理水平；推行部门行政权力清单制度，规范行政权力运行；制定城建项目方案设计审查办法，细化方案设计审查工作流程、时限和申报要求等具体规定。

夯实基础，全面加强自身建设。持续巩固“三严三实”专题教育成果，以党风廉政建设为抓手，推进反腐倡廉和厉行节约工作。落实国家住建部和省住建厅要求，开展城乡建设行业精神文明建设和行业文化建设，以文明机关带动文明行业、文明工地创建。坚持依法行政，开展普法立法，加强城建系统各部门、各单位和各行业的沟通交流，健全应急预案，切实维护稳定大局，为城乡建设事业的发展营造优良环境。

【评析】

这份计划总结了2015年工作完成情况，提出了2016年工作思路，强调了工作原则，指出了主要工作任务，制订了工作措施，结构完整，逻辑严密，符合文种写作要求。

二、总结

(一)总结的含义

总结是党政机关、社会团体、企事业单位或个人对过去一定阶段内的实践活动(包括工作、学习、科研等)作出系统、全面的回顾、检查、分析和研究，从中找出存在的问题，以指导今后工作的事务性文书。

总结与计划有联系又有区别。二者虽都着眼于未来的工作，却又分别呈现出事物的两个不同阶段，计划是事前筹划和安排，解决“做什么”“怎么做”的问题，总结是事后回顾与评估，回答“做了什么”“做得怎样”的问题，总结在计划的基础上进行，计划是总结的参考与依据。

(二)总结的特点

1. 主体性

总结是本地区、本单位、本部门或个人对过去一段时间内工作情况的回顾，是对自身实践活动的概括和认识，因此采用第一人称写法。

2. 指导性

总结的最终目的是为了发扬成绩，纠正错误，找出工作中规律性的经验，推动全局性的工作。总结出来的经验可以使工作少走弯路，顺利进行，取得事半功倍的效果。因此，总结对今后的实践活动具有指导性。

3. 真实性

总结的内容必须是真实的，包括事实、数据等都必须真实，绝不允许有丝毫的想象和杜撰，否则提炼出的经验、归纳出的规律对指导未来实践活动毫无意义。

4. 理论性

总结不是对已做过的工作的过程和情况的表面反映，而是一种由感性认识上升为理性认识的过程，在分析事实材料的基础上，提炼出正确的观点，找出规律性的东西，从而在以后的工作中发扬成绩，汲取教训。

(三)总结的种类

总结可以按不同的标准划分出不同的类别，常见的有以下几种分类方法：按性质分为综合性总结和专题性总结；按内容分为工作总结、学习总结、思想总结、生产总结等；按时间分为年度总结、季度总结、月份总结等；按范围分为地区总结、单位总结、部门总结、个人总结等。

(四)总结的写作格式

1. 标题

总结的标题一般有三种写法。

(1)公文式标题。公文式标题由“单位名称＋时间＋事由＋文种”组成，如《××房地产公司 2012 年销售工作总结》，也可根据具体情况适当省略，如《××房地产公司 2012 年工作总结》。

(2)文章式标题。文章式标题用简练的语言概括了总结的主要内容、中心思想等，常用于经验性、专题性总结。如《依靠科技进步，加快建设步伐》。

(3)复式标题。复式标题又称为正副式标题，正标题采用文章式标题，概括总结主要内容，副标题标明单位名称、时间等，如《为用而学 学了能用——××公司开展岗位培训工作总结》。

2. 正文

正文主要包括前言、主体和结尾三部分。

(1)前言。前言即正文的开头部分，简要叙述总结的背景、时间、内容等，对取得的基本成绩作出必要的说明，给读者以总体性认识。

(2)主体。主体是总结的核心部分，主要是对过去某段时间内做了哪些工作，取得了怎样的成效，以及在实际工作中的切实体会，取得成绩的经验教训进行归纳。由于总结的角度、目的不同，写作时侧重点也有所不同。对于一般的工作总结出现的问题和教训可少写或不写。对于经验性总结则应以经验为轴心去组织材料，归纳出取得的成绩或经验，按照其内在的逻辑关系来安排内容和层次。

总结的主体结构形式常见的有以下几种：

①条目式。即将总结的内容按一定关系进行排列，每项内容前标以序码。

②小标题式。即将总结内容进行归类，每部分加上小标题，小标题一般都是这部分的中心内容或中心观点。

③全文贯通式。即从头到尾，围绕主题，一气呵成，用自然段标明层次。

④纵横式。纵横式又分为纵式结构、横式结构、纵横式结构三种。

纵式结构主要是按事物发展的先后顺序来组织材料。

横式结构主要是按事物内在逻辑关系组织材料。

纵横式结构则是综合运用以上两种结构形式，既考虑事物发展的先后顺序，又考虑事物内在的逻辑关系，纵横交错。

(3)结尾。结尾可以概述全文，可以说明汲取经验教训的效果，也可以提出今后努力的方向或改进意见。另外，有些总结不需要加上结尾部分，正文写完，全文自然结束。

3. 落款

在正文的右下方写上署名和日期，标题中已有单位名称的，落款时可省略掉，只写日期。如果是上报给上级领导机关的，还需要加盖公章以示慎重。

案例评析

2014 年城乡建设工作总结

2014 年，住建局紧紧围绕县委、县政府中心工作，以加快推进新型城镇化为主线，以保障和改善民生为根本，加强城乡规划编制，加快实施旧城改造，培育壮大房地产业和建筑业，全面推进城乡重点工程建设，城乡规划建设管理工作取得可喜成绩。

一、2014 年住房和城乡建设工作回顾

(一)以人为本，科学谋划，规划编制工作取得新进展

坚持整体与重点相结合，进一步加强规划管理，增强服务意识，城乡规划管理工作取得了一定成绩。一是规划编制水平进一步提升。深入开展了县城乡总体规划暨“三规合一”工作，成立了县城乡总体规划暨“多规合一”修编工作领导小组，召开专题工作会议，明确了具体任务、责任单位、时限要求，已组织国土、发改、林业及住建等部门听取“三规合

一”初步设计框架汇报，正依据各单位意见与建议充实基础资料修改完善规划方案。完成了县城绿地系统专项规划，并经县人民政府批准实施，排水防涝专项规划初步规划方案编制完成，准备组织专家评审。完成了县城新区32#地块、34#地块、46#地块、83#地块、84#地块等10个地块控制性规划，编制完成了老城区新村巷、环卫路、大方门、工商家属院、和平八队及玉皇阁仿古街片区控制性规划，用地面积达3.6平方公里，使县城控制性详细规划覆盖率达96%。进一步提高了城市规划管理工作的科学性和合理性，为城市建设提供法律依据。依据县域镇村体系规划，编制完成姚伏镇姚伏村、姚伏镇高路村、通伏乡马场村等8个中心村规划方案，并经县人民政府批准实施，为城乡统筹发展提供了科学依据。二是城乡规划审批管理进一步规范。全年共召开县建设规划审查委员会会议3期，上会研究项目15项，通过建设项目14项，核发建设项目“一书两证”118项。同时，对建设项目从规划设计、施工、质量监督及竣工验收等环节实行全程监管，定期对在建、续建工程进行规划巡查与规划执法检查，有力地维护了规划的权威性、严肃性。

(二)精心组织，强力推进，重点工程建设取得新成果

按照全县确定的55项重点工作和10件民生工程的工作部署，我局加强领导，落实责任，积极跑项目、争政策、引资金，各项重点工作顺利推进。一是城市房屋征收工作稳步推进。2014年全县重点建设项目及城市棚户区改造征收工作任务重、工作量大，我局统筹调配，抢抓时机，采取“五加二，白加黑”的工作方式，加快对棚户区改造的工作力度，现已完成房屋征收2 087户，未发生一起因房屋征收导致的上访和安全事故，维护了社会稳定。二是城市道路日趋完善。投资3 807万元，实施了总长1 800米的鼓楼南街南延伸段、南环路东段2条城市道路及排水工程，进一步完善了城市交通体系和基础设施功能，特别是事关民生的水、暖、气、路等配套设施得到及时跟进。目前，2条城市道路正在全力加快推进，预计10月底全部完工。三是城市人居环境不断改善。以创建国家园林县城为抓手，大力实施植绿、增绿、扩绿工程，优化城市生态环境。实施了民族大街南北延伸段、唐徕大街、纬三路城市道路景观绿化及平罗县文化生态公园建设项目，新增绿化总面积22.6万平方米。其中，民族大街南北延伸段等三条城市道路景观绿化工程新增绿化面积16.5万平方米，已完成全部建设任务；南区文化生态公园建设项目概算总投资4 762万元，已完成施工图设计工作和招标控制价编制工作，近期将进行招投标工作。四是旧城改造项目稳步推进。体育公园解围片区已完成房屋征收403户，今年开工建设16幢10.5万平方米商服及住宅楼，现已全面开工建设，正在进行楼体基础开挖工作。投资2 438万元实施了老旧小区既有建筑节能改造12.12万平方米，完成投资1 826万元。五是公共服务设施建设项目快速推进。投资3.2亿元实施了公共服务中心、宏泰商业广场续建工程，目前，公共服务中心正在进行二次结构施工和设施安装，完成投资1.05亿元；宏泰商业广场主体外墙干挂石材已全部结束，正在进行三标段别墅区室外装饰工作，1#商场正在进行干挂石材，完成投资1.7亿元。六是市政基础设施逐步完善。投资2 000万元改造$\phi 159 \sim \phi 426$ mm供热管网20千米(双道)。目前，已完成建设路、防疫站小区、金丰苑、鼓楼西街、兰宁小区等区域的管网改造18.5千米，完成投资1 100万元。投资428万元新改建公厕10座，购置移动公厕5座。目前，新建公厕已完成主体建设，计划10月底完成全部建设内容，改建公厕已完成改造内容，购置5座移动式公厕已完成安装投入使用。投资5 220万元实施了环卫路西侧旧城改造项目，已完成房屋征收、建设成本测算，规划方案已通过规委会审查，正在进行前期土地招牌挂和设计工作。七是房地产业健康发展。今年共新建、续建房地产项目42项

157.71万平方米，完成投资12.5亿元。1—10月房地产销售4 189套共55.11万平方米，较去年同比增加35.93%，销售金额14.27亿元，同比减少17.29%，房地产市场运行平稳。物业管理工作逐年规范，高标准培育了星海北园、锦绣华城等6个物业示范小区，为引领全县物业服务企业争先创优、优化服务起到了模范带头作用。八是住房保障工作强力推进。开工建设各类保障性住房5 890套共51.62万平方米，完成投资3.28亿元；新增发放廉租住房租赁补贴88户，累计对全县1 463户城市低收入住房困难家庭实施了住房保障，累计发放租赁补贴10.3万元，收缴廉租住房租金70万元。九是城乡人居环境显著改善。实施了农村危房改造、姚伏镇、黄渠桥镇2个美丽小城镇和8个美丽村庄建设，各项工程有序推进，有效改善了群众的住房和生产生活条件。十是招商引资工作成效显著。不断优化招商环境，积极借助外力促发展，始终将招商引资工作作为各项工作的重中之重，细化、量化任务，强化措施，严格考核，重奖重罚，确保任务全面完成。截至目前共引进各类招商项目24个，完成投资12.56亿元(未认定)，完成引资1.38亿元。

(三)创新方式，强化措施，城市管理工作又有新提升

以城乡环境综合整治和“创园”工作为契机，全面整治市容市貌和城乡环境卫生，城市形象得到了提升，城市人居环境有了新改善。一是积极探索建立城市环境卫生管理长效机制，深化公共事业管理改革，加强广场和公厕管理，加大城市环卫清扫和垃圾清运力度，市政设施管理得到进一步加强，垃圾清运率达到100%，各类转运设施安全运行，全年开展环境卫生集中整治16次，清运生活垃圾4.6万吨，收集商业门店垃圾2 900吨，餐厨垃圾3 700吨，清理各类生产建筑垃圾9 600吨。二是加大市容环境整治力度，及时清理乱贴乱画、乱停乱放，严厉查处占道经营、店外店、流动摊点、马路市场，规范设置各类户外广告，强化道路挖掘审批管理，市容市貌有了较大改观。共签订“门前五包”责任书3 761份，严格按照“门前五包”的管理办法，每季度评比一次，建立健全了“门前五包”管理工作长效机制。规范机动车停靠行为，划定临时停车泊位131个，并多次会同运管、交警部门联合对县城区交通违法行为进行综合整治，有效地改善了机动车、非机动车乱停乱放现象。增划早市蔬菜销售摊位176个，在个别小区旁划定蔬菜销售摊位82个，设立早市一处，解决群众买菜难、买菜贵和农民销售难的问题。三是狠抓建筑市场管理，强化对重点建设工程的质量监管，严格执行工程建设基本程序、建筑抗震设防、建筑节能和设计施工规范等强制性标准，建立工程质量动态巡查监管模式，工程质量监督管理工作成效显著，全年共监督各类项目202万平方米，新建建筑节能标准执行率和工程质量验收合格率均达到了100%。加强安全生产监管，落实安全生产责任，结合区市建筑工程安全质量监管要求，加大工程质量、安全生产检查力度，全年开展工程质量综合执法检查4次，专项检查2次，迎接区市检查6次，安全生产检查5次，共下发质量安全整改通知书97份，及时消除质量、安全隐患，有效遏止了各类安全事故的发生。推广使用新型墙材，进一步加大“禁实”、“限粘”力度，共收缴墙改基金1 406.6万余元。四是加强人防工程结建、审批、检查、验收工作，全年共收缴结建费826万元。积极开展防空防灾应急疏散演练活动，以“5·12”防灾减灾日和“9.15”警报统一试鸣为契机，开展人防知识宣传和演练活动，发放宣传材料8 000余份，布设“两防”知识展板12块，参加疏散演练人员达4.3万人次，进一步提高了全民人防意识。强化人防设施和疏散体系建设，新购置4台通信警报器，警报覆盖率达到95%。积极开展人防进社区活动，实施了头闸、陶乐、唐徕、古城、太西等人防社区及沙湖水镇疏散基地建设，完善城区应急疏散避难场所设施，有力地推动了人防事业又好又快

发展。五是全面推进创建国家园林县城工作，邀请建设厅相关领导及专家对我县创园工作进行了初步验收，经专家集体评议，我县创建工作初步通过。六是深入开展违法占地、违法建设行为专项整治工作，制作悬挂条幅156条，张贴《关于开展违法占地和违法建设行为专项整治的通告》1 000份，印发宣传材料80 000余份，下发限期整治通知书40余份，共拆除违章建筑8 800平方米，清理被侵占绿地160余平方米。

二、存在的问题

我们也清醒地认识到，城乡建设事业发展还存在着一些问题和不足：一是城市基础设施还需加大投入，城市功能有待进一步完善提高，老城区防汛排涝等基础设施有待改造；二是城市建设投融资渠道不宽，建设项目资金缺口大，制约了重点项目实施和推进；三是城乡建设用地趋紧，房屋征收工作阻力大，不能满足工程建设需求；四是城市体系有待健全完善，综合管理有待提高；五是行业人才队伍建设滞后，结构不合理，还不能满足城乡建设事业发展需要；六是城市建设和管理方面的工作基础还比较薄弱，行政执法不规范的现象依然存在；七是项目审批缓慢影响建设进度。国家专项补助资金的项目区、市审批，论证，评审程序及报批资料多，时间长，导致项目开工滞后；八是受国家房地产市场宏观调控政策影响，房地产销售缓慢；九是小区物业管理水平还需进一步提高，物业从业人员需要加大力度培训。对于这些问题，我们将高度重视，采取有力措施，认真加以解决。

××县住建局

2014年10月20日

【评析】

这是一篇工作总结，标题由事由、文种构成。正文由三部分构成。前言部分为第一段，简洁地概述了县建设局的工作重点。主体部分是全文的中心，从工作取得的成绩、具体工作情况等两方面对全局工作进行了回顾、总结。全文结构完整，条理清晰，在介绍工作和成绩方面让读者一目了然。

项目八　证明信与介绍信

一、证明信

(一)证明信的含义和特点

1. 证明信的含义

证明信是以机关团体的名义，证明某些事实的存在与否，证明有关人员具有某种经历、参与过某个事件的过程等专门使用的函件，也称为证明或证明书。

2. 证明信的特点

(1)真实性。这是证明信最重要、最本质的特性。出具虚假证明就失去原有的意义和作用，会害人害己，贻误大事。

(2)凭证性。证明信贵在证明，它以真实性为基础，是持有者用以证明自己身份、经历或某事真实性的一种凭证。没有证明就言之无据。

(二)证明信的分类和作用

1. 证明信的分类

证明信按出具者可分为以组织名义出具的证明信、以个人名义出具的证明信；按格式可分为手写式证明信、印刷式证明信；按用途可分为作为证件用的证明信、作为材料存入档案的证明信、证明丢失证件等情况的证明信。

2. 证明信的作用

证明信的作用主要表现在以下几个方面：一是交流和指证；二是历史凭证；三是法律上的判处依据；四是人事档案材料。

(三)证明信的写作格式

不论哪种类型的证明信，其结构都大致相同，一般由标题、称谓、正文、结尾、落款构成。

1. 标题

证明信的标题一般有两种形式：一是“事由＋文种”，如“关于×××事件的证明”；二是直接以文种名“证明信”为标题。

2. 称谓

顶格书写接受证明信的单位名称或受文个人，后加冒号。一般不需要敬语。

3. 正文

证明信的正文部分应写出需要证明的事实。这是证明信的重要部分，要交代清楚所需证明的人和事的基本要素，包括何人、何时、何地、做过何事、结果如何等。写人时要写清人的姓名、年龄、工作单位、职务等。

4. 结尾

证明信的结尾部分要以特定用语结尾，如“特此证明”或“此证明”、“以上特证明”字样，并在右下方标明证明信开具单位和日期，压字加盖公章。有的证明信还要求主管领导签名。

5. 落款

落款应写出具证明的单位或个人的署名、日期，然后由证明单位或证明人加盖公章或签名、盖私章，否则证明信将是无效的。

(四)证明信的写作注意事项

证明信在写作过程中要注意以下几个方面：

1. 内容真实(作为信用证明、法律证据存在)。

2. 用语准确(描述有分寸，不用模糊语言和地方语言)。

3. 政策有界限(认真执行党在不同时期的各种政策)。

4. 用不褪色的笔正楷书写，不得涂抹。

5. 留存原稿和存根，以备日后查验。

【案例】

证明信

××建筑公司：

贵公司×××同志原任我公司 BIM 实验室工程师，任职期内爱岗敬业，踏实肯干，好学上进，独当一面，团队意识强，协调能力出色，有较强的业务能力。

特此证明。

此致

敬礼！

×××建筑设计所(盖章)

××××年×月×日

二、介绍信

(一)介绍信的含义和作用

1. 介绍信的含义

介绍信是机关、团体、企事业单位派人到有关单位联系工作、了解情况、洽谈业务、参加各种社会活动时，由派出单位出具、派出人员随身携带的一种专用书信。

2. 介绍信的作用

介绍信主要有两大作用：一是证明持有人的身份；二是为派遣外出工作人员提供工作便利。介绍信一般要与身份证或工作证同时并用，以确认持有者身份的真实性。

(二)介绍信的分类

介绍信通常可以分为手写式介绍信和印刷式介绍信两种。印刷式介绍信又分为带存根的和不带存根的两种。

(三)介绍信的写作格式

1. 便函式介绍信

便函式介绍信用一般的公文信纸书写，包括标题、称谓、正文、结尾、单位名称和日期、附注几部分。

(1)标题。在第一行居中写“介绍信”三个字。

(2)称谓。另起一行，顶格写收信单位名称或个人姓名，姓名后加“同志”、“先生”、“女士”等称呼，再加冒号。

(3)正文。另起一行，开头空格写正文，一般不分段。正文要写清楚以下事项：派遣人员的姓名、人数、身份、职务、职称等；说明需要联系的工作、接洽的事项等；对收信单位或个人的希望、要求等，如“请接洽”等。

(4)结尾。写上表示致敬或者祝愿的话，如“此致”、“敬礼”等。

(5)单位名称和日期。在正文的右下方写明派遣单位的名称和介绍信的开出日期，并加盖公章。日期写在单位名称下方。

(6)附注。注明介绍信的有效期，具体天数用大写数字写明。

2. 带存根介绍信

这种介绍信有固定的格式，一般由存根、间缝、本文三部分组成。用纸一般是统一印制，上面只有文种“介绍信”字样，一式两联。一联为本文，占用纸的2/3，由被派遣人员持有；另一联为存根，占用纸的1/3，用来存档备查；在两联的骑缝处有竖写的中文编号，以防涂改。

(1)存根。存根部分由标题(介绍信)、介绍信编号、正文、开出时间等组成。存根由出具单位留存备查。

(2)间缝。间缝部分写介绍信编号，应与存根部分的编号一致，并加盖出具单位的公章。

(3)本文。本文部分基本与便函式介绍信相同，只是有的要在标题下再注明介绍信编号。

(四)介绍信的写作注意事项

1. 填写持介绍信者的真实姓名、身份，不能冒名顶替。

2. 接洽联系的事项应当写得简明扼要。预先在文中向收信人表示谢意，做到不失礼节。

3. 重要的介绍信应当留存根或底稿，存根和底稿的内容同介绍信正文完全一致，并经开介绍信的人认真核对。

4. 文字简洁，语言流畅，书面话不宜太重。

5. 书写工整，不能随便涂改。

6. 介绍信必须填写后才能送达持有人，不得以加盖公章的空白介绍信给予持有人。

【案例】

介绍信

×××公司负责同志：

兹介绍我公司×××等三位同志前往贵公司考察装配式建筑施工情况，望接洽为盼！

此致

敬礼！

××公司(盖章)

××××年×月×日

项目九　电子邮件

一、电子邮件简介

(一)电子邮件的定义

电子邮件(Electronic Mail，简称 E-mail，也被大家昵称为“伊妹儿”)，是一种用电子手段提供信息交换的通信方式，是 Internet 应用最广的服务。通过网络的电子邮件系统，用户可以用非常低廉的价格，以非常快速的方式，与世界上任何一个角落的网络用户联系。

(二)电子邮件的发送和接收

当人们发送电子邮件的时候，这封邮件由邮件发送服务器发出，并根据收信人的地址判断对方的邮件接收服务器而将这封信发送到该服务器上，收信人要收取邮件也只能访问这个服务器才能够完成。

(三)电子邮件地址的构成

电子邮件地址的格式是"user@server. com"，由三部分组成：第一部分"user"代表用户信箱的账号；第二部分"@"是分隔符(@与英文单词"at"的读音相同)；第三部分"server. com"是用户信箱的邮件接收服务器域名。

二、电子邮件的特点

电子邮件因其使用简易、投递迅速、收费低廉、易于保存、全球畅通无阻等优点而被广泛地应用，它使人们的交流方式得到了极大的改变。

电子邮件的内容可以是文字、图像、音频、视频等各种方式(格式)。同时，通过电子邮件地址，用户可以得到大量免费的新闻、专题邮件。当然，其中一部分属于广告邮件。

注意防止电子邮件病毒。

三、电子邮件的写作格式

在商业和日常信函来往中，一定要注意电子邮件的书写格式和礼仪，为企业和个人展示良好的形象。

(一)信头

信头包含三个部分。一是收件人地址，写在"To:"后面；二是发件人地址，写在"From:"后面；三是邮件的主题，写在"Subject"后面。一定要写上主题，主题明确，一目了然，也不会被当作垃圾邮件删除掉。

(二)称谓

称谓应当准确，切不可含糊不清。

(三)主体

主体应简明扼要。这部分如果内容较多，可分段写，确保意思表述清楚、明白。

(四)祝语

祝语可以写"祝您工作愉快"、"工作顺利"等。

(五)落款

落款写清楚公司名称、个人姓名、日期。另外，在信件中一定要写明联系方式，以保持联系畅通。

四、电子邮件的写作注意事项

1. 写清楚收件人的电子邮件地址，写正确"@"后面的域名，特别是易混淆的数字、字母，如数字5和字母S，数字1和字母l(小写)，否则易发错对象。

2. 在商业书信往来中，称谓、正文、落款等参照纸质书信的格式书写，不可随意。

知识链接

第一封电子邮件

对于世界上第一封电子邮件(E-mail)的产生，现在有两种说法。

第一种说法来自《互联网周刊》的一则报道。该报道称，世界上的第一封电子邮件是

1969年10月由计算机科学家Leonard K. 教授发给他同事的一条简短消息，这条消息只有两个字母："LO"。Leonard K. 教授因此被称为"电子邮件之父"。

Leonard K. 教授解释："当年我试图通过一台位于加利福尼亚大学的计算机和另一台位于旧金山附近斯坦福研究中心的计算机联系。我们所做的事情就是从一台计算机登录到另一台电子邮件机。当时登录的办法就是键入L—O—G。于是我刚键入L，然后问对方：'收到L了吗?'对方回答：'收到了。'然后依次键入O和G。还未收到对方收到G的确认回答，系统就瘫痪了。所以第一条网上信息就是'LO'，意思是'你好'。"

第二种说法是，1971年，美国国防部资助的阿帕网正在如火如荼地进行，一个非常尖锐的问题出现了：参加此项目的科学家们在不同的地方做着不同的工作，但是却不能很好地分享各自的研究成果。原因很简单，因为大家使用的是不同的计算机，每个人的工作对别人来说都是没有用的。他们迫切需要一种能够借助于网络在不同的计算机之间传送数据的方法。为阿帕网工作的麻省理工学院博士Ray Tomlinson把一个可以在不同的电脑网络之间进行拷贝的软件和一个仅用于单机的通信软件进行了功能合并，命名为SNDMSG(即Send Message)。为了测试，他使用这个软件在阿帕网上发送了第一封电子邮件，收件人是另外一台电脑上的自己。尽管这封邮件的内容连Tomlinson本人也记不起来了，但那一刻仍然具备了十足的历史意义：电子邮件诞生了。Tomlinson选择"@"符号作为用户名与地址的间隔，因为这个符号比较生僻，不会出现在任何一个人的名字当中，而且这个符号的读音也有着"在"的含义。

中国第一封电子邮件是何时产生的呢？1987年9月20日，中国第一封电子邮件由"德国互联网之父"维纳·措恩与王运丰在北京的计算机应用技术研究所发往德国卡尔斯鲁厄大学，其内容为英文，大意如下：Across the Great Wall we can reach every corner in the world。中文大意：跨越长城，走向世界。这是中国通过北京与德国卡尔斯鲁厄大学之间的网络连接，向全球科学网发出的第一封电子邮件。

小　结

通知适用于发布、传达要求下级机关执行和有关单位周知或者执行的事项，批转、转发公文。通报适用于表彰先进、批评错误、传达重要精神或者告知重要情况。公告适用于向国内外宣布重要事项或者法定事项。通告适用于在一定范围内公布应当遵守或者周知的事项。报告是下级机关向上级机关或业务主管部门反映情况、汇报工作、报送文件、报告查询事宜时所写的汇报性公文。请示是下级机关向上级机关请求指示、批准的公文，是上行文。批复是上级机关答复下级机关请示事项的答复性公文。函适用于不相隶属机关之间商洽工作、询问和答复问题、请求批准和答复审批事项。会议记录是在会议过程中由专门的记录人员把会议情况和会议内容如实笔录形成的书面材料。会议纪要是用于记载、传达会议情况和议定事项的会务性文书，即把会议的主要情况、主要精神加以综合整理，形成文字。条据是单位或个人之间因买卖、借物等关系给对方的一种作为凭证或说明的具有固定格式的条文。计划是党政机关、企事业单位、社会团体或个人为了实现某项目标而制定出总体和阶段的任务及其实施方法、步骤和措施的书面文件。总结是党政机关、社会团体、企事业单位或个人对过去一定阶段内的实践活动(包括工作、学习、科研等)作出系统、全面的回顾、检查、分析和研究，从中找出存在的问题，以指导今后工作的事务性文书。证明信是以机关团体的名义，证明某些事实的存在与否，证明有关人员具有某种经历、参与过某个事件的过程等专门使用的函件，也称为证明或证明书。介绍信是机关、团体、企事业单位派人到有关单位联系工作、了解情况、洽谈业务、参加各种社会活动时，由派出单位出具、派出人员随身携带的一种专用书信。电子邮件是一种用电子手段提供信息交换的通信方式，是Internet应用最广的服务。通过网络的电子邮件系统，用户可以用非常低廉的价格，以非常快速的方式，与世界上任何一个角落的网络用户联系。

复习思考题

1. 通知的适用范围有哪些？
2. 通知与通报的区别有哪些？
3. 简述公告的结构和写法。
4. 简述通告的结构及写作注意事项。
5. 请示与报告的区别和联系有哪些？
6. 简述会议记录和会议纪要的结构和写法。
7. 简述证明信和介绍信的区别。
8. 条据有哪些种类？各有什么作用？
9. 电子邮件有哪些特点？
10. 小强是某校的一名大一新生，为了让他在大学三年里充分掌握专业知识，学以致用，请为小强拟订一份学习计划。

11. 某中学办公室主任吴老师需去移动公司办理电话移机手续，请你代该学校为他开具一封介绍信。

12. 根据以下内容提示，拟写公文标题。

(1)××职业技术学院就××系学生×××擅离学校，违犯学校纪律，给予警告处分一事发出文件，使全校师生周知。

(2)2017年普通高等院校体育类专业考试报名工作即将开始，××省招生委员会办公室就有关报名事宜制发一则周知性公文。

(3)中国铁路总公司对西安市人民政府申请批准《西安铁路枢纽规划》(2016—2030年)的来文进行回复，批准对方的请求。

(4)住建部发文要求各省、自治区住房城乡建设厅，直辖市建委(规划国土委)，新疆生产建设兵团建设局认真贯彻执行国务院办公厅关于促进建筑业持续健康发展的意见，开展工程质量安全提升行动试点工作。

13. 下文是一份通报的事实陈述部分，请列条指出其写作上存在的问题。

“轰”的一声山摇地动，武竞市半夜沉睡中的居民被一声巨大的响声震醒。人们看到，位于玉石区东南角的上空浓烟滚滚，火焰照亮了天空。这是9月初发生在武竞市建筑材料厂的一次重大火灾事故。火灾发生后，该厂值班人员不知去向，当班领导很长时间才来到现场。虽经消防官兵和上班工人及附近群众的奋力扑救，火势被控制，但已造成严重损失。一位老工人痛心地跺脚说：“早就提醒的事儿还是发生了！”

14. 根据以下内容，拟写一份培训通知。

××建筑总公司为了进一步提升基层管理人员的业务素质，推进公司技术水平创新，将于2016年10月9日上午8：00至下午18：00在总公司第一会议室举办BIM技术应用培训班，要求各分公司经理、总工参加。

15. 修改下篇公文。

××街道办关于强制拆除违章建筑的报告

××市人民政府、××区人民政府：

××区复生大道居民姚××未取得城乡规划部门许可，擅自在复生大道××药业背后违章修建房屋，新增房屋面积约30 m²。××社区居民刘××擅自在××区中心医院院公寓楼搭建彩钢棚，面积约20 m²，严重影响楼上居民的正常生活，群众反映强烈。在以上两处违章建筑修建后，区住建局、××街道办多次打电话劝其主动拆除其违章建筑，但无效果。区住建局、××街道办依照法律程序对其发出了《责令限期拆除违法建设决定书》、《责令限期拆除违法建设催告书》、《责令限期拆除违法公告》等执法文书，但当事人均拒绝拆除。为了维护法律的严肃性，确保我区的规划建设依法有序进行，街道办已拟定强制拆除实施方案，特报告市、区政府对违章建筑依法进行强制拆除。另申请准拆迁费两万元。

特此报告。

××街道办

2015年10月20日

16. 根据以下材料写一篇公文。

××××地产公司的水岸花园工程已由有关部门批准建设，现决定对该项目的工程施工进行邀请招标，时间为××××年××月××日上午××：××在××酒店9号会议室领取招标文件及施工图纸，并同时召开标前会议，选定承包人。该工程地质较为复杂，离周围建筑较近，基坑围护安全措施极为重要。川西建筑公司上交的资格预审文件已通过专家认定，××××地产公司邀请川西公司参与水岸花园工程的投标。在召开标前会议时，参与招标工程的项目经理、技术负责人及预算人员必须参加，如到会人员不齐，取消投标资格。招标文件每套售价××元，售后不退。施工图纸每套押金××元。

具体要求：请以××××地产公司的名义向川西建筑公司发函，题目自拟。

学习情境四　职场活动

学习目标

通过本学习情境的学习，了解可行性研究报告、工程招标书、工程投标书、建设工程合同、建设工程施工合同、施工日志、技术交底文件、工程联系单、工程变更单、工程签证单、起诉状、答辩状、验收文件的写作格式；掌握可行性研究报告、工程招标书、工程投标书、建设工程合同、建设工程施工合同、施工日志、技术交底文件、工程联系单、工程变更单、工程签证单、起诉状、答辩状、验收文件的写作方法。

能力目标

能结合实际，进行可行性研究报告、工程招标书、工程投标书、建设工程合同、建设工程施工合同、施工日志、技术交底文件、工程联系单、工程变更单、工程签证单、起诉状、答辩状、验收文件的写作。

项目一　工程可行性研究报告

一、可行性研究报告的含义

可行性研究报告是在制定某一建设或科研项目之前，对该项目实施的可能性、有效性、技术方案及技术政策等进行具体、深入、细致的技术论证和经济评价，以确定一个在技术上合理、在经济上合算的最优方案和最佳时机的书面报告。

二、可行性研究报告的特征

1. 科学性。可行性研究报告作为研究的书面形式，反映的是对行为项目的分析、评判，这种分析和评判应该是建立在客观基础上的科学结论，所以科学性是可行性研究报告的第一特点。某地地铁在规划时，简单依据公安局的户籍人口数据，设计的地铁运能与实际流量完全不符，造成严重失误，这就是缺乏科学性的教训。可行性研究报告的科学性首先体现在可行性研究的过程中，即整个过程的每一步都力求客观、全面；其次，科学性体现在分析中，即用正确的理论并依据相关政策来研究问题；最后，科学性体现在对可行性研究报告的审批过程中，这种审批过程，对科学的决策起到了重要的保证作用。

2. 详备性。可行性研究报告的内容越详备越好。如果是关于一个项目的报告，一般来说，应从它的自主创新、环境条件、市场前景、资金状况、原材料供应、技术工艺、生产规模、员工素质等诸多方面，进行必要性、适应性、可靠性、先进性等多角度的研究，将每一种数据展现出来，进行比较、甄别、权衡、评价。只有详尽完备地研究论证之后，其“可行性”或“不可行性”才能显现，并获得批准通过。

3. 程序性。可行性研究报告是决策的基础。为了保证决策科学、正确，一定要有可行性研究这个过程，最后的审批也一定要经过相关的法定程序。在写作上，有些需要加上封面，按照不同的内容性质而分章分节逐一说明。这些程序性的要求和处理手法，是可行性研究报告的一大特色。

三、可行性研究报告的写作格式

1. 标题。标题一般由拟建项目名称和文种名称组成，如《××市居民小区建设的可行性研究报告》。

2. 封面。

3. 目录。

4. 正文(包括前言、主体、结尾)。

(1)前言。前言又称为总论，其简要地陈述项目提出的依据和背景、指导思想、基本情况和基本设想。

(2)主体。主体是可行性研究报告的分析论证部分。这部分涉及内容一般包括：市场需求情况，原材料、能源、交通情况，项目地址的选取和建设条件，技术、设备和生产工艺，资金方面，财务分析。

(3)结尾。结尾即结论与评价。

5. 附件。附件作为补充、证明的依据，起增强说服力的作用。附件一律附在最后，写明附件名称；附件多时，应编号并在正文部分的有关位置加括号注明。

四、可行性研究报告的写作注意事项

1. 在撰写可行性研究报告时应该注意要拓宽视野。

2. 在撰写可行性研究报告时应该注意要实事求是。

3. 在撰写可行性研究报告时应该注意要科学论证。

五、可行性研究报告的写作范文

射频无极荧光灯目前是否投资生产的可行性研究报告

射频无极荧光灯是荧光灯更新换代的一种新光源，已获国家发明专利。射频无极荧光灯属电子灯类型，它是采用射频电源，通过介质放电原理，激发灯管中的汞蒸气，使汞原子发出紫外光子，涂在灯管内壁的荧光粉吸收致光，从而发出可见光谱。

作为一种新产品，目前投资生产是否可行，需要进行可行性分析论证。

首先，与现有节能灯比较，射频无极荧光灯有下述特点：能效高、寿命长、适用面广、形式多样、光谱好、调光性好、性价比高。

然后进行投资分析：对建厂投资、设备投资、流动资金、中试费用、人员及工资、专利转让费等项进行分析，明确所需投资额度。

再分析本产品在市场上的竞争力、占有率。

接下来，进行成本分析：计算所需的各种费用，得出生产每只无极荧光灯的成本。

最后，作投资回报分析：通过预计其产量、销售量、价格、利润，估算收回投资的期限及营利情况。

结论：这项投资可取得丰厚的经济效益。

项目二　建筑工程招标书与投标书

一、建筑工程招标书

(一)建筑工程招标书的含义

建筑工程招标书是指招标单位就大型建设工程为挑选最佳建筑企业而进行招标的文书。

招标书是招标过程中介绍情况、指导工作、履行一定程序所使用的一种实用性文书。它是一种告示性文书，能提供全面情况，便于投标方根据招标书所提供的情况做好准备工作，同时指导招标工作的开展。

(二)建筑工程招标书的写作特征

1. 规范性，即招标文件的制作过程和基本内容要符合《中华人民共和国招标投标法》(以下简称《招标投标法》)的基本规定和要求，防止超越或者违反《招标投标法》的有关规定，导致招标文件违法无效。

2. 明确性，即招标文件的内容和要求要明确清晰、准确无误，防止含糊其辞、模棱两可，不能让潜在的投标对象对招标文件的内容产生两种甚至多种理解。

3. 竞争性，即招标文件发出后，客观上引发投标单位之间展开中标的竞争，从而收到择优录用、质优价廉之效。招标书可以促进招标单位加强管理，好中选优，促进投标单位改善经营，增强竞争。

4. 具体性，即针对某一工程建设项目的招标文件，行文时要把招标内容具体化，写清有关招标的方法、步骤和要求，防止只讲抽象和笼统的原则，没有详细可供操作的具体条款。

(三)建筑工程招标书的写作格式

1. 标题

标题由招标单位名称、招标项目名称和文种构成，如《××公司××工程招标书》；也可省略招标单位名称或招标项目名称，如《建筑安装工程招标书》、《××公司招标书》；也可用文种作标题，如《招标书》。

2. 正文

(1)前言。简要说明招标目的、依据和招标项目名称、规模、范围、资金来源等。

(2)主体。主体部分要翔实交代招标方式(公开招标、内部招标、邀请招标)、招标范围、招标程序、招标内容的具体要求、双方签订合同的原则、招标过程中的权利和义务、组织领导以及其他注意事项等内容，分条写明招标的具体内容和程序。

招标程序包括：招标的起止时间，发售文件的时间、价格和地点，设标、开标、定标的日期、地点、方法和步骤，可用图表说明。

3. 落款

落款应写明招标单位的名称、地址、电话、传真、邮编、网址、联系人等。

(四)建筑工程招标书的写作要求

1. 周密、严谨。招标书是签订合同的依据，是一种具有法律效力的文件，内容和措辞都要周密、严谨。

2. 简洁、清晰。招标书无须长篇大论，只要把所要讲的内容简要介绍，突出重点即可，切忌胡乱罗列、堆砌。

3. 言辞礼貌。招标书涉及的是交易贸易活动，要遵守平等、诚恳的原则，切忌盛气凌人，更不能低声下气。

(五)建筑工程招标书的写作范文

【案例一】

××市××建筑工程公司水泥招标公告

(政府采购编号：CSSCG—2017—103)

××建筑工程公司购买水泥项目经×市计划委员会×计〔2017〕103号文件批准，现进行公开招标采购，热忱欢迎合格的供应商前来投标。

一、采购项目名称及内容

水泥1 000吨。

二、投标人资格要求

1. 投标人必须在中国境内注册，有独立法人资格和承担民事责任的能力。

2. 投标人必须符合《中华人民共和国政府采购法》第二十二条所规定的内容。

3. 注册资金300万元以上(含300万元)。

4. 符合采购文件关于资质的其他要求。

三、采购文件的发售时间、地点

采购文件从即日起，每天8：30～12：00，14：30～17：30在××建筑工程公司大楼二楼办公室(202室)发售。

四、采购文件售价

采购文件每份售价为人民币400元，售后不退。

五、投标截止时间和开标时间及地点

投标保证金截止时间：2017年7月1日上午9：00。

投标截止及开标时间：2017年7月1日上午9：30。

投标及开标地点：××建筑工程公司大楼二楼会议室。

六、采购人名称、地址及联系方式

名　称：××建筑工程公司　　地　址：×市××路××号

联系人：×××　　联系电话：××××××××××××

××建筑工程公司

二〇一七年六月一日

【案例二】

××大厦建筑安装工程招标书

为了提高建筑安装工程的建设速度，提高经济效益，经市建工局批准，××公司对××大厦建筑安装工程的全部工程进行招标。

一、招标工程的准备条件

本工程的以下招标条件已经具备：

本工程已列入××市年度计划；

已有经国家批准的设计单位出具的施工图和概算；

建设用地已经征用，障碍物已全部拆迁；

现场施工的水、电、路和通信条件已经落实；

资金、材料、设备分配计划和协作配套条件均已分别落实，能够保证供应，使拟建工程能在预定的建设工期内连续施工；

已有当地建设主管部门颁发的建筑许可证；

本工程的标底已报建设主管部门和建设银行复核。

工程内容、范围、工程量、工期、地质勘察单位和工程设计单位(见附表)。

工程可供使用的场地、水、电、道路等情况(略)。

工程质量等级、技术要求、对工程材料和投标单位的特殊要求、工程验收标准(略)。

工程供料方式和主要材料价格、工程材料和投标单位的特殊要求、工程验收标准(略)。

组织投标单位进行现场勘察，说明和招标文件交底的时间、地点(略)。

二、报名、投标日期，招标文件发送方式

报名日期：2017年7月4日。

投标期限：2017年7月10日起至2017年7月30日止。

招标文件发送方式(略)。

三、开标、评标时间及方式，中标依据和通知

开标时间：2017年8月10日。

评标结束时间：2017年8月30日。

开标、评标方式：建设单位邀请建设主管部门、建设银行和公证处参与。

中标依据及通知：本工程评定中标单位的依据是工程质量优良、工期适当、标价合理、社会信誉好，标价最低的投标单位不一定中标。所有投标企业的标价都高于标底时，如属标底计算错误，应按实况予以调整；如标底无误，通过评标剔除不合理的部分，确定合理标价和中标企业。评定结束后5日内，招标单位通过邮寄(或专人送达)方式将中标通知书送发给中标单位，并与中标单位在一个月内签订××大厦建筑安装工程承包合同。

四、其他(略)

本招标方承诺，本招标书一经发出，不得改变原定招标文件内容，否则将赔偿由此给投标单位造成的损失。招标单位按照招标文件要求，自费参加投标准备工作和投标，投标书(即标函)应按规定的格式填写，字迹必须清楚，必须加盖单位和代表人的印鉴。招标书必须密封，不得逾期寄达。投标书一经发出，不得以任何理由要求收回或更改。

在招标过程中发生争议时，如双方自行协商不成，由负责招标管理工作的部门调解仲裁。对仲裁不服者，可诉诸法律。

建设单位：××公司(公章)

地址：海淀区光明路5号

联系人：×××

联系电话：××××××

附：施工图纸，勘察、设计资料和设计说明书(略)

二〇____年____月____日

二、建筑工程投标书

(一)建筑工程投标书的含义

建筑工程投标书是指投标单位按照招标书提出的条件和要求，向招标单位报价并填具标单的书面材料。

投标书要按照要求密封后邮寄或派专人送至招标单位，故又称为标函。投标书是对招标书提出要约的响应和承诺，又是对招标单位的要约，是最重要的投标文件。

(二)建筑工程投标书的写作特征

1. 竞争的公开性。随着我国市场经济发展日趋成熟，经济活动中的招投标竞争也逐步规范。为促进正当、合法的竞争，大多数工程实行公开竞标，以体现公开、公平、公正的原则。

2. 制作的规范性。投标书的制作既要遵守国家对招投标工作的有关规定和具体办法，又要执行国家颁布的技术规范和质量标准，不能随心所欲、任意制作。

3. 承诺的可行性。对投标书承诺的各项条件(包括项目标价、规格、数量、质量及进度要求等)，承诺单位务必保证其可行性，一旦中标必须严格履行承诺，绝不能反悔。

4. 时间的限定性。招投标活动一般都有严格的时间限定，必须在限期内将投标书递交招标单位，过期将视为自动放弃。同时，对投标项目的进度要求也有严格的时间限定。

(三)建筑工程投标书的写作格式

投标书有表格式、说明式和综合式等写法，一般由以下几部分组成：

1. 标题

标题一般由投标方的名称、投标项目和文种组成，如《××公司承包××学院新校区工程投标书》；也可由投标方的名称与文种两部分组成，如《××建筑工程公司投标书》；更多的是用文种直接作标题，如《投标书》。

2. 主送单位

主送单位是指招标单位或招标办公室，要顶格书写招标单位的全称，与书信的称谓和写法相同。

3. 正文

投标书的正文有的只需用简洁的文字直接表明态度，写明保证事项即可。有的也可根据需要介绍本单位的情况，或者写明其他应标条件及要求招标单位提供的配合条件等。必要时也可附上标价明细表。正文可分为前言、主体和结尾三部分。

(1)前言。前言又称为引言。其开宗明义，提纲挈领，简要说明投标方案的依据、目的、指导思想并表明承办态度。

(2)主体。这是投标书的核心部分，要依照招标书的要求，认真细致地写好以下内容：

①根据招标书规定的条件和要求，分析投标企业的现状，指出优势和存在的问题。

②定标的，详细说明投标项目的具体指标，明确投标方式和投标期限。

③提出实现指标、实现任务的方案、措施，表明投标的信心和决心，或提出有关建议和意见。

4. 落款

落款应写清投标单位名称、负责人、联系人、单位地址、电话、邮编及制作日期，加盖公章。

5. 附件

附件包括担保单位的担保书、有关图纸和表格。

就建筑工程投标书而言，附件包括工程量清单、投标价格表、主要材料、设备标价明细表，大型重要工程还要附上投标保证书。

许多投标书都有封面，在封面上要填写招标单位名称、招标项目名称、投标单位名称和负责人姓名或法人代表姓名，在封面的右下角写明标书的投送日期。

(四)建筑工程投标书的写作要求

1. 情况要了解清楚。起草投标书前一定要了解清楚各方面的情况：一是全面了解招标公告的内容，特别是其所提供的招标项目的有关情况，如招标范围、规定、招标方式等；二是全面了解招标项目的市场情况，要对招标项目进行周密的调查研究和准确分析，掌握市场信息，做到知己知彼。成本核算要合理，报价要适当，这样既能展示自身的竞争能力，又能在中标后获得一定的经济效益。

2. 自我介绍要翔实。投标者对自身条件和能力的介绍要实事求是，不虚夸，不溢美。投标书中提出的措施、办法要切实可行。

3. 内容表述要规范。投标书的内容关系到中标机会，要注意与招标书相对应，对招标条件和要求作出明确的回答和说明，数字要精确，单价、合计、总报价均应仔细核对，投标书的格式也要完整无缺。

4. 要避免漏洞。要防止投标书中出现漏洞，例如，未密封或未加盖公章，或负责人未盖印章，或保证完工的时间与招标的规定不符等，这些看似细枝末节，但若不注意，就可能使投标书成为无效投标书。

5. 要遵守法律法规。投标者不得相互串通投标报价，不得与招标者串通投标，也不得以低于成本的报价竞标。

(五)建筑工程投标书的写作范文

【案例一】

土木建筑工程投标书

注：本投标书系国际顾问工程师联合会会同国际建筑与公共土木工程联合会拟定。

致：__________先生们：

1. 经研究上述指定工程施工的图纸、合同条件、说明书和建筑工程清单之后，我们作为签署人愿按照上述图纸、合同条件、说明书和建筑工程清单，按__________(英镑)的金额，或按上述条件所确定的任何其他金额，承担上述整个工程的施工、建成和维护。

2. 我们保证，如果我们的投标被接受，将在接到工程师的开工命令后的＿＿＿＿＿天内开始本工程施工，并从本工程开工期限的最后一天起，在＿＿＿＿＿天内，建成并交付使用本合同中规定的整个工程。

3. 如果我们的投标被接受，如有需要，我们将取得一家保险公司或银行的担保或提供两名合适而殷实的担保人(需经你们认可)，同我们一起负有连带责任地承担义务，按不超过上述指定金额的10%，根据经你们认可的保证书条件，担保照章履行合同。

4. 我们同意在从规定的收到投标之日起的＿＿＿＿＿天内遵守本投标，在此期限届满之前，本投标将始终对我们具有约束力并可随时被接受。

5. 直到制订并签署了一项正式协议为止，本投标连同你们对其的书面接受，将成为我们双方之间具有约束力的合同。

6. 我们理解，你们并无义务必须接受你们所收到的价格最低的或其他任何投标。

＿＿＿＿＿年＿＿＿＿＿月＿＿＿＿＿日签

签名＿＿＿＿＿以＿＿＿＿＿资格经正式授权并代表＿＿＿＿＿签署投标

(用印刷体大写)

证人＿＿＿＿＿地址＿＿＿＿＿职业＿＿＿＿＿

附录[1]

保单的金额(如果有)＿＿＿＿＿(英镑)

第三方保险的最低金额＿＿＿＿＿(英镑)

开工期限(从工程师的命令到开工)＿＿＿＿＿天

竣工时间＿＿＿＿＿天

规定的违约偿金款项＿＿＿＿＿每天＿＿＿＿＿(英镑)

奖励金额(如果有)＿＿＿＿＿(英镑)

维护期＿＿＿＿＿天

对直接成本金额调整的百分比＿＿＿＿＿百分之＿＿＿＿＿

保留额的百分比＿＿＿＿＿百分之＿＿＿＿＿

保留金的限额＿＿＿＿＿(英镑)

中期证书最低金额＿＿＿＿＿(英镑)

出具证书后的支付期限＿＿＿＿＿天

根据本文件，我们，当事人和担保人，兹具结向＿＿＿＿＿[2](下称“政府”)承担义务交纳上述保证罚金，对此，我们本人，我们的继承人、遗嘱执行人、遗产管理人和继任人负有连带责任；但是，在担保人是几个公司作为共同担保人的情况下，我们这些担保人“连带地”和“分别地”为上述罚金负责，这只是为了允许对我们中间任何人或所有人提出联合起诉或起诉，而为了所有其他目的，每一个担保人各自与当事人一起负有连带责任地对交纳列入该担保人名下的罚金承担义务，可是，如果没有指明责任限额，则责任限额就应是整个罚金款额。本义务的条件是，当事人签订了以上指明的合同。为此，如果当事人：

(a)在上述合同原订的有效期间，和政府可能同意的任何延长期间(无论是否通知担保人)以及在任何根据合同所需要的担保的有效期间，履行和完成上述合同中所规定的一切承担事项、约定事项、条款、条件与协议，并且还履行和完成今后可能以上述合同作出的任何经正式批准的修改中所规定的一切承担事项、约定事项、条款、条件与协议，而担保人谨此放弃得到关于这种修改的通知和权利；

(b)向政府缴纳从当事人在本保证书为之提供保证的该施工合同进行中所支付的工资内征收、扣除或预扣的政府规定征税的全部金额，则上述义务即宣告无效。

当事人和担保人已在上述日期在此保证书上签字盖章，以资证明。

注：①附录为投标的组成部分。投标人应填写此投标书和附录里的所有空白。

②此处填写借款人的姓名，称借款人为“政府”可能是不恰当的。

【案例二】

××水泥厂投标书

××建筑工程公司：

1. 根据已收到的招标编号为 CSSCG－2017－103 的水泥采购及服务招标文件，遵照《中华人民共和国招标投标法》和《中华人民共和国政府采购法》的有关规定，我单位研究上述项目招标文件的投标须知、合同条款、产品执行标准和招标货物清单后，我方愿以人民币叁拾贰万元(￥320 000)的投标报价，按上述合同条款、产品执行标准和招标货物清单的条件要求承包上述货物的生产、供应，并承担任何质量缺陷保修责任。

2. 我方已详细审核全部招标文件，包括修改文件及有关附件。

3. 我方承认投标书附录是我方投标书的组成部分。

4. 一旦我方中标，我方保证按合同协议书中规定的交货期，在 2017 年 10 月 21 日前完成全部货物的生产、供应。

5. 若我方中标，我方将按照规定提交贰拾万元(￥200 000)银行保证金作为履约担保。

6. 除非另外达成协议并生效，你方的中标通知书和本投标文件将成为约束双方的合同文件的组成部分。

7. 我方将与本投标书一起，提交人民币贰万元(￥20 000)作为投标担保。

投标单位：(盖章)　　　　单位地址：

法定代表人：(签字、盖章)

邮政编码：　　　　电　　话：　　　　传真：

开户银行名称：　　　　银行账号：

开户行地址：　　　　电　　话：

2017 年 6 月 20 日

项目三　建设工程合同

一、建设工程合同的含义

建设工程合同，也称为建设工程承发包合同，是指一方约定完成建设工程，另一方按约定验收工程并支付一定报酬的合同。前者称为承包人，后者称为发包人。

按照《中华人民共和国合同法》的规定，建设工程合同包括工程勘察、设计、施工合同。在传统民法上，建设工程合同属承揽合同的一种，德国、日本、法国民法均将对建设工程合同的规定纳入承揽合同中。

二、建设工程合同的写作特征

合同法所规定的合同，具有以下法律特征：

1. 合同由双方当事人的法律行为而引起。

2. 合同因双方当事人的意思表示一致而成立。

3. 合同的债权债务必须相互对立。

4. 合同的缔结由当事人的自由意志支配。

建设工程合同作为承揽合同的特殊类型，除具有承揽合同的一般法律属性外，还具有以下特点：

1. 建设合同中完成的工作构成不动产，通常要涉及对土地利用的强制性规范的限制，当事人不得违反规定自行约定，而且施工的承包人必须是经国家认可的具有一定建设投资的法人。

2. 建设工程合同属于要式合同，应当以书面方式订立。

三、建设工程合同的写作格式

(一)合同名称

单称为“建设工程施工合同”；双称为“工程项目＋建设工程施工合同”，例如，“××广场地下室地坪及交通配套设施工程建设工程施工合同”。

(二)主要条款

工程范围：工程名称、地点、面积等。

施工工期：工期、开工日期、完工日期。

工程质量：施工工艺、质量要求等。

合同代表：姓名、职务等。

通知条款：通信地址、联络人、通知到达认定等。

材料供应：发包人供应材料设备，承包人采购材料设备。

工程造价：单价、总价、结算及支付方式等。

竣工验收：程序、方法等。

工程保修：保修范围、保修期。

协作条款：通知验收、及时检查和验收等。

四、建设工程合同的写作要求

1. 签订合同双方的权利和义务必须相等。

2. 签订合同必须遵循国家的政策和法律。

3. 文字表达要周密、严谨，条款要完备。

4. 合同文面要整洁，不可随便涂改。

五、建设工程合同的写作范文

建设工程承包合同

甲方(发包方)：

乙方(承包方)：

根据《中华人民共和国合同法》及有关法律法规的规定，本着自愿、平等、协商一致的原则，结合工程的实际情况，为确保各方利益，经协商一致达成如下协议。

一、工程内容

二、工程地点

三、工程期限

1. 本合同总工期为××××年××月××日开工，至××××年××月××日结束。

2. 如遇下列情况，工期作相应顺延：

(1)施工现场不符合安全施工。

(2)设计范围内重大设计变更。

(3)因人力不可抗拒的自然灾害(如台风、地震及战争)而影响工程进度。

(4)甲方不能按合同规定支付工程款。

乙方在以上情况发生的10天内，就延误的内容和因此发生的经济支出向甲方提出报告。甲方代表在收到报告后，在10天内予以确认和答复，逾期不予答复，乙方可视为要求已被确认。

四、工程价款/工程总价

人民币××元整(￥××)。

五、付款方式

1. 合同生效后，甲方在一周内向乙方支付工程总价50%作为预付款，即人民币××元整(￥××)。

2. 工程施工结束后，甲方在一周内向乙方支付工程总价40%的款项，即人民币××元整(￥××)。

3. 工程验收结束后，甲方在一周内向乙方付清全部余款，即人民币××元整(￥××)。

六、工程验收

1. 当该工程完工后，由乙方向甲方提出书面竣工验收申请。甲方应在7天内安排验收工作，并告知乙方参加验收。乙方自提出申请验收报告7天后，因甲方原因未安排验收的，则视为该工程符合设计和施工方案要求，运行正常，通过验收。

2. 工程未经验收，甲方若需启用，需与乙方协商，经同意方可使用。若未经乙方同意启用，将视为通过验收。

3. 整个工程验收合格，则通过竣工验收的当天即竣工日期。

4. 工程未通过验收，引起争议时，请求第三方验收。

七、验收标准

本工程以相关设计方案、图纸为依据，按照国家标准进行验收；没有国家标准的，则按照行业标准进行验收。

八、双方的权利和义务

1. 甲方权利和义务。指派×××为工地代表，负责协调甲方的相关事宜。在工程履行过程中此指派人员的所有签名视为甲方行为。

(1)负责本工程的监督，积极协调施工配合关系。

(2)负责对乙方的进度、安装质量、安全保护、综合管理的监督。

(3)提供有利于施工的现场条件。

(4)审核工程计划进度表。

(5)负责对图纸、方案的审核、确认，负责对工程进度、工程质量、隐蔽工程、配套工程和合同执行情况进行监督检查及设计图纸变更签证，工程中间验收和其他必要的签证。

(6)负责竣工验收工作，在收到乙方提交所有竣工资料后一周内组织验收。

(7)按合同向乙方支付本合同规定的价款。

2. 乙方权利和义务。

(1)严格按设计图施工，质量技术指标符合工程的各类标准和规范的要求。

(2)施工中如发现问题及时向甲方报告并提出解决方案。

(3)编制施工组织方案、施工总进度计划、材料进场计划、开竣工通知书等，及时送甲方。

(4)提供竣工验收技术资料，并准备竣工技术图纸，办理工程竣工结算，参加竣工验收。竣工资料应满足甲方要求。

(5)组织有技术水平的施工队伍，明确现场技术及施工负责人、主要管理人员，技术人员不得随意变动。

九、服务条款

无。

十、违约责任

1. 由于甲方原因，工程延期完成，则视为甲方违约，甲方向乙方支付违约金。违约金按合同总价×0.5%×延期天数计算，违约金总数不超过合同总价的10%。

2. 由于乙方原因，工程延期完成，则视为乙方违约，乙方向甲方支付违约金。违约金按合同总价×0.5%×延期天数计算，违约金总数不超过合同总价的10%。

3. 由于甲方未按合同约定向乙方付款，则视为甲方违约，甲方向乙方支付违约金。违约金按合同总价×0.5%×延期天数计算，违约金总数不超过合同总价的10%。

4. 在执行过程中，任何一方无故单方面终止合同，则视为违约，违约方需向守约方支付合同总价10%的违约金。

十一、合同的变更及解除

1. 合同签订生效后，除不可抗力因素(指战争、严重水灾、火灾、台风和地震以及经双方同意属不可抗力的事故)外，甲、乙双方不得无故变更或解除合同。

2. 在履行合同过程中，因遇不可抗力事故，甲、乙双方均应采取有效措施尽力减少损失并阻止损失的扩大。若确需变更或解除合同，要求变更一方及时通知对方，对方在接到通知3天内给予答复，逾期未答复视为同意。

3. 如果甲方未按合同付款，且延期支付任何一笔款项的期限达到60日的，乙方有权中止本合同项下义务的履行；甲方延期付款期限达到120日的，乙方有权解除本合同，并且有权请求甲方给予相应的赔偿。

4. 如果乙方未能如期完成工程，且延期的期限达到60日的，甲方有权中止本合同项下义务的履行；整个工程延期的期限达到120日的，甲方有权解除本合同，并且有权请求乙方给予相应的赔偿。

5. 变更或解除合同，所造成的损失由双方协商解决。

十二、争议解决方式

由本合同的签订、履行、解除、终止引起的或与本合同有关的任何争议，甲、乙双方应友好协商解决，协商不成时双方同意向合同签订地人民法院诉讼解决。

十三、其他条款

在合同履行过程中，双方可以根据实际情况，对合同的未尽事宜协商确定。

合同签订地：××××

十四、合同文本和效力

本合同壹式贰份，甲乙双方各执壹份，经双方代表签字盖章后生效。附件为本合同不可分割的组成部分，与合同正文具有同等法律效力。

甲方：	乙方：
地址：	地址：
邮编：	邮编：
联系电话：	联系电话：
开户银行：	开户银行：
账号：	账号：
××××年××月××日	××××年××月××日

项目四　建设工程勘察设计合同

一、建设工程勘察设计合同的含义

建设工程勘察设计合同是指委托方与承包方为完成特定的勘察设计任务，明确相互权利和义务关系而订立的合同。建设单位称为委托方，勘察设计单位称为承包方。具体来说，建设工程勘察合同是指根据建设工程的要求，查明、分析、评价建设场地的地质地理环境特征和岩土工程条件，编制建设工程勘察文件的协议。建设工程设计合同是指根据建设工程的要求，对建设工程所需的技术、经济、资源、环境等条件进行综合分析、论证，编制建设工程设计文件的协议。

《建设工程勘察设计合同管理办法》第四条规定："勘察设计合同的发包人应当是法人或者自然人，承接方必须具有法人资格。甲方是建设单位或项目管理部门，乙方是持有住房城乡建设主管部门颁发的工程勘察设计资质证书、工程勘察设计收费资格证书和由市场监督管理部门核发的企业法人营业执照的工程勘察设计单位。"

二、建设工程勘察设计合同的写作特征

1. 当事人双方一般应具有法人资格。建设工程勘察设计合同的当事人双方应当是具有民事权利能力和民事行为能力，取得法人资格的组织，或者其他组织及个人在法律允许的范围内均可以成为合同当事人。承包人应是具有由国家批准的勘察、设计许可证，经有关部门核准的资质等级的勘察、设计单位。发包方一般应是由国家批准建设项目，落实投资计划的企事业单位、社会组织。

2. 建设工程勘察设计合同的订立必须符合工程项目建设程序。工程项目建设程序是指一项工程的整个过程中应当遵循的内在规律和组织制度。建设工程勘察设计合同必须符合规定的工程项目建设程序。合同的订立应以国家批准的设计任务书或其他有关文件为基础。

3. 建设工程勘察设计合同具有建设工程合同的基本特征。建设工程勘察设计合同是建设工程合同的类型之一，它具有建设工程合同的基本特征。

三、建设工程勘察设计合同的写作格式

(一)建设工程勘察合同的写作

依据示范文本订立建设工程勘察合同时，双方通过协商，应根据工程项目的特点，在相应条款内明确以下几个方面的具体内容：

1. 发包人应提供的勘察依据文件和资料

(1)提供本工程批准文件(复印件)以及用地(附红线范围)、施工、勘察许可等批件(复印件)。

(2)提供工程勘察任务委托书、技术要求和工作范围的地形图、建筑总平面布置图。

(3)提供勘察工作范围已有的技术资料及工程所需的坐标与标高资料。

(4)提供勘察工作范围地下已有埋藏物的资料(如电力、电信电缆、各种管道、人防设施、洞室等)及具体位置分布图。

(5)其他必要的相关资料。

2. 委托任务的工作范围

(1)工程勘察任务(内容)。一般包括自然条件观测、地形图测绘、资源探测、岩土工程勘察、地震安全性评价、工程水文地质勘察、环境评价、模型试验等。

(2)技术要求。

(3)预计的勘察工作量。

(4)勘察成果资料提交的份数。

3. 合同工期

合同约定的勘察工作开始和终止时间。

4. 勘察费用

(1)勘察费用的预算金额。

(2)勘察费用的支付程序和每次支付的百分比。

5. 发包人应为勘察人提供的现场工作条件

根据项目的具体情况，双方可以在合同内约定由发包人负责的、保证勘察工作顺利开展所应提供的条件，一般包括：

(1)落实土地征用、青苗树木赔偿。

(2)拆除地上、地下障碍物。

(3)处理施工扰民及影响施工正常进行的有关问题。

(4)平整施工现场。

(5)修好通行道路，接通电源、水源，挖好排水沟渠以及安排水上作业用船。

6. 违约责任

(1)承担违约责任的条件。

(2)违约金的计算方法。

7. 合同争议的最终解决方式、约定仲裁委员会的名称

(1)向人民法院起诉。

(2)申请某仲裁委员会仲裁。

(二)建设工程设计合同的写作

依据示范文本订立民用建筑设计合同时，双方通过协商，应根据工程项目的特点，在相应条款内明确以下几个方面的具体内容：

1. 发包人应提供的文件和资料

(1)设计依据文件和资料

①经批准的项目可行性研究报告或项目建议书。

②城市规划许可文件。

③工程勘察资料。

发包人应向设计人提交的有关资料和文件在合同内需约定资料和文件的名称、份数、提交的时间和有关事宜。

(2)项目设计要求

①工程的范围和规模。

②限额设计的要求。

③设计依据的标准。

④法律法规规定应满足的其他条件。

2. 委托任务的工作范围

(1)设计范围。合同内应明确建设规模，详细列出工程分项的名称、层数和建筑面积。

(2)建筑物的合理使用年限及设计要求。

(3)委托的设计阶段和内容，可以包括方案设计、初步设计和施工图设计的全过程，也可以是其中的某几个阶段。

(4)设计深度要求。设计标准可以高于国家规范的强制性规定，发包人不得要求设计人违反国家有关标准进行设计。方案设计文件应当满足编制初步设计文件和控制概算的需要；初步设计文件应当满足编制施工招标文件、主要设备材料订货和施工图设计文件的需要；施工图设计文件应当满足设备材料采购、非标准设备制作和施工的需要，并注明建设工程合理使用年限。具体内容要根据项目的特点在合同内约定。

(5)设计人配合施工工作的要求，包括向发包人和施工承包人进行设计交底，处理有关设计问题，参加重要隐蔽工程部位验收和竣工验收等事项。

四、建设工程勘察设计合同的写作要求

1. 合同当事人必须具备主体资格

委托方必须是具有法人资格的建设单位，承包方必须是具备与其承担的委托工作相符的资格证书的勘察设计单位和个体设计者。

2. 订立合同必须以批准的设计任务书为依据

建设工程勘察设计合同包括勘察合同与设计合同。勘察合同在建设单位、设计单位或有关单位提出委托，经与勘察单位协商，达成一致意见后即可订立。对于设计合同，双方必须根据有关主管部门批准的设计任务书订立。不同建设规模和投资额的建设项目的设计任务书，要通过相应的国家有关主管部门的审批，没有经过有关部门批准的设计任务书，不得订立设计合同。

3. 订立合同的程序要符合国家规定

订立建设工程勘察设订合同必须符合国家规定的基本建设程序。采用委托承包方式的，依法经双方协商一致即订立合同。实行招标承包方式的，在订立程序上，首先要经过招标、投标、中标的订约准备阶段，从中标到开始订立合同还有一个签约期限。招标、投标、中标的过程，就是要约和承诺的过程。招标是要约，投标是新的要约，定标是承诺。中标单位要在规定期限内与发包单位订立合同，明确双方的权利和义务。

五、建设工程勘察设计合同的写作范文

建设工程勘察设计合同格式

委托方(甲方)：________________

邮政编码：________________

电话：________________

法定代表人：________________

职务：________________

承包方(乙方)：________________

邮政编码：________________

电话：________________

法定代表人：________________

职务：________________

依照《中华人民共和国合同法》的有关规定，经双方协商一致签订本合同。

第一条　甲方委托乙方承担的工程勘察设计项目的名称、内容、规模与范围详见委托勘察设计项目表(见附件)。

第二条　乙方根据委托的勘察设计项目和主管部门的规定，按初步设计(方案设计)和施工图设计，分阶段进行。在具备各个阶段的设计条件时，双方签订阶段协议书，具体规定甲方应提交的勘察设计基础资料的名称和日期、乙方需交付的勘察设计文件资料的名称和日期，以之作为本合同的附件。

第三条　甲方责任

1. 按照各设计阶段协议书的规定，向乙方提供有关建设项目审批文件和勘察设计基础资料，并对提供的时间、进度与资料可靠性负责。委托勘察测绘工作的，在勘测工作开展前，应提出勘察测绘技术要求及标有拟建工程准确位置的地形图、圈定测量范围的平面图、土地使用证的复制件，并安排好现场工作条件。委托初步设计应提供以下资料：经过批准的设计任务书，选址报告，规划要求，原料(或经过批准的资源报告)、燃料、水、电、运输等方面的协议文件，经过批准的工艺设计资料，民用项目的使用要求；能满足初步设计要求的勘测资料，需要经过科研取得的技术、人防、消防、劳动保护、工业卫生、环境保护预测资料等。委托施工图设计时，应提供经过批准的初步设计文件和满足施工图设计要求的勘察资料、施工条件，以及有关设备的技术资料。

2. 收到乙方交付的设计文件后，应及时报请有关部门审查，审查意见以书面形式转送给乙方。组织施工单位与设计单位共同商定有关技术条件，组织设计技术交底，通知乙方参加试车考核及竣工验收。

3. 在勘察设计人员进入现场作业或配合施工时，应负责提供必要的工作和生活条件。

4. 委托配合引进项目的设计任务，在询价、对外谈判、国内外技术考察直至建成投产的各阶段，应吸收承担有关设计任务的单位参加。

5. 维护乙方的勘察设计文件不被擅自修改，未经乙方同意，不得将其转让给第三方重复使用。对转让后重复使用的项目，乙方不负任何技术责任。

6. 按照国家和本市有关规定，按时支付勘察、设计费。

第四条　乙方责任

1. 按照甲方提供的建设项目审批文件和设计基础资料编制设计文件，根据各阶段协议书的规定，按期交付各阶段的设计文件(初步设计 6 份、施工图设计 8 份)，并保证质量。需增加设计文件的份数时另行收费。需复制供应标准图时另行收费。

2. 乙方要根据批准的设计任务书或上一阶段设计的批准文件，以及有关设计技术协议文件、设计标准、技术规范、规程、定额等，提出勘察技术要求并进行设计，按合同规定的进度和质量提出设计文件(包括概预算文件、材料、设备清单)。

3. 初步设计经上级主管部门审查后，在原定任务书范围内的必要修改由乙方负责。原定任务书有重大变更而需重新设计时，必须有设计审批机关或设计任务书批准机关的意见书，经双方协商，另订合同。

4. 乙方对所承担设计的建设项目应配合施工，开工前进行设计技术交底，解决施工过程中有关的设计问题，负责设计变更和修改预算，参加试车考核及工程竣工验收。对于大中型工业项目和复杂的民用工程应派现场设计代表，并参加隐蔽工程验收。

5. 对于复杂项目，需要乙方协助收集设计基础资料时，应按技术服务的有关规定办理。

6. 勘察单位应按照现行标准、规范、规程和技术条例，进行工程测量以及工程地质、水文地质等的勘察工作，并按合同规定的进度、质量提交勘察成果。

第五条　勘察设计费用

乙方根据国家批准的勘察设计收费标准及办法计收勘察设计费。设计合同生效后，甲方付给乙方 30%设计费；乙方交付初步设计文件时，甲方再付给乙方设计费；交付施工图设计文件时，甲方负责结清全部设计费。小型设计项目及复用设计项目分两次拨付设计费，即签订设计合同时先拨付 20%作为定金，完成施工图时付清全部设计费。

第六条　违约责任

1. 甲方不履行合同，无权请求退还定金。乙方不履行合同，应当双倍返回定金。

2. 甲方不能按时提供建设项目审批文件和设计基础资料，或因资料原因影响乙方设计进度或造成设计修改，乙方除可推迟交付设计文件日期外，甲方应按乙方实际损失的工日，以日产值________元计算，增补设计费。

3. 甲方因故要求变更设计，经乙方同意后，除设计文件交付时间另议外，甲方应按乙方实际返工修改工日，增付设计费。

4. 甲方因故要求停止设计时，应及时以书面形式通知乙方，乙方应立即停止设计，甲方已付的定金不予偿还，定金不足设计进度部分，按已完成的设计实际进度补交费用。

5. 甲方报请初步设计文件审批时间超过半年时，本合同自行失效，乙方已收的定金和设计费不予退回。

6. 由于乙方的勘察设计错误，给甲方造成较大经济损失时，乙方除负责积极采取补救措施外，还要免收损失部分的勘察设计费，并应付给甲方与直接损失部分勘察设计费相等的赔偿金。

7. 勘察设计文件(图纸)交付时间按协议规定时间拖后时，由甲乙双方商定，每逾期一天，甲方可少付该阶段勘察设计费的1%，提前时，甲方付给乙方该阶段设计费的____%(经批准生效)。

8. 甲方如延期交付勘察设计费，应偿付逾期违约金，按天数累计计算，每天偿付勘察设计费1%的违约金，但每天偿付最高额不得超过100元。

9. 乙方不及时到现场处理有关设计问题，不及时按审批机关意见修改设计时，每影响一天应减付设计费1%。

第七条　合同执行过程中，如有纠纷，双方应本着实事求是的原则协商解决，解决不成按(　　)项解决。

1. 申请________仲裁委员会仲裁。

2. 向人民法院起诉。

第八条　合同未尽事宜，经双方协商一致，可在合同中增加补充条款，补充条款也同样是合同的有效部分。

第九条　本合同附件的委托勘察设计项目表以及勘察设计协议书，均为本合同的组成部分，具有同等法律效力。

第十条　本合同一式________份。其中正本两份(甲、乙双方各执一份)，副本________份。甲、乙双方业务主管部门各执一份，市基建主管部门一份。

甲方：________________________

甲方代表：________________________

乙方：________________________

乙方代表：________________________

项目五　建设工程施工合同

一、建设工程施工合同的含义

建设工程施工合同是建设工程合同体系中最重要，也是最常见的一种，是指建设单位与施工单位为完成商定的土木工程、设备安装、管道线路敷设、装饰装修和房屋修缮等建设工程项目，明确双方的权利和义务(完成工程建设、支付价款等)关系的协议。

建设工程施工合同是承包人进行工程建设施工，发包人支付价款的合同，是建设工程的主要合同，同时，也是工程建设质量控制、进度控制、投资控制的主要依据。建设工程施工合同的当事人是发包方和承包方，双方是平等的民事主体。建设工程施工合同标的是将设计图纸变为满足功能、质量、进度、投资等发包人预期的建筑产品。

为规范建筑市场秩序，维护建设工程施工合同当事人的合法权益，住房和城乡建设部、工商总局对《建设工程施工合同(示范文本)》(GF－2013－0201)进行了修订，制定了《建设工程施工合同(示范文本)》(GF－2017－0201)。本合同自2017年10月1日起执行，原《建设工程施工合同(示范文本)》(GF－2013－0201)同时废止。

二、建设工程施工合同的写作特征

1. 合同标的的特殊性。施工合同的标的是建筑产品，而建筑产品和其他产品相比具有固定性、形体庞大、生产的流动性、单件性、生产周期长等特点。这些特点决定了施工合同标的的特殊性。

2. 合同内容繁杂。由于施工合同标的的特殊性，合同涉及的方面较多，涉及多种主体以及它们之间的法律、经济关系，这些都要求施工合同内容尽量详细，导致了施工合同内容的繁杂。例如，施工合同除应当具备合同的一般内容外，还应对安全施工，专利技术使用，发现地下障碍和文物，工程分包，不可抗力，工程变更，材料设备的供应、运输、验收等内容作出规定。

3. 合同履行期限长。工程建设的工期一般较长，再加上必要的施工准备时间和办理竣工结算及保修期的时间，这决定了施工合同的履行期限具有长期性。

4. 合同监督严格。由于施工合同的履行对国家的经济发展、人民的工作和生活都有重大的影响，国家对施工合同实施非常严格的监督。在施工合同的订立、履行、变更、终止全过程中，除要求合同当事人对合同进行严格的管理外，合同的主管机关、建设行政主管机关、金融机构等都要对施工合同进行严格的监督。

三、建设工程施工合同的写作格式

(一)标题

标题一般由事由和文种组成，如《建设安装施工合同》、《建设工程施工合同》，标题不能只写文种。

(二)立合同人

立合同人一般要写全称，不能写简称或代称，但是为了正文表示方便，可在括号中注明一方为“甲方”(或“发包方”)，另一方为“乙方”(或“承包方”)，如有第三方可称之为“丙方”，不能出现“我方”和“你方”，如“立合同人：×××建设职业技术学院(发包方)，×××建筑集团有限公司(承包方)”。

(三)正文

1. 序言。序言简单说明签订合同的目的和依据，如“为了……，根据……的规定，经双方充分协商，特订立本合同，以资共同信守”。

2. 主体。主体要逐条说明当事人确认的权利和义务。

4. 落款

落款署名应写全称，并加盖印章，法人或负责人签名应亲笔书写。建设工程施工合同在加盖单位公章或合同专用章后才生效。有公证的建设工程施工合同，以公证日期为生效日期。

四、建设工程施工合同的写作要求

1. 作为承包方，首先要了解工程的基本情况，包括发包方提供的图纸情况、工程量、工程的难易程度、工期要求、需要达到的施工力量等。

2. 作为发包方，应当审查承包方的资质等级，如其是否有力量承包此项工程。

3. 发包方应当加强对工程质量的监督检查，在合同中应当明确监督的方式、时间、工程内容，对需要进行中间验收的部分要作出适当的安排。

另外，还应当注意以下细节：

(1)合同双方单位名称应为全称，且必须和企业的工商注册名称一致，是具备法人资格的主体。

(2)工程概况中的简介应清晰。工程内容描述不应与专用条款中的描述相矛盾。工程地点应为实际工程所在地，这是因为工程结算的税率记取和工程纠纷依法解决时，都和工程所在地有联系。

(3)工程开竣工日期应明确，工期日历天数要计算准确。如果签订合同时因某些原因尚不能明确具体时间，也应在专有条款中注明开竣工日期的具体确定方法，例如自接到发包人书面开工令日起。

(4)工程质量。应明确质量要求。对于要求质量优质的工程应在专有条款中约定是否有奖励及奖励的计算方法。

(5)合同价款。招标工程的合同价款应根据《建筑工程施工发包与承包计价管理办法》(住房和城乡建设部令第16号)的规定，依据中标通知书中的中标价格在合同中约定。非招标工程的合同价款依据工程预算在协议书内约定。

五、建设工程施工合同的写作范文

建设工程施工合同范本

一、工程概况

1. 工程名称：________________。

2. 工程地点：________________。

3. 工程立项批准文号：________________。

4. 资金来源：________________。

5. 工程内容：________________。

群体工程应附《承包人承揽工程项目一览表》(附件1)。

6. 工程承包范围：

____

________________________________。

二、合同工期

计划开工日期：________年________月________日。

计划竣工日期：________年________月________日。

工期总日历天数：________天。工期总日历天数与根据前述计划开竣工日期计算的工期天数不一致的，以工期总日历天数为准。

三、质量标准

工程质量符合________________标准。

四、签约合同价与合同价格形式

1. 签约合同价为：

人民币(大写)(¥元)；

其中：

(1)安全文明施工费：

人民币(大写)(￥元)；

(2)材料和工程设备暂估价金额：

人民币(大写)(￥元)；

(3)专业工程暂估价金额：

人民币(大写)(￥元)；

(4)暂列金额：

人民币(大写)(￥元)。

2. 合同价格形式：____。

五、项目经理

承包人项目经理：____。

六、合同文件构成

本协议书与下列文件一起构成合同文件：

(1)中标通知书(如果有)；

(2)投标函及其附录(如果有)；

(3)专用合同条款及其附件；

(4)通用合同条款；

(5)技术标准和要求；

(6)图纸；

(7)已标价工程量清单或预算书；

(8)其他合同文件。

在合同订立及履行过程中形成的与合同有关的文件均构成合同文件组成部分。

上述各项合同文件包括合同当事人就该项合同文件所作出的补充和修改，属于同一类内容的文件，应以最新签署的为准。专用合同条款及其附件须经合同当事人签字或盖章。

七、承诺

1. 发包人承诺按照法律规定履行项目审批手续、筹集工程建设资金并按照合同约定的期限和方式支付合同价款。

2. 承包人承诺按照法律规定及合同约定组织完成工程施工，确保工程质量和安全，不进行转包及违法分包，并在缺陷责任期及保修期内承担相应的工程维修责任。

3. 发包人和承包人通过招投标形式签订合同的，双方理解并承诺不再就同一工程另行签订与合同实质性内容相背离的协议。

八、词语含义

本协议书中词语含义与第二部分通用合同条款中赋予的含义相同。

九、签订时间

本合同于年月日签订。

十、签订地点

本合同在签订。

十一、补充协议

合同未尽事宜，合同当事人另行签订补充协议，补充协议是合同的组成部分。

十二、合同生效

本合同自生效。

十三、合同份数

本合同一式份，均具有同等法律效力，发包人执份，承包人执份。

发包人：（公章）	承包人：（公章）
法定代表人或其委托代理人：	法定代表人或其委托代理人：
（签字）	（签字）
组织机构代码：________	组织机构代码：________
地　址：________	地　址：________
邮政编码：________	邮政编码：________
法定代表人：________	法定代表人：________
委托代理人：________	委托代理人：________
电　话：________	电　话：________
传　真：________	传　真：________
电子信箱：________	电子信箱：________
开户银行：________	开户银行：________
账　号：________	账　号：________

项目六　施工日志

一、施工日志的含义

施工日志也叫作施工日记，是对整个施工阶段的施工组织管理、施工技术等有关施工活动和现场情况变化的真实的综合性记录，也是处理施工问题的备忘录和总结施工管理经验的基本素材。施工日志是施工资料中一份必不可少的文件。施工日记在整个工程档案中具有非常重要的位置，所以如何记好施工日记非常值得探讨和总结。

二、施工日志的写作格式

施工日志的内容可分为五类，即基本内容、工作内容、检验内容、检查内容、其他内容。

(一)基本内容

1. 日期。从工程开工到竣工，全过程地不间断记录施工。具体每天除写清施工当天的公历年、月、日外，还要记清农历年、月、日，星期，农历节气。

2. 天气。当天的天气，最好是上午、下午、夜间分开记，并要记清晴、阴、雨、雪、大风、大雾、温度等气象情况。平均温度可记为××℃～××℃，这一点冬期施工很重要。

3. 施工部位。施工部位应将分部、分项工程名称写清楚。

4. 出勤人数。当天现场的施工管理人员、技术人员、各工种技术工人、普通工人、机械设备随机人员及伙房人员，均应一一如实地记清楚。并合计当天出勤人员总数。

5. 机械、设备使用情况。施工当天的机械及设备使用情况，有无故障、故障处理情况，设备日常维护及维修情况，新旧设备更替及具体操作运行情况等信息要如实记录。

(二)工作内容

1. 当日施工内容及实际完成情况。

2. 施工现场有关会议的主要内容。

3. 有关领导、主管部门或各种检查组对工程施工技术、质量、安全方面的检查意见和决定。

4. 建设单位、监理单位对工程施工提出的技术、质量安全、进度要求、意见及采纳实施情况。

(三)检验内容

1. 隐蔽工程验收情况。应写明隐蔽的内容、轴线、分项工程、验收人员、验收结论等。

2. 试块制作情况。应写明试块名称、试块组数。

3. 材料进场、送检情况。应写明批号、数量、生产厂家以及进场材料的验收情况，以后补上送检后的检验结果。

(四)检查内容

1. 质量检查情况：当日混凝土浇筑及成型、钢筋安装及焊接、砖砌体、模板安拆、抹灰、屋面工程、楼地面工程、装饰工程等的质量检查和处理记录；混凝土养护记录，砂浆、混凝土外加剂掺用量；质量事故原因及处理方法，质量事故处理后的效果验证。

2. 安全检查情况及安全隐患处理(纠正)情况。

3. 其他检查情况，如文明施工及场容场貌管理情况等。

(五)其他内容

1. 设计变更、技术核定通知及执行情况。

2. 施工任务交底、技术交底、安全技术交底情况。

3. 停电、停水、停工情况。

4. 施工机械故障及处理情况。

5. 冬雨期施工准备及措施执行情况。

6. 施工中涉及的特殊措施和施工方法、新技术、新材料的推广使用情况。

三、施工日志的写作要求

1. 记录要及时、准确、翔实、完整，记录人员书写要工整、清晰，最好用仿宋体或正楷字书写，切实保证施工日志记录的连续性、完整性、清晰性及可参照性。

2. 当日的主要施工内容一定要与施工部位相对应。

3. 养护记录要详细，应包括养护部位、养护方法、养护次数、养护人员、养护结果等。

4. 焊接记录也要详细记录，应包括焊接部位、焊接方式(电弧焊、电渣压力焊、搭接双面焊、搭接单面焊等)、焊接电流、焊条(剂)牌号及规格、焊接人员、焊接数量、检查结果、检查人员等。

5. 其他检查记录一定要具体详细，不能泛泛而谈。检查记录记录得详细还可代替施工记录。

6. 停水、停电一定要记录清楚起止时间，停水、停电时正在进行什么工作，是否造成损失。

案例评析

施工日志

2017-7-20 晴

1. 巡检

×××大桥：8号墩6号桩，4号墩6号桩，6号墩3号桩及0号台2号桩钻孔(冲击)正施工；2号墩基坑正开挖；

碎石桩：除7号、10～12号、1～2号机未进到卵石而停工外，其他桩机都在施工；

DK×××+109涵边样砌筑施工，抽取砂浆试件一组；

旋喷桩(DK×××+383涵基处理)上午未施工。

在碎石桩施工现场口头通知碎石桩现场主管工程师×××要抓紧时间将资料及相关施工图表整理出来并汇总。

2. 复检

14：30质检工程师×××自检6号墩3号桩后报检：标高为23.394 m，检孔器下探深度为26.96 m；测锥底(尖)为27.45 m；提出再清孔。

钢筋笼质检，长度为(13.60+11.68)m、(12.80+12.46)m，直径为1.13 m，主箍筋规格、数量及绑扎焊接合格。

17：00检查钢筋对接立焊及箍筋绑扎符合要求。

测锥尖深度为27.46 m。

下导管总长为27 m。

混凝土检查，其配合比为150∶289∶454∶54∶0.375，赣珠水泥。值班：×××

19：06以前灌注混凝土(5料斗)封底，测孔深为25.70，导管埋深为1.30 m。旁站：×××。

3. 汇报

17：15～17：55在小港口大桥钢筋加工棚向×××总监代表汇报水下C20混凝土配合比的情况及若干问题(技术力量薄弱及卵石料含泥量)，×××讲：可以按南昌提供的配合比进行施工，今后抽样送四项目部试验。

4. 电话指示

21：20接×××总监代表的电话通知，明日上午9：30上级检查内外业。

【评析】

缺少星期、操作负责人、平均气温；气象要分上下午；缺少工长记录员。

项目七 技术交底文件

一、技术交底的含义

技术交底是指工程开工前由各级技术负责人将有关工程施工的各项技术要求逐级向下进行技术性交代，直到基层。其目的是使参与施工任务的技术人员和工人明确所担负工程任务的特点、技术要求、施工工艺等，做到心中有数，保证施工的顺利进行。因此，技术交底是施工技术准备的必要环节，技术交底文件就是各项技术交底记录汇成的工程技术档案资料。

二、技术交底的种类

技术交底一般包括下列几种：

1. 设计交底，即设计图纸交底。这是在建设单位主持下，由设计单位向各施工单位(土建施工单位与各设备专业施工单位)进行的交底，主要交代建筑物的功能与特点、设计意图与要求等。

2. 施工设计交底。技术交底的主要内容有施工方法、技术安全措施、规范要求、质量标准、设计变更等。对于重点工程、特殊工程、新设备、新工艺和新材料的技术要求，需做更详细的技术交底。

建筑施工企业中的技术交底，是在某一单位工程开工前，或一个分项工程施工前，由主管技术领导向参与施工的人员进行的技术性交底，其目的是使施工人员对工程特点、技术质量要求、施工方法与措施等方面有一个较详细的了解，以便科学地组织施工，避免技术质量等事故的发生。各项技术交底记录也是工程技术档案资料中不可缺少的部分。

三、技术交底文件的写作格式

1. 工地(队)交底中有关内容。
2. 施工范围、工程量、工作量和施工进度要求。
3. 施工图纸的解说。
4. 施工方案措施。
5. 操作工艺和保证质量安全的措施。
6. 工艺质量标准和评定办法。
7. 技术检验和检查验收要求。
8. 增产节约指标和措施。
9. 技术记录内容和要求。
10. 其他施工注意事项。

案例评析

××建筑公司门窗制作安装技术交底记录

1. 所用材料必须有产品合格证书、进场验收记录、性能检测报告。

2. 木门的人造木板的甲醛含量应符合设计要求，木门的防火、防腐、防虫处理应符合要求。

3. 木门的结合处和安装配件处不得有木节或已填补的木节。木门如有允许限值以内的死节及直径较大的虫眼时，应用同一材质的木塞加胶填补。

4. 胶合板门不得脱胶，胶合板不得刨透表层单板，不得有戗槎。制作胶合门时，边框和横楞应在同一平面上，面层、边框及横楞应加压胶结。横楞和上、下冒头应各钻两个以上的透气孔，透气应通畅。

5. 木门表面应洁净，不得有刨痕、锤印。

6. 木门的割角、拼缝应严密平整。门框、扇裁口应顺直，刨面应平整。

7. 木门批水、盖口条、压缝条、密封条的安装应顺直，与门结合应牢固、严密。

8. 木门制作的允许偏差，翘曲框为 2 mm，翘曲扇为 2 mm；框、扇对角线长度差为 2 mm；表面平整度为 2 mm，裁口、线条结合处高低差为 0.5 mm；相邻棂子两端间距为 1 mm。

9. 木门安装的留缝限值，门槽口对角线长度差为 2 mm；门框的正、侧面垂直度为 1 mm；框与扇、扇与扇接缝高低差为 1 mm。

【评析】

部分工程应该详细交底。缺少工程名称、监理单位、建设单位、施工单位、交底日期、交底人签字。

相关链接

施工现场分项工程安全技术交底制度

一、施工现场各分项工程在施工作业前必须进行安全技术交底。

二、施工员在安排分项工程生产任务的同时，必须向作业人员进行有针对性的安全技术交底。

三、各专业分包单位的安全技术交底，由各工程分包单位的施工管理人员，向其作业人员进行作业前的安全技术交底。

四、安全技术交底使用范本时，应在补充交底栏内填写有针对性的内容，按分项工程的特点进行交底，不准留有空白。

五、安全技术交底使用应按工程结构层次的变化反复进行，要针对每层结构的实际状况，逐层进行有针对性的安全技术交底。

六、安全技术交底必须履行交底认签手续，由交底人签字，由被交底班组的集体签字认可，不准代签和漏签。

七、安全技术交底必须准确填写交底作业部位和交底日期。

八、安全技术交底的认签记录，施工员必须及时提交给安全台账资料管理员。安全台账资料管理员要及时收集、整理和归档。

九、施工现场安全员必须认真履行检查、监督职责。切实保证安全技术交底工作不流于形式，提高全体作业人员安全生产的自我保护意识。

项目八　工程联系单、工程变更单、工程签证单

一、工程联系单

工程联系单是参与工程建设的建设、设计、监理和施工单位，在工程建设过程中，为协调处理各种工程事件，单方出具的书面联系文书，是参与施工的单位和部门间常用的建筑文书之一，一般由出具方签字盖章。发包商、监理、承包商、材料设备供应商等，都会以工程联系单的抬头，向有关单位发文。其内容仅作为联系工作的情况表述，不作为最终事实的确认，如其内容实际成为施工事实的须另行办理签证单予以确认；如其内容涉及设计变更的须按规定另行办理设计变更通知单或者技术核定单。

工程联系单不作为工程事实确认的依据，也不作为办理竣工增减结算的依据。工程联系单通常都是使用在不会产生工程费用或直接产生严重后果的场合。比如，通知承包人来开会，或者通知停水停电，提醒注意节假日的工作安排等。有时工程联系单也会通知产生费用的项目，比如，上级领导要来视察，通知承建商"清水洒街"，这显然要产生费用，但这个时候工程联系单仍仅产生"通知"效用。费用的确认与获得，必须走"工程签证"才会被确认。没有走后面的流程，视为承包人没有费用要求，不论事实是不是产生了费用。所以常规理解工程联系单都是不产生费用的日常事项。如果产生了费用或其他连带事项，就会激活"工程签证"等相关流程。

二、工程变更单

设计变更单和技术核定单统称为工程变更单。

1. 设计变更是指对原施工图纸和设计文件中所表达的设计标准状态的修改、完善和优化。设计变更仅包含由于设计工作本身的漏项、错误等原因而修改、补充原设计的技术资料，是施工图纸的组成部分，也是编制竣工图纸的依据。

2. 在施工过程中，非图纸设计原因而发生的对原设计图纸的变更均须办理技术核定单。技术核定单表述的内容是非设计原因造成的设计变更，所以首先必须根据设计变更产生的原因分清责任后，再按照合同有关规定明确其是否作为办理竣工增减结算的依据。技术核定单仅作为技术资料予以办理，而其本身不作为办理竣工增减结算的直接依据资料，须由相关单位(包括承包人和发包人)根据技术核定单内容在技术核定单内容实施完成后，另行办理相应签证单予以确认。无对应签证单的技术核定单无论其内容如何，均视为其相关费用已包括在合同承包总价范围内，不得再行办理竣工增减结算。

工程变更的主要类型：

1. 由于设计单位的施工图出现错、漏、碰、缺等情况，而导致做法变动、材料代换或其他变更事项。

2. 由于发包人改变建设标准、建筑结构、局部做法、使用功能，增减工程内容，而导致做法变动、材料代换或其他变更事项。

3. 由于发包人、监理单位、承包人、政府部门等采用新工艺、新材料或其他技术措施等，而导致做法变动、材料代换或其他变更事项。

4. 由于承包人因施工方法、施工程序、施工材料和施工机械等原因，不能按图施工须变更设计的。

5. 承包人在施工中发生质量事故须变更设计或者采用补强措施的。

6. 由于销售部、客户要求提出变更，而导致做法变更、材料代换或其他变更事项。

三、工程签证单

工程签证是指工程索赔，主要包括工期索赔和费用索赔两个方面。签证的方式包括承包人向发包人签证，也包括发包人向承包人签证。

1. 工程签证单产生的原因，有技术核定单产生的签证、工程联系单产生的签证和其他现场原因直接产生的签证等。

2. 工程签证单应该在其表述内容施工完成后方可办理。

3. 工程签证单本身不属于技术资料，其内容不作为编制竣工图纸的依据。工程签证单须经发包人和承包人分别签字盖章后方始生效，监理单位作为见证方签字盖章予以见证。

4. 工程签证的主要类型

(1)因设计变更导致已施工的部位需要拆除(需注明设计变更编号)。

(2)施工过程中出现的未包含在合同中的各种技术措施处理。

(3)在施工过程中，由于施工条件变化、地下状况(土质、地下水、构筑物及管线等)变化，导致工程量增减、材料代换或其他变更事项。

(4)在施工合同之外，委托承包人施工的零星工程。

(5)合同规定需实测工程量的工作项目。

5. 所有的工程签证单都必须使用发包人规定的标准表格，并明确以下内容：编号、工程名称、发生的时间、发生的部位或范围、变更签证的内容做法及原因说明、增加的工程量、减少的工程量、相关图纸说明。

6. 零星用工、机械台班的签证原则上不以零工、台班形式出现，如有特殊原因需发生零工或机械台班，必须由工程部负责人同意后方可进行签证。

7. 所有工程签证单只有加盖发包人指定印章才能生效，承包人也应加盖有效印章。

8. 工程签证单的费用结算

(1)一旦有费用事项发生，不论是工程联系单激活，或现场条件遇到地下障碍，还是管理原因，承包人都应该申报"工程签证单"。工程签证单都是由承包人向发包人现场工程师申报，经审批同意后，对工程签证事实的工程量进行确认。在发包人内部，这一块的流程由工程部与造价部联合完成。

(2)工程量确认后，承包人并不是就可以直接拿钱了。要根据确定的工程量，重新进行价款事项的审核确认。在发包人内部由造价部主办，审核结果报发包人公司领导签字确认后，以公司确认的形式，向承包人确认已签证工程的价款额。

项目九　起诉状与答辩状

一、起诉状

建筑纠纷起诉状根据其所适用的不同性质的诉讼程序，可分为民事起诉状和行政起诉状。

(一)建筑纠纷民事起诉状

1. 建筑纠纷民事起诉状的含义

民事起诉状是原告对与自己有直接利害关系的民事权利和义务方面的争执或其他民事纠纷，向应当作为第一审受理本案的人民法院提起诉讼的法律文书。建筑纠纷民事起诉状是单位工程建设过程中或建设后，当事人因工程质量、安全、工期或工程款等而引发的纠纷，在调解、和解无效的情况下，一方向作为第一审受理本案的人民法院提起诉讼时所写的法律文书。

在诉讼的过程中，提出诉讼者为原告，被诉讼者为被告。原告诉讼时应向人民法院提交诉状，并具有正本和副本。其中正本一份，副本份数根据被告人数确定，有几个被告就有几个副本。

2. 建筑纠纷民事起诉的条件

民事诉讼是法律行为。根据《中华人民共和国民事诉讼法》、《中华人民共和国建筑法》

和《建设工程质量管理条例》等法律法规的规定，建筑纠纷民事起诉应具备如下条件：

(1)必须是建筑工程当事人因工程建设发生纠纷才能写诉状。这些纠纷应属《中华人民共和国建筑法》、经济法、《建筑工程质量管理条例》等法律法规的调整范围。

(2)原告必须是与本案有直接利害关系的人。

(3)有明确的被告。

(4)诉讼必须向应当作为第一审受理本案的人民法院提起。所谓第一审人民法院是指原告所在地的辖区基层法院。

3. 建筑纠纷民事起诉状的写作格式

(1)首部。首部包括标题和当事人基本情况。

①标题：在首行居中写“建筑纠纷民事起诉状”。

②当事人基本情况：当事人包括原告、被告和他们的代理人。

原告和被告如果是自然人，就要写清楚他们的姓名、性别、年龄、工作单位、住址；如果原告或被告之间有亲属关系，还应当写明他们之间的亲属关系。如果当事人是法人或其他组织，在“原告”这个称谓下面，要写明单位的名称和单位所在地，并写清楚该单位的法定代表人或主要负责人姓名、职务、电话。如果是该单位委托业务经办人或律师代理进行诉讼的，要写明“委托代理人”及其姓名、单位、职务等。原告或被告如果是多个，要依次列写。

(2)正文。正文包括诉讼请求、事实和理由、证据和证据来源。

①诉讼请求：原告向法院提起诉讼的目的，也叫作案由。诉讼请求要写得明确、具体、合法，各自独立的请求事项要分项列出，最后一项通常为诉讼费用的负担要求。

②事实和理由：该部分是诉讼的核心内容。

事实要按事件的基本要素叙述清楚，即时间、地点、人物、事件、原因和结果这六个要素要齐全，叙述事实要主次分清，并明确双方争执的焦点。

理由要明确，着重论证纠纷的性质、被告应负的法律责任、原告诉讼请求的合法性。最后有针对性地引用相关法律条文，以获得法律上的支持。

③证据和证据来源：一般采用清单式列举的方法，即只需要依照一定顺序列举出证据和证据来源、证明人姓名和住址，不需要写出证据的内容，也不需要对证据进行分析。

(3)尾部。尾部应写明受理诉讼的法院名称、附件、起诉人姓名或名称、起诉状制作的日期。其中，附件部分要注明副本的份数，如其诉讼时提交证据的，还要依次注明证据的名称和数量。

(二)建筑纠纷行政起诉状

1. 建筑纠纷行政起诉状的含义

建筑纠纷行政起诉状是公民、法人或其他组织认为建设行政机关和建设行政机关工作人员的具体行政行为侵犯其合法权益，按照《中华人民共和国行政诉讼法》的规定向一审人民法院提起诉讼，要求依法裁判的书状。

2. 建筑纠纷行政起诉条件

根据《中华人民共和国行政诉讼法》第四十九条的规定，提起诉讼应当符合下列条件：

(1)原告是认为具体行政行为侵犯其合法权益的公民、法人或者其他组织。

(2)有明确的被告。

(3)有具体的诉讼请求和事实根据。

(4)属于人民法院受案范围和受诉人民法院管辖。

3. 建筑纠纷行政起诉状的写作格式与注意事项

建筑纠纷行政起诉状格式与建筑纠纷民事起诉状格式一样，但应注意以下问题：

(1)行政起诉状要写明行政诉讼参加人。

(2)向有管辖权的法院提交起诉状，要在诉讼时效期限内。

(3)行政起诉状的制作要针对行政诉讼特点，提出诉讼请求，表明事实和理由。

(4)起诉状应附有行政处罚决定书或行政复议决定书。

案例评析

【案例一】

建筑纠纷民事起诉状

原告：××市建筑工程有限公司　公司地址：××市××区××街××号

　　代表人：梅×，男，47岁，董事长　电话：×××××××××。

被告：××市××学校　学校地址：××市××区××街××号。

　　代表人：李×，男，38岁，校长　电话：×××××××××

诉讼请求：

1. 依法判令被告立即支付拖欠工程款61.2万元整，并赔偿拖欠工程款利息5.3万元整，本息合计66.5万元整。

2. 要求被告承担本案诉讼费用。

事实和理由：

原告人通过招标程序取得了承建被告综合楼和学生公寓工程项目，双方于××××年××月××日订立了建筑承包合同，合同就工程进度、付款方式、违约责任等作出了详细的规定。原告人承揽到该工程后，组织施工队伍，备料备款，积极组织生产，两栋楼房相继开工，在施工过程中，原告人严格按照国家建筑行业标准和合同的约定施工，并虚心接受甲方(被告方)指派的工程监理的指导。到××××年××月××日，综合楼已建至第二层，学生公寓楼±0.000以下工程已全部完工。然而被告方却不按合同给付工程款。在原告一再催要和交涉下，被告方直到××××年××月××日才给付了部分工程进度款。原告方为了不延误工期，自筹资金和材料，积极组织生产，全部工程于××××年××月××日通过竣工验收，质量等级为合格，并于同月底将全部工程交付被告使用。

工程完工后，原告方依合同找被告方索要工程欠款，被告方以经济困难、上级拨款未到位以及原告违约等种种理由拒付。原告所承建的综合楼和学生公寓工程连同基础及附属工程，经原告委托的×市工程造价有限公司工程评估总造价为375万元(主要对附属工程评估)，除去已付的款项外，时至今日仍欠61.2万元。

为维护原告人的合法权益，现依据《中华人民共和国建筑法》和《中华人民共和国合同法》的有关规定，特具状起诉，请求法院依法审理并支持原告人的诉讼请求。

此致

××市××区人民法院

附件：

1. 原、被告双方订立的建筑承包合同复印件1份

2. ××市工程造价有限公司工程评价报告1份

3. 本起诉状副本1份

具状人：××市建筑工程有限公司

代表人：梅×

××××年××月××日

【评析】

该建筑纠纷民事起诉状写作格式比较规范。首部标题写明了诉状性质；由于当事人原告、被告都是法人，所以既写明了原告企业、被告单位的名称、地址，又写明了双方代表人姓名、职务等。正文的诉讼请求明确具体、言简意赅；陈述事实和理由时，把纠纷发生的经过、主要日期、争执焦点、事实证据、法规等都写得清清楚楚，突出了主要情节，表达准确。尾部写明了致送人民法院名称、附件材料名称和数量、起诉企业名称和代表人姓名、起诉状制作日期。

【案例二】

建筑纠纷行政起诉状

原告：张×，男，60岁，汉族，住××市××区××街××号

被告：××市××区城市建设局

法定代表人：李×，局长

诉讼请求：

1. 要求撤销被告××××年××月××日对原告所做的×罚字〔×〕第×号《行政处罚决定书》；

2. 要求确认原告在××区××街××号所建二层楼为合法建筑。

事实和理由：

原告为了解决家庭人口多、住房紧张的困难，经过向被告申请，按照被告批准的×建字〔×〕第×号《私房建筑许可证》及建楼图纸要求，于××××年××月××日在××街××号自己家院内建成一座二层东楼。在施工前，被告曾派人到现场查看，在施工中和竣工时也都有被告所批准的建楼要求。然而，被告于××××年××月××日下达×罚字〔×〕第×号《行政处罚决定书》，说原告所建东楼有五处违章，强行要求原告拆除西侧挑檐和二层侧窗，并罚款1000元。原告认为被告的说法和处罚是没有道理的。

一、原告是按照《私房建筑许可证》和审批图纸进行建筑施工的，怎么说“所建东楼有五处违章”呢？

二、从施工开始到施工结束，被告曾派王××代表（有被告的授权委托书为证）被告经常到施工现场查看，直到竣工验收时，一直没有提出异议，即应视为建筑全部合格，符合要求。假如说建筑有五处违章，为什么不当场提出，而在事隔很长时间才作出处理决定呢？

综上所述，被告××××年××月××日所做的×罚字〔×〕第×号《行政处罚决定书》不仅没有准确的法律依据，而且还违背了被告所审批的《私房建筑许可证》和图纸的技术规定，

是完全错误的。原告所建的二层东楼，完全是合法建筑。被告错误的行政行为直接侵犯了原告的合法权益，给原告造成了不应有的损害。《中华人民共和国行政诉讼法》第2条规定："公民、法人或者其他组织认为行政机关和行政机关工作人员的具体行政行为侵犯其合法权益，有权依照本法向人民法院提出诉讼。"为此，特依法向贵院提起诉讼，请依法裁判。

此致

××市××区人民法院

附：

1. ×罚字〔×〕第×号《行政处罚决定书》复印件1份

2. 本起诉状副本1份

具状人：张×

××××年××月××日

【评析】

该建筑纠纷行政起诉状写作格式较为规范。首部标题写明了诉状性质；当事人原告是自然人，所以写明了姓名、性别、年龄和住址，当事人被告是建设行政机关，所以写明了被告机关的名称、代表人姓名和职务。正文的诉讼请求具体明确、简明扼要；陈述事实和理由时，把原告的建房申请、审批和施工过程以及被告的行政处罚内容等都写得清清楚楚，突出了主要情节，表达准确。尾部写明了致送人民法院名称，附有行政处罚决定书及数量、起诉人姓名、起诉状制作日期。

从以上可以看出，撰写起诉状，应注意以下两点：

1. 叙写要如实，阐述要客观

原告的起诉能否最终胜诉，关键在于所诉是否属实、是否具备充足的理由。这是法院审理案件据以判明是非责任的重要依据。因此，叙写时要做到诉讼请求合理合法，所叙事实真实有据。特别是当己方有一定过错责任时，应当和盘托出，切不可为求胜诉而歪曲事实，夸大对己有利的一面，掩饰对己不利的一面。

2. 行为要庄重，用语要文明

要围绕争执的焦点把主要事实叙清，不要纠缠细枝末叶；要用庄重、平实的语言讲理、讲法、讲证据，不要在行为中使用贬低对方人格的词语。当自己有一定责任时，更应该平心静气、客观公允，不能文过饰非、强词夺理、纠缠不清。

二、答辩状

(一)建筑纠纷答辩状的含义

建筑纠纷答辩状是在建筑纠纷诉讼过程中，被告针对原告的起诉状或上诉作出回答和辩驳的书状。

《中华人民共和国民事诉讼法》规定，被告收到人民法院送达的起诉状副本后15日内应该提交答辩状，人民法院收到答辩状后，应当在5日内将答辩状副本发送原告；被上诉人收到原审人民法院送达的上诉状副本后15日内应当提出答辩状。《中华人民共和国行政诉讼法》规定，被告应在收到起诉状副本之日起10日内向人民法院提出答辩状。

《中华人民共和国民事诉讼法》和《中华人民共和国行政诉讼法》均规定，当事人不提交答辩状，不影响人民法院对案件审理。

根据审判程序可分为一审答辩状和二审答辩状；根据法律适用范围可分为民事答辩状和行政答辩状。

(二)建筑纠纷答辩状的写作格式

建筑纠纷民事答辩状和建筑纠纷行政答辩状的结构和写法相似，都包括如下要素：

1. 首部

首部包括标题和答辩人基本情况。

(1)标题：为“建筑纠纷答辩状”，如要反诉，则写明“民事答辩与反诉状”。

(2)答辩人基本情况：被告、被上诉人称“答辩人”，分公民和法人及其他组织两种类型。

答辩人如果是公民，就写清楚姓名、性别、年龄、民族、籍贯、职业或工作单位和职务、住址等；如果是法人及其他组织，写清楚名称、所在地址，法定代表人(或代表人)姓名、职务、电话，企业性质、工商登记核准号、经营范围和方式、开户银行、账号等。不列被答辩一方。

2. 正文

正文包括三项内容，即答辩缘由、答辩理由和诉讼请求，答辩理由是中心。

(1)答辩缘由：一般用“答辩人因××一案，提出如下答辩”作为过渡，下接理由部分。

(2)答辩理由：这是答辩状的主体部分。一审答辩状和二审答辩状的写作目的和方法略有不同。

一审答辩状的目的是对原告的起诉状进行反驳。答辩可以根据不同的案情采取不同的写作方法：起诉事实不实的，可以重点采取叙述的方法叙述真实情况；起诉超过法定诉讼有效期限的，可以重点分析原告的起诉超过诉讼有效期间，已经丧失实体诉权的理由；原告资格不合格，则重点分析原告的资格问题。写答辩理由时，对原告起诉状中的真实材料、正确理由、合法合理的请求，应予以概括肯定，不能强词夺理，进行诡辩。

二审答辩状的目的要求二审法院维持一审裁判，驳回上诉。写作方法主要采用反驳，即根据一审法院查明案件事实和审理情况，对上诉理由逐条驳斥，证明一审裁判的正确性。

(3)诉讼请求：写完理由后，另起一行提出答辩人的诉讼主张。

3. 尾部

尾部应写明受诉讼法院名称、附件、答辩人姓名或名称、答辩状制作日期。其中，附件部分要注明副本的份数。如答辩时提交证据的，还要依次注明证据的名称和数量。

(三)撰写答辩状的注意事项

1. 要有针对性

针对对方提出的事实和理由进行辨析和反驳，不可抛开对方提出的问题另作文章。

2. 要尊重事实

事实是判案的基础，事实是客观存在的，答辩状最有力的反驳就是揭示事实的真实情况，并列举出证据。

3. 要熟悉法律

撰写答辩状应当熟悉并熟练运用有关法律条文，使自己的理由和主张建立在合法的基础上。

4. 要抓住关键

撰写答辩状应当避开枝节，抓住双方在案件中争执的焦点，在关系到胜诉和败诉的关键问题上下功夫，充分研究事实，掌握证据，分清主次，进行有目的的辩驳，争取主动。

案例评析

【案例一】

建筑纠纷民事答辩状

答辩人：××市××学校　学校地址：××市××区××街××号

代表人：李×，男，38岁，校长　电话：×××××××××。

因被答辩人诉答辩人拖欠工程款纠纷一案，提出如下答辩：

1. 答辩人在××××年×月未及时按工程进度给付工程款事出有因。答辩人是依监理方关于地基工程处理存在质量问题需返工而暂时拒付款的，待被答辩人依监理方整改方案通过整改并验收合格后给付工程款。

2. 被答辩人委托××市工程造价有限公司评估的造价是单方面行为，答辩人不予认可。答辩人认为，为公平、合理结算剩余工程款，应共同商定某一中介组织，重新对此工程按当年建筑定额标准予以评估。

3. 被答辩人延误工期，影响答辩人新学年开学，应承担违约责任，故答辩人不同意承担延期付款利息。

综上所述，答辩人认为在公平、合理地界定双方争议工程的总价款后，考虑到学校是国家拨款的事业单位，愿意分期、分批给付剩余工程款。被答辩人有过错，答辩人不应承担利息和诉讼费。

此致

××市××区人民法院

附件：

1. 监理工程师整改通知单1份；

2. 学生公寓楼地基基础工程报验单1份。

答辩人：××市×学校

代表人：李×

××××年×月×日

【评析】

该建筑纠纷民事答辩状写作格式比较规范。首部标题写明了答辩性质；答辩人写明了名称、地址、法人。正文首先写明了答辩缘由，突出了针对性。重点写了答辩理由，从三个方面对起诉状进行驳斥：因工程质量问题需返工而推迟付进度款，责任在被答辩人；被答辩人单方面委托造价公司评估，答辩人可不予认可；被答辩人延误工期影响了答辩人新学年开学，答辩人不同意承担延期付款利息。这三条可谓条条有理有据。最后答辩人水到渠成地提出了合理合法的诉讼主张。尾部写明了致送人民法院名称、附件材料名称和数量、答辩人名称和代表人姓名、答辩状制作日期。

【案例二】

建筑纠纷行政答辩状

答辩人：××市××区城市建设局，驻××区××街××号

法定代表人：李×，局长

委托代理人：王×，副局长

被答辩人：张×，男，60岁，汉族，住××市××区××街××号

答辩人对被答辩人因答辩人发出的×罚字〔×〕第×号《行政处罚决定书》提起的行政诉讼，答辩如下：

一、张×违章增建地下室。张×于××××年××月××日写了一份申请，请求建南楼二层六间，还未获批准，就于××××年××月初动工挖了地下室，深约1 m，西端紧靠西邻吴×家的门洞。××××年××月××日张×的西邻吴×来我局向建管科科长袁×反映张×挖地下室，影响他家门洞，请城建局解决。建管科科长袁×等人到张×家查验了现场，指出张×挖地下室是违章施工。要求张×办证手续齐全后，才能施工。张×于××××年××月又提出盖东楼的申请。在××××年××月××日我局以×建字〔×〕第×号《私房建筑许可证》批准其建东楼时，袁×对张×明确提出："把地下室填上，按许可证批准的事项和有关规定施工。"事实证明，张×建地下室是先斩后奏，没有经过任何人的同意，更没有任何批准手续，纯属违章建筑。其行为违反了《××市私房建筑管理实施细则》第十一条"在距邻居地界1 m内，不准挖坑、挖沟或形成积水"的规定。直到××××年××月××日我局袁×等四位同志到张×家，再次丈量所建房屋尺寸时，地下室依然存在。

二、张×的《私房建筑许可证》上批准的建筑面积为44.64 $m^2\times2$，但其实际建筑面积是45.99 $m^2\times2$，共超出2.7 m^2。这是由于加宽、加长了各0.10 m所造成的，是违章行为。

三、张×的《私房建筑许可证》上批准楼房高度为6 m。张×在××××年××月××日办理许可证时，我局经办人员史××等人向他明确交代了房高6 m的起标点是以××区××街中心点加20 cm起标。建房户张×是清楚的。这一点，张×在起诉状中也承认了。但事实上张×又擅自提高房屋的高度，其所建的楼房高度是7.02 m，超出批准的高度1.02 m。所以认定其违反了《××市私房建筑管理规定实施细则》第三章第五条"房屋的层高一般应控制在3～3.2 m……临街房屋标高，高出街道中心15～20 cm为宜，不允许任意提高房屋标高，影响四邻"的规定。

四、擅自改变建筑立面。张×的申请图纸为东楼，正立面为西立面，主要的门窗向西开。按图，有两个向西开的门，并无申请向南开门。因其南临××村××街，东邻胡同、北邻自己的北房，同意他在三面各开一个小侧窗。但张×在施工中，擅自将建筑正立面由西立面改成南立面，改变批准的建筑立面，将东楼变成了北楼，因而造成了西侧二层出现了侧窗；同时，由于其将东楼改变成北楼，违背了我局的批示，所以实际上就等于我局所批的×建字〔×〕第×号《私房建筑许可证》由于张×的原因而作废。这是明显的违章行为。

五、违章建挑檐。按照建筑管理的常规，一切建筑物应限定在平面位置图，即坐落图范围内施工。张×所建房屋应在本局批准的7.20 m×6.20 m内进行，超出此范围就是违章。原告擅自建西侧挑檐1.1 m多。在张×建挑檐过程中，我局工作人员史×听到反映后，找张×指出其建筑是错误的，要打掉。××××年××月××日史×把张×叫到我局建管科明确指出："批准你建房宽6.20 m，你违背批示，应改过来：出檐20～30 cm，我们说你

不能出格，可是你出得太多。”张×对此置之不理。

综上所述，张×在私房建筑中的错误事实是清楚的。根据《××市城市建设规划管理办法》第二十三条的规定，张×在建房中违反了：①未领取建筑执照擅自兴建地下室；②未按批准图纸施工，擅自变更设计，增加建筑面积。根据《××市私房建筑管理实施细则》第十五条第1款“无执照施工或未按执照批准事项施工，擅自改变位置、层数、面积、立面、结构者”视为违章行为的规定，确认张×的私房建筑有五处违章。

我局根据《××市私房建筑管理实施细则》第十七条第1款“责令停工、纠正、限期拆除”；第2款“处罚房主工程造价的10%以下罚款”；第3款“强行拆除”的规定，于××××年××月××日对张×下达了×罚字〔×〕第×号《行政处罚决定书》，要求其：①去掉西侧挑檐1.1 m；②去掉二层侧窗；③对擅自建地下室、改变方位、房高、面积，罚款1 000元。这是有理有据的，是完全合法的。

为此，我们强烈要求法院：

一、维持××××年××月××日我局作出的×罚字〔×〕第×号《行政处罚决定书》，并强制执行；

二、对张×的违章行为重新从严处理，即将其房屋超高，东、西、南三处挑檐等违章部分全部打掉。

三、由于张×违章，批准的东楼盖成了北楼，造成我局批的图纸、手续全部作废，待法院判决后，令其重新办理手续。

此致

××市××区人民法院

答辩人：××市××区城市建设局(公章)

法定代表人：李×，局长

委托代理人：王×，副局长

××××年××月××日

【评析】

该建筑纠纷行政答辩状的写作格式规范，答辩理由充分，阐述事实翔实，提出的诉讼主张合理合法。首部标题写明了答辩性质；答辩人写明了名称、驻地、法人和委托代理人。正文首先写明了答辩缘由，突出了针对性；重点写了答辩理由，针对建筑纠纷行政起诉状提出的问题，从违章增建地下室、超建筑面积、超建筑高度、改变建筑立面和违章建挑檐五个方面，通过事实进行辩驳，可谓条条有理有据。最后答辩人提出了有法可依的诉讼主张。尾部写明了致送人民法院名称、答辩人名称和代表人姓名、答辩状制作日期。

项目十　工程验收文书

一、建设方验收文件写作

(一)工程竣工验收程序及文件清单简介

1. 工程竣工验收程序简介

(1)工程竣工验收的准备工作

①工程竣工预验收。此项工作由监理单位组织，建设单位、施工单位参加。

工程竣工后，监理工程师按照施工单位自检验收合格后提交的《单位工程竣工预验收申请表》(《工程竣工报验单》)，审查资料并进行现场检查；如存在质量问题，监理方就存在的问题提出书面意见，并签发《监理工程师通知书》，要求施工单位限期整改；施工单位整改完毕后，按有关文件要求，编制《建设工程竣工验收报告》交监理工程师检查，由项目总监签署意见后，提交建设单位审批，以进入下一个验收环节。

②工程竣工验收各相关单位准备工作。此项工作由建设单位负责组织实施，工程勘察、设计、施工、监理等单位参加。

a. 施工单位

一是施工单位编制《建设工程竣工验收报告》呈报监理、建设单位。

二是工程技术资料(验收前 20 个工作日)整理完成呈报监理方审查，监理方收到技术资料后，在 5 个工作日内将技术资料呈报建设单位。

b. 监理方：编制《工程质量评估报告》呈报建设单位。

c. 勘察单位：编制《质量检查报告》呈报建设单位(在竣工验收前 5 个工作日)。

d. 设计单位：编制《质量检查报告》呈报建设单位(在竣工验收前 5 个工作日)。

e. 建设单位

一是取得规划、公安消防、环保、燃气工程等专项验收合格文件。

二是取得监督站出具的电梯验收准用证。

三是提前 15 日把《工程技术资料》和《工程竣工质量安全管理资料送审单》交监督站审核(监督站在 5 日内返回《工程竣工质量安全管理资料退回单》给建设单位)。

四是工程竣工验收前 7 天把验收时间、地点、验收组名单以书面形式通知监督站。

(2)工程竣工验收应具备的条件及相关资料

①完成工程设计和合同约定的各项内容。

②《建设工程竣工验收报告》。

③《工程质量评估报告》。

④勘察单位和设计单位质量检查报告。

⑤有完整的技术档案和施工管理资料。

⑥有工程使用的主要建筑材料、建筑构配件和设备的进场试验报告。

⑦建设单位已按合同约定支付工程款。

⑧有施工单位签署的工程质量保修书。

⑨市政基础设施的有关质量检测和功能性试验资料。

⑩有规划部门出具的规划验收合格证。

⑪有公安消防部门出具的消防验收意见书。

⑫有环保部门出具的环保验收合格证。

⑬有监督站出具的电梯验收准用证。

⑭燃气工程验收证明。

⑮住房城乡建设主管部门及其委托的监督站等部门责令整改的问题已全部整改完成。

⑯已按政府有关规定交清工程质量安全监督费。

⑰单位工程施工安全评价书。

(3)工程竣工验收的程序

①由建设单位组织工程竣工验收并主持验收会议，其中建设单位应做会前简短发言、工程竣工验收程序介绍及会议结束总结发言。

②工程勘察、设计、施工、监理单位分别汇报工程合同履约情况和在工程建设各环节执行法律、法规和工程建设强制性标准情况。

③验收组审阅建设、勘察、设计、施工、监理单位的工程档案资料。

④验收组和专业组(由建设单位组织勘察、设计、施工、监理单位、监督站和其他有关专家组成)人员实地查验工程质量。

⑤专业组、验收组发表意见，分别对工程勘察、设计、施工、设备安装质量和各管理环节等方面作出全面评价；验收组形成工程竣工验收意见，填写《建设工程竣工验收报告》并签名加盖公章。

⑥参与工程竣工验收的各方不能形成一致意见时，应当协商提出解决的方法，待意见一致后，重新组织工程竣工验收。

2. 竣工验收备案文件清单简介

(1)文件说明

①规划许可证和规划验收认可文件：城市规划管理局颁发的《建设工程规划许可证》和《建设工程规划验收合格通知书》。

②工程施工许可证或开工报告：建设委员会颁发的《建设工程施工许可证》或按照国务院规定的权限和程序批准的开工报告。

③施工图设计文件审查报告：由规划委员会有关部门审查后颁发的《建设工程施工图设计文件审查报告》。

④工程质量监督注册登记表：由建设工程质量监督站、专业监督站办理的《工程质量监督注册登记表》。

⑤单位工程竣工验收记录：由建设单位组织勘察、设计、监理、施工各方在工程验收合格后签署的《单位工程验收记录》。各单位签字要齐全，并加盖法人单位公章。

⑥消防部门出具的建筑工程消防验收意见书：由消防单位对该工程的消防验收合格后签发的《建筑工程消防验收意见书》或批复报告。

⑦建设工程档案预验收意见：由规划委员会工程档案管理部出具的《建设工程竣工档案预验收意见》。

⑧建筑工程室内环境检测报告：由建设委员会批准具有检测资格的检测机构出具的《室内环境质量检测报告》。

⑨市政基础设施工程质量检测及功能性试验资料：根据各专业规定要求的检测和功能性试验资料。

⑩工程竣工验收报告：竣工前由参建各单位向建设单位提出的各种报告。具体包括勘察单位《工程质量检查报告》、设计单位《工程质量检查报告》、监理单位《工程质量评估报告》、施工单位《工程竣工报告》。

(2)文件要求

①所有备案文件应由建设单位收集、整理，符合要求后由建设单位报送备案。

②备案文件要求真实、有效，不得提供虚假证明文件。

③备案文件要求提供原件，如为复印件应注明原件存放单位，复印人需签名并注明复印日期，并加盖建设单位公章。

(二)分部工程验收记录

1. 分部工程验收简介

分部工程的质量验收是在分项工程质量验收的基础上由建设单位组织进行的，是比分项工程高一级别的验收。除对本分部工程中所含的各分项工程检查评定外，还要检查本分部工程中所涉及的质量控制资料、安全和工程检验(检测)报告，对分部工程进行观感质量验收。工程中分部工程验收包括的分部有：地基与基础分部、主体结构分部、建筑装饰装修分部、建筑屋面分部、建筑给排水及采暖分部、建筑电气分部和建筑节能分部。

其中，前两分部工程验收时，施工、监理、勘察、设计单位必须参加，同时质量监督部门也必须参加；后五个分部工程验收时勘察单位可参加，质量监督单位可不参加或邀请参加。分部工程验收中最重要的是基础分部、主体结构分部的验收。

2. 分部工程验收记录

分部工程质量验收记录见表 4-1。

表 4-1　分部工程质量验收记录表

<table>
<tr><td colspan="3">单位(子单位)工程名称</td><td colspan="2">××家园 2 号商住楼</td><td>结构类型及层数</td><td>框架、26 层</td></tr>
<tr><td>施工单位</td><td colspan="2">×××建筑工程公司</td><td>技术部门负责人</td><td>×××</td><td>质量部门负责人</td><td>×××</td></tr>
<tr><td>分包单位</td><td colspan="2"></td><td>分包单位负责人</td><td>—</td><td>分包技术负责人</td><td>—</td></tr>
<tr><td>序号</td><td colspan="2">子分部(分项)工程名称</td><td>分项工程(检验批)数量</td><td>施工单位检查评定</td><td colspan="2">验收意见</td></tr>
<tr><td rowspan="6">1</td><td>1</td><td>无支护土方</td><td>4</td><td>√</td><td colspan="2" rowspan="6">各分项检验都验收合格，符合质量验收规范要求</td></tr>
<tr><td>2</td><td>有支护土方</td><td>9</td><td>√</td></tr>
<tr><td>3</td><td>地基与基础</td><td>8</td><td>√</td></tr>
<tr><td>4</td><td>桩基</td><td>8</td><td>√</td></tr>
<tr><td>5</td><td>地下防水</td><td>4</td><td>√</td></tr>
<tr><td>6</td><td>混凝土基础</td><td>2</td><td>√</td></tr>
<tr><td>2</td><td colspan="2">质量控制资料</td><td colspan="2">齐全，符合要求</td><td colspan="2">同意验收</td></tr>
<tr><td>3</td><td colspan="2">安全和功能检验(检测)报告</td><td colspan="2">符合要求，合格</td><td colspan="2">同意验收</td></tr>
<tr><td>4</td><td colspan="2">观感质量验收</td><td colspan="2">好</td><td colspan="2">同意验收</td></tr>
<tr><td rowspan="5">验收单位</td><td colspan="2">分包单位</td><td colspan="2">项目经理</td><td colspan="2">年　月　日</td></tr>
<tr><td colspan="2">施工单位</td><td colspan="2">项目经理</td><td colspan="2">年　月　日</td></tr>
<tr><td colspan="2">勘察单位</td><td colspan="2">项目负责人</td><td colspan="2">年　月　日</td></tr>
<tr><td colspan="2">设计单位</td><td colspan="2">项目负责人</td><td colspan="2">年　月　日</td></tr>
<tr><td colspan="2">监理(建设)单位</td><td colspan="4">各分项工程均符合设计及规范要求，资料和报告齐全、合格。观感良好，同意验收
总监理工程师　×××
(建设单位项目专业负责人)×××　　年　月　日</td></tr>
<tr><td colspan="7">注：地基基础、主体结构分部工程质量验收不填写“分包单位”、“分包单位负责人”和“分包技术负责人”。地基基础、主体结构分部工程验收勘察单位应签认，其他分部工程验收勘察单位可不签认。</td></tr>
</table>

(三)工程竣工验收报告

工程竣工验收报告的主要内容有工程概况、施工工程完成简况、监理工作情况、建设单位工作情况和工程总体评价。

1. 工程概况

工程概况包括工程的设计者、地质勘察设计单位、监理单位、施工单位、建设依据、规划许可证、施工许可证、建筑面积、结构类型、该建筑用途等。

2. 施工工程完成简况

施工单位根据施工合同完成任务的情况，施工技术是否先进；工程质量是否达到合同要求；施工过程中是否严格执行各项法律、法规及地方标准；是否有效保证质量和工期。

3. 监理工作情况

监理服务是否满意，质量控制、进度控制、投资控制、合同管理、组织协调工作是否都有效，工作是否到位等。

4. 建设单位工作情况

建设单位如何开展基本建设工作，在工程建设中与监理单位、施工单位配合工作的情况、解决问题的情况、组织各阶段及竣工验收的情况等，在工程建设中协调外单位和社会团体协作情况等。

5. 工程总体评价

工程总体评价包括对该工程的满意度和该工程存在的问题及其他方面进行总体评价，最后是否同意验收。

(四)住宅质量保证书和住宅使用说明书简介

住宅质量保证书和住宅使用说明书主要是对商品住宅而言，由房地产开发商提供，其主要内容包括该工程的地基基础、主体结构、屋面防水及其他(如地下室、卫生间)防水、供热系统、电气管线、给水排水管道等在国家规定的保修年限内，保证其正常使用的质量要求及用户使用中应注意的事项。

1. 工程概况

(1)该工程建设地点。

(2)该工程建设特点。包括结构类型、建筑面积、绿化面积、设施设备情况和智能化系统等。

2. 使用及注意事项

(1)装饰装修注意事项

①不能改动承重结构。

②不得破坏卫生间防水系统。

③不得破坏内外墙保温系统。

(2)门窗使用说明及注意事项。各种门窗使用时不得用重力撞击、磕碰。滑轨、门槛应及时清理干净。合页下不能挤垫杂物。

(3)户内电气使用说明。户内电气包括电表、配电箱的使用说明，户内插座、卫生间插座的造型及安全性，对讲机的使用说明，电话、电视线的接线等。

(4)消防系统。消防系统包括消防栓的位置和如何使用，消防水系统(消防泵、水箱)的位置和状态等。严禁移动和挪用消防器材。

(5)户内采暖设施的使用及注意事项。采暖设施主要包括暖气管道和散热器，装修时注意散热效果及维修便利。户内手动阀不要随意拧动或拆卸。

【案例一】

工程竣工验收报告

工程名称：福莱花苑 $8^{\#}$

验收日期：2017.9.30

建设单位(签章)：××房地产集团置业有限公司

一、工程概况

工程名称	福莱花苑 $8^{\#}$ 楼	工程地点	××市××小区院内西侧 ××街以北、××里以东
建筑面积	19 700 m^2	工程造价	约2 400万元
结构类型	框剪结构	层　数	地下二层、地上二十三层
开工日期	2015.5.26	验收日期	2017.9.30
监督单位	××市建设工程质量监督站	监督编号	F01—2015—054
建设单位	××房地产集团置业有限公司		
工程用途	民用住宅		
规划许可证			
勘察单位	××市勘测设计研究院有限公司	资质证号	
设计单位	××市建筑设计研究股份有限公司		
总包单位	××集团有限公司第十建安分公司		
承建单位(土建)	××集团有限公司第十建安分公司		
承建单位(设备安装)	××集团有限公司第十建安分公司		
承建单位(装修)	××集团有限公司第十建安分公司		
监理单位	××市泰和监理有限公司		
施工图审查单位	××市勘察设计服务中心		
施工许可证号	××开字〔2015〕第××号		
施工合同履约情况	根据设计图纸、国家有关规范规定完成合同约定的所有施工内容		

二、工程质量检查

<table>
<tr><th>分部工程名称</th><th>质量情况</th><th>质量控制资料评定</th><th>观感质量验收</th></tr>
<tr><td>地基与基础工程</td><td>合格</td><td rowspan="3">共25项，经审查符合要求25项，经核查符合规范要求25项</td><td rowspan="9">共检查16项，符合要求16项，不符合要求0项</td></tr>
<tr><td>主体工程</td><td>合格</td></tr>
<tr><td>建筑装饰装修</td><td>合格</td></tr>
<tr><td>建筑屋面</td><td>合格</td><td rowspan="2">安全和主要使用功能核查及抽查结果</td></tr>
<tr><td>建筑给水排水及采暖</td><td>合格</td></tr>
<tr><td>建筑电气</td><td>合格</td><td rowspan="4">共核查14项，符合要求14项，共抽查14项，符合要求14项，经返工处理符合要求0项</td></tr>
<tr><td>智能建筑</td><td>/</td></tr>
<tr><td>通风与空调工程</td><td>合格</td></tr>
<tr><td>电梯安装工程</td><td>/</td></tr>
<tr><td colspan="4">注：地基与基础工程和主体工程，届时如无法检查，可根据两分部工程完成时检查的情况填写。</td></tr>
</table>

三、验收人员签名

姓　名	工作单位	职　称	职　务

四、工程竣工验收结论

<table>
<tr><td colspan="5">竣工验收结论：
该工程位于××市××花苑小区院内西侧，建筑面积约 19 700 m²，工程包括基础、主体、屋面及部分装饰施工，现已按设计要求及合同约定施工完毕，该工程符合我国现行法律、法规，施工技术资料齐全、有效，该工程符合我国现行工程建设标准规定，符合设计文件要求，各分部分项工程质量均达到合格，该工程符合施工合同要求。
综上所述，工程质量符合有关法律、法规和工程建设强制性标准，资料齐全、有效，通过验收</td></tr>
<tr><td>建设单位(签章)

项目负责人：

年　月　日</td><td>监理单位(签章)

总监理工程师：

年　月　日</td><td>施工单位(签章)

技术负责人：

年　月　日</td><td>勘察单位(签章)

勘察负责人：

年　月　日</td><td>设计单位(签章)

设计负责人：

年　月　日</td></tr>
</table>

【评析】

在实际工作中，竣工验收报告主要是以质检部门规定的表格形式按规范填写。内容包括工程概况、工程质量检查情况、参验人员签字和竣工验收结论。其中质量检查情况中需要说明检查和评定的资料项目数量及是否检查合格，验收结论中要注明该工程是否达到施工合同及施工图纸中所要求的国家标准、规范要求，最终定性确定竣工验收是否合格。

【案例二】

住宅使用说明书

一、概况

住宅楼，总建筑面积为××m²。地下层高 3.9 m，平时设计为停车库，战时用途为人防库。本工程依据现行的国家、××省有关法规而设计建造。

二、建筑设计

每户住宅由入口、客厅、厨房、卫生间、主卧室及次卧室、阳台等组成，根据住户的具体要求，厨房、卫生间的布置可以在设计提供的方案中作出自己的选择，一经确认，不应更改。每户均设计有两个空调室外机托台并预留空调换热管的穿墙孔。其中在客厅外墙上预留的穿墙孔为高低两个，高孔为壁挂式空调器专用，低孔为落地(柜)式空调器专用，不使用的预留孔洞应统一使用适当的密封材料封堵严密。

三、结构说明

本建筑层为钢筋混凝土纯剪力墙结构。抗震设防烈度为 8 度，即发生 8 度震灾时，可能有局部裂纹出现，发生更大烈度地震时，建筑物也不致发生倒塌或发生危及生命的严重破坏。

本楼采用外墙外侧保温体系，大楼主体的外侧均包有一层 4 cm 厚的聚苯保温板，任何人不得因任何原因损坏保温层。

户内的分隔墙，除 20 cm 厚的钢筋混凝土墙体外，统一采用 6 cm 厚的轻型隔墙板。钢筋混凝土墙的强度很高，普通钢钉很难钉入。建议喜爱挂件的住户采用挂镜线装修，确实需要时，也可用水泥钉在墙上固定物体。隔墙板上每钉挂点可钉挂质量不大于 35 kg，钉挂点之间的距离应不小于 60 cm。

四、通风、燃气

1. 如感觉燃气管道边有漏气时应立即报告有关单位进行检修。

2. 燃气灶工作时，若发现火焰颜色突然发黄，如果可以排除灶具自身的原因，有可能是室内氧气不足，应开启外窗。

3. 与灶具相连的软管应采用耐油加强橡胶管或塑料管，其耐压能力应大于4倍工作压力。当发现软管用的时间较长，已失去弹性(按下去比较硬)时，应及时更换新软管。

五、电信设施

1. 电源：每户设配电箱，设计负荷6 kW，分四回路供电，其中回路1供除卫生间外所有灯具负荷用电。回路2供除厨房外所有插座负荷用电。回路3供厨房插座负荷用电。回路4供空调负荷用电。客厅和主卧室2.0 m高的两个插座为空调专用插座，不宜用于除空调外的其他家用电器。配电箱内漏电开关跳开后，应首先检查是否有不安全用电隐患，确认无误后，先按一下复位按钮，再合开关。

2. 电话：每户预留两对电话线，客厅、卧室及浴室均设电话插座，任何房间需装电话，均可接线。浴室也可并接一部电话。

3. 电视：客厅、餐厅及两间卧室设有电视插座。

4. 对讲：每户设对讲分机，门口设门铃按钮，当有客人来时，可在楼门口主机处键入对方住户号码，家人听到呼叫声，摘下听筒与客人对话，如果允许客人进入，则按下开启楼门电磁锁的按钮。客人来到本层后，按下门口的门铃按钮，通知主人开门。

5. 三表远传：每户水、电、煤气表均预留远传信号线出线口，以备将来设置远传计量收费系统。

6. 火警状态时，基本电源切断，紧急照明启动。此时除供消防人员使用的电梯和其他消防设施外，日常用电设施都会停电。紧急照明将导引楼内人员撤出。

六、门窗

1. 本楼电梯间前室等部位采用防火门，住户不应私自加锁或改动其任何零部件。

2. 本楼的户门为具有防盗、隔音、保温三种功能的住宅专用门。

3. 户内的门窗原则上由住户自理，住户在选择门窗型号时应注意尺寸必须与预留洞口一致。门窗的标志尺寸可以在图纸上查阅或在现房中量取。

4. 外窗统一采用铝合金平开窗。施工过程中采用专业手段对窗户的密闭、保温性能予以特别保障，住户不得改动，如有松动、漏水等问题，请随时报告有关部门请专业人员进行维修。

5. 擦拭门窗时，必须小心站位，以免摔出，坠楼导致伤亡。万一因特殊情况打不开户门锁具时，应请专业人员开锁，切不可试图攀窗或攀越阳台由相邻单元进入。空调托台、阳台栏杆、墙体等均采取了限制非法进入相邻单元的措施，窗扇的联结结构也不足以安全承受人的体重。

七、水火设施

1. 消防设施：室内消火栓箱位于电梯前室或走道。内设消火栓、消防启动按钮、消防卷盘及移动式灭火器。

2. 消火栓：DN65口径，$L=25$ m长衬胶水龙带和19 mm水枪喷嘴。栓口有调压功能。由消防队员使用。

3. 电气按钮：为消火栓系统加压泵的启动按钮，按下后，位于地下层的消防泵启动，管网内充满高压水。

4. 移动式灭火器：每个消火栓箱下部均设两瓶FM4磷酸铵盐干粉灭火器，装粉量4 kg，必要时用户可自行取用。平时用户阅读灭火器上使用说明，学会使用。

5. 给排水设施：所有给排水公共设施用户均不得拆改。

6. 户内给排水管不得拆改。排水横支管不应改动。水表的后管段，在征得管理部门书面同意后可请专业人员帮助调整。

7. 卫生设备选型应根据用户已经选定的排水与支管施工现状进行选型，选型时请注意排水口距墙的距离，其中大便器须选用下排水式。

八、阳台

阳台是半室外、半室内的过渡空间。阳台的地面比室内低2 cm，以防止飘入的雨水倒灌入室内。通常不鼓励取消阳台门窗而把阳台与卧室合在一起的做法，因为阳台门窗具有保温隔热性能，而阳台栏板及阳台顶板、底板、封阳台窗等未按保温设计，房间加上阳台后会使房间的采暖负荷加大很多，从而降低采暖条件。

九、地下停车库

地下层设计为小型及微型汽车停放库(指长、宽、高分别不大于4.8 m、1.8 m、2.0 m的车辆)，机动车由东侧入口坡道进入；取车者由楼梯下至地下层，驾车经由西侧出口上至地面。车辆及人员进出地下停车库均由自动门禁系统进行控制，以确保车辆及住户的安全。

本地下车库入口坡道较陡，出口车道较缓。其中入口坡道经缓坡→急坡→缓坡→弯道四个阶段进入车库，进库车辆应该以最低挡位拖挡驶入，以免发生危险。

本地下车库中设有消火栓、灭火器及喷淋灭火设施，在火警状态下，该系统将对火患部位自动实施喷水灭火。

车库层所有柱子的四角在下部均包有角钢，以保护柱体不被误撞或误碰的车辆损害，确保建筑体系的安全。

十、紧急状态

战时、地震、火灾等状态下，楼内设施的使用状态与平时完全不同。尽管绝大多数人一生中可能都用不到这些知识，但仍然请大家仔细阅读本节内容。

战时：战争状态下地下层作为人防使用。

地震时：地震的烈度分为1～12度共十二个等级，与大众媒体中所讲的里氏震级之间存在一定的对应关系。地震发生时，建筑主体不会震塌，主要危险可能来自以下方面：

家具倾翻移位；摆件坠落；门窗变形；家用电器变形起火；天然气管道变形引起泄漏，导致中毒或起火等。因此，倘若地震发生时，不应急于离开房间，更不能采取跳楼等极端手段。可以在最近的低矮家具缝隙就地躲避，在震动间隙，可以转移到开间较小的房间躲避。

火灾时：火灾的危害非常大，因此平时用电、用气时应该慎重按照设备使用说明要求去做，不应在床上吸烟，教育孩子不要玩火，家中不宜存放油漆、汽油、煤气罐等易燃物。对于小型的火患，尚未形成灾难时，应当迅速报警并积极扑救，以及实施邻里互救。每层消火栓下部的灭火器可以自行取用，但须注意消火栓为消防队员专用设备，没有专业知识的人员不得擅自动用。火灾时的最大危险是有毒的烟气，其次是人的恐惧与失措，最后才是火焰本身。有统计表明，高楼火灾中致人死亡的第一个原因是毒烟；第二个原因是因恐惧慌乱忍不住从高楼跃下造成摔亡；第三个原因才是因火焰烧伤致人死亡，而且比例极小。人吸入高热而有毒的烟气后极容易窒息、晕厥，因此，当烟雾弥漫时，可以选择爬行或低姿行进，快速逃离烟雾区。

敬请浏览下述忠告，或许会有帮助：

1. 在吸烟后请掐灭烟火。

2. 在离开房间前请关闭所有电力设施。

3. 请用湿毛巾掩住口鼻部以防被烟呛昏。

4. 请短促呼吸，并匍匐脱离危险区，因为地面处含毒气较少，新鲜空气较多。根据浓烟走向，上下楼梯。如果下面楼梯处被火封锁，请尝试其他紧急出口，不要用电梯。

5. 如果你逃到楼顶，请站在迎风一侧等待救援。

6. 请记住，火灾中很少有人被烧死，大多数情况是被呛昏后因吸入有毒气体和惊慌失措导致死亡。惊慌失措是不知怎么做导致的，如果你有逃生准备，并熟悉它在紧急情况时的使用方法，就会极大地增加生存希望。

十一、装修事项

轻隔墙(厚度为60 mm的墙)，原则上不宜改动。轻隔墙的位置变动通常不影响建筑的结构安全性。但是轻隔墙上可能预装有电气、电信管线，因此其位置的变动带来的影响是综合性的。特殊情况必须改动的，应事先征得有关部门的书面同意。

厨房、卫生间地面部分均有防水层，局部地面下有供水管线穿行。因此，装修时切勿在地面上打孔、钉凿，以免破坏管线及防水层。

厨房、卫生间与普通房间交界处为防水层的收口部位，通常在门框中缝。在餐厅、过道地面墙面装修时，必须小心保护厨房、卫生间的防水。

【评析】

该住宅使用说明范例在写作时，首先介绍了该住宅楼的设计依据、工程概况。然后针对该住宅楼通风、燃气、消防、地下车库等的使用做了详细介绍。同时指明了在住宅装修过程中哪些构件、部位不能轻易拆除、改变原设计，以避免因房屋使用不当造成的质量、安全隐患。其中具体的注意事项要根据工程特点而定，比如有无地下室、有无墙体保温、有无轻质隔墙等。

二、施工方验收文件写作

(一)分部工程验收及工程竣工验收报验单

1. 分部工程验收报验单

(1)分部工程验收报验单简介。施工单位按约定的验收单元施工完毕，自检合格后报请项目监理机构检查验收，报验时按实际完成的工程名称填写报验申请表。任一验收单元，未经项目监理机构验收确认不得进入下一道工序。

分部工程验收在实际工程中，地基与基础分部、主体结构分部这两个重要的分部由监理单位组织建设方、施工单位、勘察单位、设计单位及申请质量监督部门一起参与验收。其他次要分部验收工程质量监督单位和设计单位可不参加。

(2)分部工程报验申请表填写说明

①施工单位在填写报验申请表时，应准确描述报验的工程部位，并附带相应的质量验收文件，如《分项工程报验申请表》、《分项工程质量验收检验批》等。若为分包单位完成的分部工程，分包单位的报验资料必须经总包单位审核后方可向监理单位报验。同时相关部位的签名必须由总包单位相应人员签署。

②工程质量控制资料：是指相应质量验收规范中规定工程验收时应检查的文件和记录。

③安全和功能检验(检测)资料：是指相应质量验收规范中规定的安全和功能检验(检

测）报告及抽测记录。

④分项工程质量验收记录：是指相应分部工程中所包含所有分项工程的验收记录。

⑤审查意见：分部工程由总监组织验收，并签署验收意见。

2. 工程竣工验收报验单

单位（子单位）工程竣工验收的程序及相关要求见本项目第一部分工程竣工验收程序简介。工程竣工报验单中包括工程项目、附件、审查意见。

（1）工程项目。工程项目是指施工合同签订的达到竣工要求的工程名称。

（2）附件。附件是指用于证明工程按合同约定完成并符合竣工验收要求的全部竣工资料。

（3）审查意见。总监理工程师组织专业监理工程师按现行的单位（子单位）工程竣工验收的有关规定逐项进行检查，并对工程质量进行预验收，根据核查和预验收结果，总结审查意见为合格或不合格。若为不合格，则应向承包单位列出不合格项目的清单和要求。

（二）分部工程质量验收记录

详见本项目“一、（二）”中分部工程验收记录。

（三）单位（子单位）工程质量竣工验收记录

单位工程完工后，由施工单位组织自检合格后，报请监理单位进行工程预验收，向建设单位提交工程竣工报告并填写《单位（子单位）工程质量竣工验收记录》。建设单位组织设计单位、监理单位、施工单位等进行工程质量竣工验收并记录，验收记录上各单位必须签字并加盖公章。

单位工程质量验收记录应由施工单位填写，验收结论由监理单位填写，综合验收结论由参加验收各方共同商定，并由建设单位填写，主要对工程质量是否符合设计和规范要求及总体质量水平作出评价。

（四）工程竣工报告

单位工程完工后，由施工单位填写工程竣工报告，其内容主要包括工程概况，招投标及合同管理，工程建设情况，工艺设备，环保、劳动安全卫生、消防档案管理，工程监理，交工验收和工程质量，竣工决算，问题和建议等。

工程竣工报告写作包括如下内容：

1. 工程概况

（1）建设依据：行政主管部门有关批复、核准、备案文件。注明文件文号、名称和时间。

（2）地理位置：概括描述相对位置。

（3）自然条件：地形、地质、水文和气象等主要特征。

（4）项目法人：主要涉及施工、监理、质量监督等单位名称。

（5）开工、竣工日期。

2. 招投标及合同管理

概述招标投标情况、招标投标存在的问题和处理意见、合同签订及执行情况。

3. 工程建设情况

详细叙述各单项工程的工程总量、开工和完工时间、主要设计变更内容、工程中采用的主要施工工艺、工程事故的处理等，对各单项工程中的主要单位工程应着重说明其结构特点、特殊使用要求和建设情况，同时附工程建设项目一览表。

4. 工艺设备

叙述主要工艺流程，机械设备和工作车船的数量及其性能参数，制造厂家和供货、安装和调试情况，同时附机械设备一览表。

5. 环保、劳动安全卫生、消防和档案管理

概述有关环境保护、劳动安全卫生、消防主要建设内容、工程档案资料归档的情况，以及相关主管部门的专项验收意见。

6. 工程监理

概述监理工作情况以及监理过程中存在的问题和处理意见。

7. 交工验收和工程质量

概述交工验收情况。根据工程质量监督报告，综述工程质量评定情况以及存在问题的处理情况。

8. 竣工决算

概述竣工决算情况以及审计意见。

9. 问题和建议

如实反映竣工验收时存在的主要问题并提出建议意见。

(五)施工总结

在工程竣工后，根据工程特点、性质进行全面施工组织和管理总结，应由项目经理负责，可包括以下几方面的内容：

1. 工程概况

包括工程名称、建筑用途、基础结构类型、建筑面积、主要建筑材料、主要分部分项工程及设计特点等。

2. 管理方面总结要点

根据工程特点与难点，从项目的现场安全文明施工管理、质量管理、工期控制、合约成本控制、总承包控制等方面进行总结。

3. 技术方面总结要点

技术方面主要针对工程施工中采用的新技术、新产品、新工艺、新材料进行总结，并注意施工组织设计(施工方案)编制的合理性及实施情况等。

4. 质量方面的总结要点

包括施工过程中采用的主要质量管理措施、消除质量通病措施、QC质量管理活动等。

5. 其他方面的总结要点

包括降低成本措施、分包队伍的选择和管理、安全技术措施、文明施工措施等。

6. 经验与教训方面总结

包括施工过程中出现的质量、安全事故的分析，事故的处理情况以及如何杜绝此类事件发生等。

(六)工程质量保修书

根据国家相关法规，建设工程实行质量保修制度。建设工程承包单位在向建设单位提

交工程竣工验收报告时，应当向建设单位出具质量保修书。质量保修书中应当明确建设工程的保修范围、保修期限和保修责任等。

1. 在正常使用条件下，建设工程的最低保修期限主要有以下几点：

(1)基础设施工程、房屋建筑的地基基础工程和主体结构工程，最低保修期限为设计文件规定的该工程的合理使用年限。

(2)屋面防水工程、有防水要求的卫生间、房间和外墙面的防渗漏，最低保修期限为5年。

(3)供热与供冷系统，最低保修期限为2个采暖期、供冷期。

(4)电气管线、给排水管道、设备安装和装修工程，最低保修期限为2年。

其他项目的保修期限由发包方与承包方约定。建设工程的保修期，自竣工验收合格之日起计算。

2. 建设工程在保修范围和保修期限内发生质量问题的，施工单位应当履行保修义务，并对造成的损失承担赔偿责任。

3. 建设工程在超过合理使用年限后需要继续使用的，产权所有人应当委托具有相应资质等级的勘察、设计单位鉴定，并根据鉴定结果采取加固、维修等措施，重新界定使用期。

案例评析

【案例一】

工程竣工报验单

工程名称：　　　　　　　　　　　　　　　　编号：×××

致：×××监理公司(监理单位)

我方已按合同要求完成了×××工程，经自检合格，请予以检查和验收。

附件：

1. 单位(子单位)工程质量控制资料核查记录
2. 单位(子单位)工程安全和功能检验资料核查及主要功能抽查记录
3. 单位(子单位)工程观感质量检查记录

承包单位(章)：＿＿＿＿

项 目 经 理：＿＿＿＿

日　　　期：＿＿＿＿

审查意见：

经初步验收，该工程：

1. 符合/不符合我国现行法律、法规要求。
2. 符合/不符合我国现行工程建设标准。
3. 符合/不符合设计文件要求。
4. 符合/不符合施工合同要求

综上所述，该工程初步验收合格/不合格，可以/不可以组织正式验收。

项目监理机构(章)：＿＿＿＿

专业监理工程师：＿＿＿＿

日　　　期：＿＿＿＿

【评析】

施工单位向监理单位申请竣工报验时，从资料准备的角度来讲，其前提条件是已完成了相应的质量、观感、施工资料的核查。因此在填写《工程竣工报验单》时，《单位(子单位)工程质量控制资料核查记录》、《单位(子单位)工程安全和功能检验资料核查及主要功能抽查记录》、《单位(子单位)工程观感质量检查记录》这三种已完成的施工资料要作为附件同步上报，以便监理单位审查。

【案例二】

单位(子单位)工程质量竣工验收记录

<table>
<tr><td>工程名称</td><td>××大厦</td><td>结构类型</td><td colspan="2">框架结构</td><td colspan="2">层数/建筑面积</td><td>8层/5 600 m^2</td></tr>
<tr><td>施工单位</td><td>××建筑工程公司</td><td>技术负责人</td><td colspan="2">×××</td><td colspan="2">开工日期</td><td>××××年××月××日</td></tr>
<tr><td>项目经理</td><td>×××</td><td>项目技术负责人</td><td colspan="2">×××</td><td colspan="2">竣工日期</td><td>××××年××月××日</td></tr>
<tr><td>序号</td><td>项目</td><td colspan="4">验收记录</td><td colspan="2">验收结论</td></tr>
<tr><td>1</td><td>分部工程</td><td colspan="4">共9分部，经查核定符合标准及设计要求9分部</td><td colspan="2">经各专业分部工程验收，工程质量符合验收标准</td></tr>
<tr><td>2</td><td>质量控制资料核查</td><td colspan="4">共46项，经审查符合要求46项，经核定符合规范要求46项</td><td colspan="2">质量控制资料经核查共46项，符合有关规范要求</td></tr>
<tr><td>3</td><td>安全和主要使用功能核查及抽查结果</td><td colspan="4">共核查26项，符合要求26项，共抽查11项，符合要求11项，经返工处理符合要求0项</td><td colspan="2">安全和主要使用功能共核查26项，符合要求，抽查其中11项，使用功能均满足</td></tr>
<tr><td>4</td><td>观感质量验收</td><td colspan="4">共抽查23项，符合要求23项，不符合要求0项</td><td colspan="2">观感质量验收为较好</td></tr>
<tr><td>5</td><td>综合验收结论</td><td colspan="4">经对本工程综合验收，各分部分项工程符合设计要求，施工质量满足有关施工质量验收规范和标准要求，单位工程竣工验收合格</td><td colspan="2"></td></tr>
<tr><td rowspan="2">参加验收单位</td><td>建设单位
(公章)</td><td colspan="2">监理单位
(公章)</td><td colspan="2">施工单位
(公章)</td><td colspan="2">设计单位
(公章)</td></tr>
<tr><td>单位(项目)负责人：
×××
××××年××月××日</td><td colspan="2">总监理工程师：
×××
××××年××月××日</td><td colspan="2">单位负责人：
×××
××××年××月××日</td><td colspan="2">单位(项目)负责人：
×××
××××年××月××日</td></tr>
</table>

【评析】

单位(子单位)工程质量竣工验收记录是施工单位在建筑工程项目中最后一份验收资料，采取表格方式进行填写。主要内容包括观感质量验收(实地考察验收)、分部工程及相应质量验收、安全控制资料检查。填写时要注明资料核查的份数、不合格及合格资料的份数。最后综合评定质量竣工验收是否合格。

【案例三】

施工总结

一、工程概况

本工程为××化工有限公司20万吨/年苯加氢项目。我方承建××20万吨苯加氢工程的A标段的土建，机电设备安装，电仪安装调试，一二类压力容器安装，部分非标设备制作安装及配套的电气、照明、给排水、工艺管道等所属设备设施安装，负责管道设备的强度试验、气密性试验。并配合自动化系统的安装、调试、管道设备的清洗。

1. 土建

综合楼建筑面积为1 885 m^2，建筑层数三层，总高度为14.75 m，本工程基础形式为独立基础，主体结构为矩形框架填充墙结构。工艺主装置占地面积5 060.00 m^2，包括压缩机房、蒸发框架、Ⓔ～(3/E)轴框架、①～⑰轴管廊、②～③轴框架、⑥～⑧轴框架、⑫～⑭轴框架、塔基础、压缩机基础、地坑及其他设备基础等。装置±0.000标高相当于绝对标高3.100 m，基础底标高为－5.750～－2.350 m，自然地面标高为3.000 m。轴框架基础形式为独立基础，主体为钢结构，分别为1～3层不等，主体高度为7.5～18 m不等。甲醇裂解制氢装置建筑面积为232.05 m^2，基础形式为独立基础，主体结构为混凝土框架，高度为6.0 m。共完成土石方6 000余方，钢筋330余吨，商品混凝土2 500余方，钢结构制作安装700余吨。

2. 设备

本装置设备主要由静设备和动设备组成，其中静设备包括7台塔器、5台反应器、46台容器、37台换热器，动设备由50台泵、4台压缩机组成。

3. 工艺管道

甲醇裂解制氢装置工艺管线共计84条，总长度约为0.5 km，共有17种介质，设计压力范围为0.2～1.98 MPa，温度范围为60 ℃～320 ℃。工艺主装置工艺管道完成1 500余条管线，总长度约为40 km，共有35种介质，设计压力范围为0.2～8.2 MPa。

4. 电气

本工程电气主要包括高低压配电系统、动力配电系统、照明系统、防雷接地系统。完成接地铜包钢2 000余米、电缆敷设10万余米、电缆桥架500余米。

5. 仪表

本工程仪表采用EMERSON公司的DELTA-VDCS控制系统，重要参数集中在控制室进行监控操作，安全连锁部分在TRICON的SIS系统上实现。现场主要完成仪表917套、仪表柜13只、操作台12只、仪表防尘接线箱70只、光缆20.4万余米、仪表接地线2 300余米、电缆桥架直线段500余米。

二、法定文件

中标文件、施工合同、施工许可证和施工图纸齐全。

三、工程质量控制

××化工有限公司20万吨/年粗苯加氢生产线土建及安装工程投标文件质量目标定为优良工程。根据我公司质量管理体系的运行和工程质量保证体系的运转，在施工管理体系的基础上，建立××化工有限公司20万吨/年粗苯加氢生产线土建及安装工程质量管理运转网络，指导思想集中体现公司“精心安装，优质服务，不断创新，保证质量”的质量方针。

该工程由分公司主任工程师总管质量，由执行线项目经理主管质量，通过各专业管理组的责任工程师以及材料、动力、设备的品质保证工程师具体负责各组和系统的材料设备、安装、施工的质量管理工作及控制工作，重点控制工程各阶段的“人、机、料、法、环”等影响质量的诸因素，分阶段组织施工作业班组进行工序控制点和停止点的自检、互检，以达到工程各阶段的质量始终处于稳定受控状态。由分公司技术监督科科长主管质量，通过分公司施工技术科进行质量策划和编制质量计划，落实到各施工专业管理组的责任工程师，以及材料、动力、设备的品质保证责任工程师，予以实施和进行目标管理，并由分公司技术监督科负责质量监督管理，在分公司技术监督科各专业质检工程师的领导下，通过项目部的各专业质检员，对各专业的施工技术员和设备材料员所承担的工作内容进行进货检验和试验、过程检验和试验、最终检验和试验，同时对施工作业班组进行工序控制点和停止点的抽检和专检，严格执行质量“一票否决制”，从而最终确保工程各阶段的质量始终处于稳定受控状态，以实现工程的质量目标。同时该工程自开工至竣工交验前，通过施工准备和过程控制所完成的成品，由执行线主管经理组织各专业安装组和系统管理责任工程师，按施工组织设计和质量计划规定的要求制定明确有效的保护方法和手段，并落实到各专业系统的施工技术员、设备材料员和作业班组进行成品保护，工程施工完毕后，项目部将按合同规定的期限做好竣工验收资料的汇集整理工作，经竣工验收后的单位工程，将按规定期限办理交工手续。

四、工程进度控制

我们对项目总体进度的控制主要遵循两个基本原则：一是土建结构工程满足设备安装的进度要求，不影响安装，为安装工程预留充足的工作时间。二是安装工程满足业主的机械竣工工期要求，保证装置的顺利投产。三是建筑装修工程满足合同规定的对总工期的要求。工程计划在××××年××月××日前完成。我方完全按照工程总进度的要求施工，并在××××年××月××日完成所有工作内容。为保证工程进度我方采取了如下措施：

1. 工程进度的检查。每周的计划通过每周例会检查落实；月度实际进度通过施工队每月提交的工程进度报表和现场跟踪检查工程项目实际进度确定。在对工程实际进度检查的基础上，项目部主要采用横道图比较法与计划进度进行比较，以判断实际进度是否出现偏差。如果出现进度偏差，就进一步分析此偏差对进度控制目标的影响程度及其产生的原因，并提出纠偏措施，要求施工单位进行调整，定出追回落后工期的措施和时间表。

2. 工程进度的协调。在每周例会上通报工程进度情况，确定薄弱环节，以解决工程施工过程中的相互协调配合问题，部署赶工措施。

3. 组织措施上由项目经理亲自负责项目分解、进度协调；技术措施上做到应用新技术提高工效和控制好关键工序。只有关键工序进度有保证，总工期进度才能有保证。

五、合同履约情况

1. 完成合同约定内容

在整个施工过程中，我公司认真履行了合同中签订的各项条款，严格执行国家的法律、法规，严格按照施工图纸、设计变更组织施工。

2. 克服困难

土建施工高峰期正值本地区最冷时期，且较常年气温偏低，这对土建无论是质量还是工期都是严峻的考验；设备到货时间参差不齐，且拖延时间较长；大型吊装期间正值本地区风力最大的时期，且遭遇沙尘暴等恶劣天气；工艺管道图纸到位较晚且不齐全，给现场施工拖延较长时间，造成工艺管道工期紧，使原本紧张的工期雪上加霜；电气设计图纸不到位，使现场施工无图可依。纵使有以上种种困难，我公司本着精心安装、用心服务的服务理念，诚信合作、理性经营、利益共享的经营理念，严格工艺、持续改进质量的一贯传统，增加施工力量，增加技术管理力量，采用先进质量保证方案，保质保量保时地完成了合同内及增加的施工任务，为本工程的顺利提前投产贡献了一份绵薄之力。

3. 工程质量保修内容

本工程竣工验收后，我公司将严格按照施工合同和国家法律法规条文的规定，对工程进行回访和保修，为建设单位提供优质的售后服务。总之，我们热情欢迎各方领导和有关部门对我公司施工的工程进行检查验收，希望对工程中出现的不足之处提出宝贵意见，我们将认真听取各方意见和建议，以促进我公司施工质量的不断提高和持续发展。

谢谢!!

××市安装工程有限公司

××××年××月××日

【评析】

该例文为某一工业厂房的建筑安装工程施工总结。写作时在工程概况方面抓住工程特点，从结构、建筑特点、设备及管网安装特点进行了叙述。对于施工过程中的技术难点的克服、如何保证施工质量及工期进行了详细描述。较为规范。

【案例四】

工程质量保修书

工程名称：____________________

发包方：____________（全称）

承包方____________（全称）

为保护建设单位、施工单位、房屋建筑所有人和使用人的合法权益，维护公共安全和公众利益，根据《中华人民共和国建筑法》、《建设工程质量管理条例》、《房屋建筑工程质量保修办法》及其他有关法律、行政法规，遵循平等、自愿、公平的原则，签订工程质量保修书。承包人在质量保修期内按照有关管理规定及双方约定承担工程质量保修责任。

一、工程质量保修范围、保修期限

在正常使用条件下，房屋建筑工程质量保修期限承诺如下：

(一)地基基础工程和主体结构工程，保修期限为设计文件规定的该工程的合理使用年限；

(二)屋面防水工程、有防水要求的卫生间、房间和外墙面的防渗漏，保修期限为5年；

(三)供热与供冷系统，保修期限为2个采暖期、供冷期；

(四)电气管线、给排水管道、设备安装，保修期限为2年；

(五)装修工程保修期限为2年；

(六)门窗保修期限为1年；

(七)地面、楼面空鼓开裂、大面积起砂保修期限为2年;

(八)卫生洁具、配件、给水阀门保修期限为1年;

(九)灯具、开关插座保修期限为1年;

(十)其他项目保修期限双方约定如下:

(略)。

二、质量保修责任

(一)施工单位承诺和双方约定保修的项目和内容,应接到发包方保修通知后7日内派人保修。承包人不在约定期限内派人保修的,发包人可委托其他人员维修,保修费用由施工单位承担。

(二)发生需紧急抢修事故(如上水跑水、暖气漏水漏气、燃气泄漏、电器设备故障造成停电等),承包方接到事故通知后,应立即到达事故现场抢修。非施工质量引起的事故,抢修费用由发包方或造成事故者承担。

(三)在国家规定的工程合理使用期限内或保修期内,确保地基基础和主体结构工程的质量,因承包方原因致使工程在合理使用期限内造成人身和财产损害的,承包方应承担损害赔偿责任。

(四)因保修不及时,造成新的人身、财产损害的,由造成拖延的责任方承担赔偿责任。

(五)房地产开发企业售出的商品房保修,应当执行《城市房地产开发经营管理条例》和其他有关规定。

(六)下列情况不属于质量保修范围:

1. 因使用不当或者第三方造成的质量缺陷。

2. 不可抗力造成的质量缺陷。

3. 用户自行添置、改动的结构、设施、管道、线路、设备及其他装饰装修项目。

三、保修费用由质量缺陷责任方承担。

四、双方约定的其他工程质量保修事项。

五、本保修书未尽事项,执行国家的法律、法规规定。

保修书一式五份。

发包方(公章)　　　　承包方(公章)

法定代表人(签字):　　　　法定代表人(签字):

××××年××月××日　　　　××××年××月××日

【评析】

本例文主要内容包括质量保修内容、保修期限、质量保修责任以及其他可能出现的保修事项(约定保修事项)。在写作时,首先明确了工程质量保修的内容、保修年限,同时对保修程序及不予承接保修的范围进行了说明,是一份比较规范的质量保修书。

三、监理方验收文件写作

(一)单位工程竣工预验收报验表

<table>
<tr><td colspan="2">单位工程竣工预验收报验表(A8)</td><td>编号</td><td></td></tr>
<tr><td>工程名称</td><td></td><td>日期</td><td></td></tr>
<tr><td colspan="4">致＿＿＿＿＿＿＿＿(监理单位)：

我方已按合同要求完成了＿＿＿＿＿＿＿＿工程，经自检合格，请予以检查和验收。

附件：

承包单位名称：　　　　　　项目经理(签字)：</td></tr>
<tr><td colspan="4">审查意见：
经预验收，该工程：
1.□符合□不符合我国现行法律、法规要求；
2.□符合□不符合我国现行工程建设标准；
3.□符合□不符合设计文件要求；
4.□符合□不符合施工合同要求。
综上所述，该工程预验收结论：　□合格　□不合格；
可否组织正式验收：　□可　□否。

监理单位名称：　　　　　　总监理工程师(签字)：　　　　　　日期：</td></tr>
<tr><td colspan="4">注：本表由承包单位填报，建设单位、监理单位、承包单位各存一份。</td></tr>
</table>

(二)竣工移交证书

<table>
<tr><td colspan="2">竣工移交证书(B8)</td><td>编号</td><td></td></tr>
<tr><td>工程名称</td><td colspan="3"></td></tr>
<tr><td colspan="4">致________________(建设单位)：

兹证明承包单位____________________施工的____________________工程，已按施工合同的要求完成，并验收合格，即日起该工程移交建设单位管理，并进入保修期。

附件：单位工程验收记录</td></tr>
<tr><td colspan="2">总监理工程师(签字)</td><td colspan="2">监理单位(章)</td></tr>
<tr><td colspan="2">

日期：　　　年　　月　　日</td><td colspan="2">

日期：　　　年　　月　　日</td></tr>
<tr><td colspan="2">建设单位代表(签字)</td><td colspan="2">建设单位(章)</td></tr>
<tr><td colspan="2">

日期：　　　年　　月　　日</td><td colspan="2">

日期：　　　年　　月　　日</td></tr>
<tr><td colspan="4">注：本表由监理单位填写，建设单位、监理单位、承包单位各存一份。</td></tr>
</table>

(三)工程质量评估报告

工程质量评估报告是单位工程、分部工程及某些分项工程完工后，在施工单位自检质量合格的基础上，监理工程师根据日常巡查、旁站掌握的情况，结合对工程初验的意见，编写对工程质量予以正确评定的报告。它是监理工程师对工程质量客观、真实的评价，是监理资料的主要内容之一，也是质量监督站核验质量等级的重要基础资料。

1. 工程质量评估报告的总体要求

工程质量评估报告应能客观、公正、真实地反映所评估的单位工程、分部工程、分项工程的施工质量状况，能对监理过程进行综合描述，能反映工程的主要质量状况，反映出工程的结构、安全、重要使用功能及观感质量等方面的情况。

2. 编写工程质量评估报告的时间

应随工程进展阶段编写质量评估报告。监理单位在工程进展到以下阶段时应编写工程质量评估报告：

(1)地基与基础分部(包括桩基工程±0.000 以下的结构及防水分项)工程之后、基础土方回填前，应编写地基与基础分部工程质量评估报告。

(2)整个建筑物主体结构完成后、装饰工程施工之前，应编写主体工程分部工程质量评估报告。

(3)工程竣工后、各方组织验收前，应编写单位工程(包括安装和装饰工程)的质量评估报告。

3. 工程质量评估报告的内容

工程质量评估报告内容一般应包括工程概况、质量评估依据、分部分项工程划分及质量评定、质量评估意见四个部分。

(1)工程概况。工程概况应说明工程所在地理位置，建筑面积，设计、施工、监理单位，建筑物功能、结构形式、装饰特色等。

(2)质量评估依据

①设计文件。

②建筑安装工程质量检验评定标准、施工验收规范及相应的国家、地方现行标准。

③国家、地方现行有关建筑工程质量管理办法、规定等。

(3)分部分项工程划分及质量评定。分部工程质量评估报告应叙述分项工程进行划分及施工单位自评质量等级情况，要着重反映监理工程师日常对分项工程质量等级的核查情况。地基与基础分部工程还应重点说明桩基的施工质量状况，主体工程分部应增加对建筑物沉降观测、对混凝土强度的评定情况，砖混结构应说明对砂浆强度的评定情况。编写单位工程质量评估报告时，要简述各分部工程的质量评定情况，设备安装、调试、试运转情况。重点叙述对质量保证资料的审查、观感质量评定等，反映工程的结构、安全、重要使用功能、装饰工程的质量特色等，另外还应说明建筑物有无异常的沉降、裂缝、倾斜等情况。

(4)质量评估意见。监理单位应对所评估的分部、分项、单位工程有确切的意见。监理工程师可以根据对分项工程旁站检查及等级抽查情况评估分项、分部工程的质量等级。单位工程竣工后，监理工程师应根据主体、装饰工程质量等级评定，质量保证资料的审查，观感质量评定来评估工程的结构、安全、重要使用功能及主要质量情况，并应有确切的质量评估结论性意见。

房屋建筑工程和市政基础设施工程

单位工程质量评估报告

监 理 号：________________

工程名称：谢家敬老院

子项名称：配料库

监理单位(章)：四川精正建设管理咨询有限公司

(甲、乙、丙级)

年　　月　　日

工 程 概 况

工程名称	谢家敬老院			
工程地址	彭山县谢家镇			
建筑面积	1 436 m²	结构类型	砖混	
层　数	三层	总　高	12.55 m	
电　梯		自动扶梯		
开工日期	2009.03.06	工程完工日期		
施工许可证号		施工图审查批准书号	建施设审　号	
建设单位	彭山县民政局			
勘察单位	四川××××公司		资质等级	
设计单位	眉山精典建筑设计有限公司			
施工单位	彭山县建宏建筑工程有限公司			
检测机构				
地基处理、桩基础、钢结构、预应力、幕墙、装饰、设备安装等子分部工程分包设计、施工单位				
总监理工程师	潘华利	专业	工民建	证书
监理工程师	徐忠明		工民建	
监理员	李柄文		工民建	
	张凤清		工民建	

地基与基础分部工程质量评估报告

<table>
<tr><td colspan="2">监理周期</td><td>30天</td><td>基础类型</td><td>钢筋混凝土</td></tr>
<tr><td rowspan="6">工程建设过程中质量控制情况</td><td>原材料、构配件检验</td><td colspan="3">钢筋、水泥、砂石均有出厂合格证书，并经过进场抽查，见证取样送检比例为100%。复试报告均合格</td></tr>
<tr><td>验槽试桩或地基处理</td><td colspan="3">经验槽检查，地勘人员认为基底土与地勘报告相符，满足设计要求</td></tr>
<tr><td>检测情况试块、试件</td><td colspan="3">垫层混凝土C10、基础承台C30，试块强度评定均满足设计要求</td></tr>
<tr><td>防水层</td><td colspan="3"></td></tr>
<tr><td>检验批检查情况</td><td colspan="3">土方开挖、回填、钢筋加工安装、模板工程、混凝土工程等检验批共____批，经检查，主控项目和一般项目均满足质量验收规范的规定，隐蔽工程在隐蔽前均经监理工程师检查、签认。可进入下道工序</td></tr>
<tr><td>质量文件的签认情况</td><td colspan="3">基础部位和工序的工程质量措施经审查合格。工程材料进场报验单、见证取样记录、施工测量放线报验单、工程隐蔽资料、设计交底、图纸会审要及时签认。
对工程项目检验批的质量验收记录均及时签认</td></tr>
<tr><td colspan="2">监理抽测情况</td><td colspan="3">经检查，混凝土密实，观感质量较好。
抽测一般项目的允许偏差共60点，合格54点，合格点率90%。
抽测混凝土强度均满足设计要求</td></tr>
<tr><td colspan="2">发现问题以及处理结果</td><td colspan="3"></td></tr>
<tr><td colspan="2">工程建设过程中执行规范法规情况</td><td colspan="3">严格按现行规范、标准、法规及审查通过的设计图纸施工。无重大设计变更，一般修改均经设计签认</td></tr>
<tr><td colspan="2">其他需要说明的问题</td><td colspan="3"></td></tr>
<tr><td colspan="2">基础分部工程质量评估意见</td><td colspan="3">施工质量符合勘察、设计文件的要求。无影响结构安全的质量问题。
（公章）
项目监理工程师：　　总监理工程师：　　年　月　日</td></tr>
<tr><td colspan="2">备注</td><td colspan="3"></td></tr>
</table>

主体结构分部工程质量评估报告

<table>
<tr><td colspan="2">监理周期</td><td>___天</td><td>结构类型</td><td>砖混</td></tr>
<tr><td rowspan="4">工程建设过程中质量控制情况</td><td>原材料、构配件检验</td><td colspan="3">钢筋、水泥、砂石、原材料均有出厂合格证书，并经过进场抽查，见证取样送检比例为100%。复试报告均合格</td></tr>
<tr><td>检测情况试块、试件</td><td colspan="3">柱、梁、板混凝土C20，1～3层混合砂浆M7.5，试块强度评定均满足设计要求</td></tr>
<tr><td>检验批检查情况</td><td colspan="3">钢筋加工安装、模板工程、混凝土工程等检验批共18批，经检查，主控项目和一般项目均满足质量验收规范的规定，隐蔽工程在隐蔽前均经监理工程师检查、签认。可进入下道工序</td></tr>
<tr><td>质量文件的签认情况</td><td colspan="3">主体部位和工序的工程质量措施经审查合格。工程材料进场报验单、见证取样记录、施工测量放线报验单、工程隐蔽资料、设计交底、图纸会审要及时签认。
对工程项目检验批的质量验收记录均及时签认</td></tr>
<tr><td colspan="2">监理抽测情况</td><td colspan="3">经检查，混凝土密实，观感质量较好。
抽测一般项目的允许偏差共50点，合格45点，合格点率90%。
抽测混凝土强度均满足设计要求</td></tr>
<tr><td colspan="2">发现问题以及处理结果</td><td colspan="3"></td></tr>
<tr><td colspan="2">工程建设过程中执行规范法规情况</td><td colspan="3">严格按现行规范、标准、法规及审查通过的设计图纸施工。无重大设计变更，一般修改均经设计签认</td></tr>
<tr><td colspan="2">主体分部工程质量评估意见</td><td colspan="3">施工质量符合勘察、设计文件的要求。无影响结构安全的质量问题。
（公章）
项目监理工程师：　　总监理工程师：　　年　月　日</td></tr>
<tr><td colspan="2">备注</td><td colspan="3"></td></tr>
</table>

装饰、屋面、设备安装分部工程质量评估报告

序号	名称	旁站监理检查内容及结论
1	装饰装修	材料合格。抹灰、门窗、涂饰工程均与设计要求相符，并按相关规定施工。经检查，质量合格。 总监理工程师：　　　　年　月　日
2	建筑屋面	材料合格。屋面找平层、保温层、防水层工程及细部构造均与设计要求相符，并按相关规定施工。经检查，质量合格。 总监理工程师：　　　　年　月　日
3	给水排水	设备、材料进场验收合格，工程按设计及相关规范施工，隐蔽工程已签认。试验项目齐全，系统功能满足设计及相关规范要求，生活给水系统经有关部门取样检验，符合国家《生活饮用水标准》(GB 5749—2006)。经检查，质量合格。 总监理工程师：　　　　年　月　日
4	建筑电气	设备材料进场验收合格，产品有许可证编号和安全认证标志。工程按设计及相关规范施工，隐蔽工程已签认。试验项目齐全，系统功能满足设计及相关规范要求。经检查，质量合格。 总监理工程师：　　　　年　月　日
5	智能建筑	总监理工程师：　　　　年　月　日
6	通风与空调	总监理工程师：　　　　年　月　日
7	电梯	总监理工程师：　　　　年　月　日
8	其他	总监理工程师：　　　　年　月　日
9	工程质量保证文件	工程设备材料进场报验单、见证取样记录、施工测量放线报验单、试验报告、消防检测报告、工程隐蔽资料，均及时签认。对工程项目检验批的质量验收记录均及时签认。 总监理工程师：　　　　年　月　日

单位工程质量评估意见

单位工程质量监理小结	该初装饰竣工工程，施工单位严格按现行规范、标准、法规及已审查通过的设计图纸施工。无重大设计变更，一般修改均经设计签认。在对该工程的质量监督工作中，按有关规定对工程必检项目进行了监督检查，并对结构工程进行了监督抽查和抽样测试，未发现其他影响结构安全的质量问题。该工程施工质量符合《工程建设标准强制性条文》相关要求。
监理结论	施工质量符合设计文件及相关规范要求。无影响结构安全的质量问题。 （公章） 项目监理工程师：　　总监理工程师：　　年　月　日
备注	

【评析】

工程质量评估报告是项目监理部在重要分部工程施工完成时和单位工程竣工时必须编制的对工程质量进行综合评价鉴定的重要文件，由项目总监理工程师负责组织，并向项目监理人员布置相关工作进行编写。

本节主要提供了单位工程预验收报验表和竣工移交证书的样表，实际操作时，根据实际情况填写即可。此处所引单位工程质量评估报告的案例，项目清楚，条款明晰，填写规范，可资借鉴。

小　结

可行性研究报告是在制定某一建设或科研项目之前，对该项目实施的可能性、有效性、技术方案及技术政策等进行具体、深入、细致的技术论证和经济评价，以确定一个在技术上合理、在经济上合算的最优方案和最佳时机的书面报告。建筑工程招标书是指招标单位就大型建设工程为挑选最佳建筑企业而进行招标的文书。建筑工程投标书是指投标单位按照招标书提出的条件和要求，向招标单位报价并填具标单的书面材料。建设工程合同，也称建设工程承发包合同，是指一方约定完成建设工程，另一方按约定验收工程并支付一定报酬的合同。建设工程勘察设计合同是指委托方与承包方为完成特定的勘察设计任务，明确相互权利和义务关系而订立的合同。建设工程施工合同是指建设单位与施工单位为完成商定的土木工程、设备安装、管道线路敷设、装饰装修和房屋修缮等建设工程项目，明确双方的权利和义务(完成工程建设、支付价款等)关系的协议。施工日志也叫作施工日记，是对整个施工阶段的施工组织管理、施工技术等有关施工活动和现场情况变化的真实的综合性记录，也是处理施工问题的备忘录和总结施工管理经验的基本素材。技术交底是指工程开工前由各级技术负责人将有关工程施工的各项技术要求逐级向下进行技术性交代，直到基层。工程联系单是参与工程建设的建设、设计、监理和施工单位，在工程建设过程中，为协调处理各种工程事件，单方出具的书面联系文书。设计变更单和技术核定单统称为工程变更单。工程签证是指工程索赔，主要包括工期索赔和费用索赔两个方面。建筑纠纷起诉状根据其所适用的不同性质的诉讼程序，可分为民事起诉状和行政起诉状。建筑纠纷答辩状是在建筑纠纷诉讼过程中，被告针对原告的起诉状或上诉作出回答和辩驳的书状。

复习思考题

1. 假如学校食堂要将传统桌椅改造为休闲就餐桌椅，请你构思一下，为学校食堂撰写一份可行性研究报告。

2. 根据下述材料，拟写一份招标书：

××职业技术学院对南校区学生公寓物业管理权进行公开招标，选定物业管理单位对南区学生公寓物业进行管理。管理范围包括：学生公寓(3～14层)28 776.5 m^2；周边道路、运动场6 704 m^2；绿化面积1 171 m^2。招标内容按招标单位提供的招标文件。凡达到××市物业管理三级以上资质的物业管理公司或高校后勤服务公司(集团)均可参加投标。

3. 根据上题的内容，针对××职业技术学院对南校区学生公寓物业管理权的公开招标，为你所在的物业管理公司写一份投标书。

4. 请为发包人和承包人拟写一份合同，内容如下：

××建筑职业技术学院(发包人名称，简称“发包人”)为实施××建筑职业技术学院学生食堂工程(项目名称)，已接受××建筑工程总公司(承包人名称，简称“承包人”)对该项目建筑工程标段施工的投标。

5. 请为以下双方拟写一份合同，内容为：

××建筑职业技术学院(发包人名称，简称“发包人”)为实施××建筑职业技术学院学生食堂工程(项目名称)，已接受××勘察设计单位(承包人名称，简称“承包人”)对该项目建筑工程标段的勘察和设计任务的投标。

6. 根据实践活动，填写下列建筑施工文件。

施工技术交底记录

年　　月　　日　　　　　　　　　　　　　　　　　　　　　　　　施管表 5

工程名称		分部工程	
分项工程名称			
交底内容：			
交底单位		接收单位	
交底人		接收人	

工程变更单

<table>
<tr><td colspan="2">工程变更单</td><td colspan="2">编号</td><td colspan="2"></td></tr>
<tr><td>工程名称</td><td colspan="2"></td><td>日期</td><td colspan="2"></td></tr>
<tr><td colspan="6">致：__________
由于__________的原因，兹提出__________工程内容变更(内容见附件)，请予以审批。
附件：
提出单位名称：________提出单位负责人：________</td></tr>
<tr><td colspan="6">一致意见：</td></tr>
<tr><td>建设单位：
日期：</td><td colspan="2">设计单位：
日期：</td><td colspan="2">监理单位：
日期：</td><td>施工单位：
日期：</td></tr>
</table>

7. 根据甲实业公司负责人的口述材料，写一份起诉状。

据甲实业公司负责人口头反映：2017 年 1 月 5 日，通过招标，我单位与乙建筑公司签订了安装乘客电梯的合同。所需 20 层楼电梯 2 台，安装及调试运行均由该公司负责，总计设备费 380 万元，工程费 20 万，合计 400 万元。1 月 15 日，乙建筑公司进场安装，2 月 10 日完工。2 月 20 日我公司付款。安装完成后至 3 月中旬，设备就开始出现问题，刚开始乙建筑公司还派人来修理、调整，后来干脆不来，让我们自己解决。双方签订的合同上说“设备硬件保修一年，在一年内无偿包换”，可对方根本不履行。我们自己找了几个电梯专业人员检查，都认为是元件质量太差，所以，我们要求退货，但该公司不肯。我们觉得损失太大，所以要起诉它，要求对方不仅要退货，还得赔偿我们的损失。

8. 根据上面的材料结合下面的材料，为乙建筑公司写一份答辩状。

乙建筑公司认为祥龙实业公司所叙理由不实，设备不存在硬件质量问题。设备经常出故障，是他们使用不当和错误操作造成的，本公司不能承担责任。以上问题以公司维修记录为证。

9. 某建筑工程概况如下：框架结构，建筑面积为 50 000 m^2，地上 33 层，地下 2 层，总建筑高度为 123 m。结构抗震等级 2 级，结构安全等级 2 级；基础为筏板基础，筏板厚度为 1.5 m(大体积混凝土)。合同工期为 480 日历天，实际所用工期为 450 日历天，工程质量优良。在施工中，技术难点有大体积筏板基础混凝土浇筑、变形缝模板加固、工期保证、大跨度现浇板施工等，施工中运用的新工艺、新技术有 GBF 空心管施工、大型组合钢模运用、飞模运用等。根据以上基本情况，请查阅相关资料，模拟场景，从施工方的角度完成该工程的竣工报告。

学习情境五　职场进阶

学习目标

通过本学习情境的学习，了解竞聘辞、述职报告、市场调查报告、市场预测报告、经济活动分析报告、财务分析报告、实验报告、考察报告、叙述论文的写作格式；掌握竞聘辞、述职报告、市场调查报告、市场预测报告、经济活动分析报告、财务分析报告、实验报告、考察报告、叙述论文的写作方法。

能力目标

能结合实际，进行竞聘辞、述职报告、市场调查报告、市场预测报告、经济活动分析报告、财务分析报告、实验报告、考察报告、叙述论文的写作。

项目一　竞聘辞与述职报告

一、竞聘辞

(一)竞聘辞的含义

竞聘辞，也称为竞选辞或竞聘演讲辞，是竞聘者为了竞争某岗位或职位，向领导、评委和听众展示自己优势条件，介绍自己受聘之后的施政方略的演讲稿。竞聘辞主要有两大类：一是技术岗位竞聘辞，竞聘的岗位技术含量高，表述自己的技术能力、推进技术工作的方略；二是行政职务岗位竞聘辞，竞聘的属行政岗位，表述自己的行政能力、施政方略。

(二)竞聘辞的写作特征

1. 自评自荐性。介绍自己参与竞聘的缘由，自我推荐，评价自己的经历、能力、性格和优势。

2. 目标指向性。主旨、材料、心态，都为实现成功受聘服务，表达志在被聘的意愿。

3. 期冀认同性。期冀自己的施政方略和自己得到听众的认同、支持。

(三)竞聘辞的写作格式

1. 标题

标题有三种写法：一是文种标题法，只标“竞聘辞”；二是公文标题法，如《关于竞聘××公司经理的演讲》；三是文章标题法，如《明明白白做人，实实在在做事——竞聘学校办公室主任的演讲辞》。

2. 称呼

根据实际情况，选择恰当称呼。

3. 正文

(1)开头。开门见山，说明竞聘的职务和竞聘的缘由。

(2)主体。简要介绍自己的年龄、政治面貌、学历、现任职务等，自评自荐竞聘条件，如政治素质、业务水平、工作能力等。提出任职后的施政目标、构想和措施。需要注意的是，需表述对竞聘岗位的理解、独到的认识。

4. 结尾

在结尾应用最简洁的话语表明自己竞聘的决心、信心和请求。

(四)竞聘辞的写作要求

1. 实事求是，明确具体。竞聘者应实事求是，言行一致。每介绍一段经历、一项业绩都必须客观实在，不能吞吞吐吐，模棱两可。

2. 调查研究，有的放矢。竞聘辞是针对某岗位而展开的，因此，必须了解招聘单位的情况，可以通过调查摸底、访谈等方式，切实弄清楚单位的历史、现状，尤其对于当前存在的焦点、难点问题及其存在的根本原因要问清查透，力争找到解决问题的最佳途径，以便在演讲时击中要害，战胜对手。

3. 谦虚诚恳，平和礼貌。竞聘者要通过答辩实现被聘用的目的，只有给人以谦虚诚恳、平和礼貌的感觉，才能被认可和接受。评审人员及与会者是不会接受狂妄傲慢、目中无人的竞聘者并委以重任的。所以，竞聘辞十分讲究语言的分寸，表述既要生动、有风采、打动人心，又要虔诚可信、情感真挚。

(五)竞聘辞的写作范文

案例一

竞聘学生会外联部部长的竞聘辞

尊敬的各位老师、各位同学：

大家好！

首先感谢同学们的支持和老师的信任，使我能参与竞争，一展自己的抱负。谢谢大家！我叫×××，是来自×××班的生活委员，今天，我来参与竞选的目的只有一个，一切为大家，为大家举办更好的活动。我自信在老师的支持和同学们的帮助下，能胜任这项工作。正由于这种内驱力我才更加坚定地站在这里。

妈妈常对我说这样一句话："相信自己，你能行。"今天，我自信地站在这里，为自己的理想而搏。两年的体育委员，三年的生活委员，多年学生干部的经历所带给我的不仅仅是荣誉，更是一种磨砺、一种自信、一股力量，是卓越的见识，是良好的组织能力和协调能力。因为我信奉一句话：也许我不是最优秀的，但如果我自信，那么，我一定是最出色的！除此之外，我活泼开朗，兴趣广泛，组织过魔方比赛，积极参加过学校的"五月鲜花"合唱比赛、跳蚤市场、禁烟日、植树节等活动……

我深知过去的辉煌已成为历史，这些并不能成为我在任何地方居功自傲的资本，今天，我又把这些成绩复述了一遍，并非是向大家炫耀，只是把它们当作我人生中一种很重要的阅历，一笔很宝贵的财富，它们所给予我的经验和力量，是可以让我一生受益的。它们为我在竞选中平添了一份自信。今天在这里，我努力争取这份责任。通过我们一起努力，让我们的大学生活更加充实、更加丰富多彩、更加回味无穷。

我没有什么值得夸耀的，有的只是热血、辛劳和汗水。假如我当选外联部部长，我将进一步加强自身修养，努力提高和完善自身的素质，特别是性格问题。有一句谚语：播种性格，收获成功。也就是说，一个人的个性品格，关系到其事业的成败，我将时时刻刻要求自己“真诚待人，公正做事”，要求自己“乐于助人，团结友爱”。总之，我要力争让外联部部长的职责与个人的思想品格同时到位，同时，我还将在课内外严格要求自己，力争使学习成绩优秀。

当然，我在工作中也出现过一些错误，但我敢于面对。通过老师、同学的批评、帮助及自己的努力来改正错误，决不允许自己在同样的地方跌倒两次。正是由于在胜利面前不骄傲，在失败面前不低头，我才会在奋斗中迅速地成长和提高。

假如我当选外联部部长，我要做的第一件事就是全面听取同学们的意见和建议，知道同学们喜欢什么，才能更好地为他们办活动。学生会本来就是我们自己的组织，我们有权利也有义务为同学们办更多更好的活动。我们争取让更多同学参与学生会的工作和学校的建设，大家一起出谋划策，把这个学生组织建设成为一个与时俱进的团体。我将自始至终地遵循“一切为大家，以人为本”的原则，我会努力不让一切有想法的同学失望，不令每一位支持我的人失望。我们的课余生活绝对能够丰富多彩！我们将与风华正茂的同学们一起，指点江山，发出我们青春的呐喊！我们将努力使学生会成为学校领导与学生之间一座沟通心灵的桥梁，成为师生之间的纽带，成为敢于反映广大学生的意见要求、维护学生的正当利益的组织。新的学生会将不会是徒有虚名的摆设，而是有所作为的、名副其实的存在！我的承诺不多，但请相信：我说的一切，我都会尽力去做。我可以许诺，我所说的一切永远不会只是一张空头支票。

既然是花，我就要开放；既然是树，我就要长成栋梁；既然是石头，我就要铺出大路；既然是雄鹰，我就要展翅翱翔！

老师、同学们，我相信我能够做你们所期望的外联部部长——敢想、敢说、敢做的人。希望你们相信我、支持我，给我一个机会，我定还你们一个惊喜！今天，来参加竞选的同学都是出类拔萃的，因此，无论这次竞选成功与否，我都无悔亦无愧。因为，只有最优秀的人当选，才能使我们的学生会更好地为大家服务，这也不违背我来竞选的初衷，即那不变的信念：给同学们带来更多的便捷，为大家提供更多的帮助。

谢谢大家！

案例二

竞聘学生会学习部部长的竞聘辞

尊敬的各位领导、老师，亲爱的同学们：

还记得，一年前的这个时候，也是在相同的合班教室，我紧张地上台，作为××年学生会面试中第一个上台演讲的大一新生，我当时非常紧张。转眼间，时光飞逝，我已升上了大二，今天，又一次站在这个讲台，带着同样的紧张，但同时也感慨万千。

非常感谢大家能给我这个机会，让我再次站在这里，面对这么多熟悉的面孔，分享我这一年的感受。

进入学习部，我认识了非常照顾我的部长，他一点一点地从头教我做很多事情。大一迎新辩论赛，那是我工作的开始。从那时起，我慢慢学会做事，学会待人接物，学会写策划和最后总结。

其实刚进入学习部，我是带着困惑和迷茫的。学习部到底做什么工作？在学生会又肩负着什么责任？慢慢地，我喜欢上了这个部门。从迎新辩论赛到大合唱比赛，从建院学风建设活动再到校园文化节和春季运动会，每一个校园活动里面都凝结着学习部人的汗水。这是学习部人的荣耀和骄傲。

今天，我竞选的是学习部部长。因为我明白，学习部人的必要素质，一个是认真，另一个则是谨慎。如果这次我当选了部长，我会进一步完善自己，提高自己各个方面的素质，以饱满的热情和积极的心态去对待每一件事情，在工作中积极进取，大胆创新，虚心向他人学习，进一步广纳贤言，做到有错就改。

做事先做人，人不立，事不成。在大学生活中，我用一颗真诚的心，换来老师和同学的信任。当选学习部部长是我在学生生涯中所向往和憧憬的，我渴望能够成为此荣誉的获得者，希望大家给予我肯定和支持。

谢谢大家！

二、述职报告

(一)述职报告的含义

述职报告是指各级各类机关工作人员，主要是领导干部向上级、主管部门和下属群众陈述任职情况，包括履行岗位职责，完成工作任务的成绩、缺点问题、设想，进行自我回顾、评估、鉴定的书面报告。

述职报告主要有三个作用：一是上级主管部门考核、评估、任免、使用干部的依据；二是述职者本人总结经验、改进工作、提高素质的一个途径；三是领导干部与所属单位群众之间的思想感情和工作见解交流的渠道。

(二)述职报告的写作特征

1. 个人性。述职报告的写作者对自身所负责的组织或者部门在某一阶段的工作进行全面的回顾，按照法规在一定时间(立法会议或者上级开会期间和工作任期之后)进行，要从工作实践中去总结成绩和经验，找出不足与教训，从而对过去的工作作出正确的结论。与一般报告不一样的是，述职报告特别强调个人性，个人对工作负有职责，自己亲身经历或者督查的材料必须真实。这就要在写作上更多地采用叙述的表达方式。还要据实议事，运用画龙点睛式的议论，提出主题，写明层义。述职报告讲究摆事实，讲道理；事实是主要的，议论是必要的。在写法上，述职报告以叙述说明为主。叙述不是详叙，是概述；说明要平实准确，不能旁征博引。

2. 规律性。述职报告要写事实，但不是把已经发生过的事实简单地罗列在一起。它必须对搜集来的事实、数据、材料等进行归类、整理、分析、研究。通过这一过程，从中找出某种带有普遍性的规律，得出公正的评价议论，即主题和层义及众多小观点(包括经验和规律的思想认识)。议论不是逻辑论证式，而是论断式，因为自身情况就是事实论据。如果不能把感性的事实上升到理性的、规律性的高度，就不可能作为未来行动的向导。当然，述职报告中规律性的认识，是从实际出发的认识，实践性很强，也就不需要很高的思辨性。不管怎样，述职报告是否具有理论性、规律性是衡量一篇述职报告好坏的重要标志。述职报告的目的是总结经验教训，使未来的工作能在前期工作的基础上有所进步，有所提高，因此，述职报告对以后的工作具有很强的借鉴作用。任何一项工作都不可能凭空而来，总是具有一定的继承性与创新性。而继承性，就是要继承以前工作中的一些好的方面，去掉不好的方面，然后加以创新，这样工作才会有进步。策略性也是规律性的一个方面。策略即今后工作的计划，是述职报告的重点内容。

3. 通俗性。面对会议听众，要尽可能让个性不同、情况各异的与会代表全部听懂，这就要求讲话稿必须具有通俗性。对于与会者来说，内容应当是通俗易懂的，即使是专业性、学术性很强的内容，也要尽可能明晰准确，以与会者理解为标准。述职报告的形式是通俗的，结构是格式化的，语言则是口语化的。述职报告不同于一般的科学文章，更不同于一般的公文，最明显的一点是语言的口语化。一般的科学文章，主要诉诸人们的视觉，要让读者理解，语言就要概括精练，甚至讲究专业性。而一般公文，尤其是行政公文，语言更是规范的，有的格式用语甚至是特定的，其最重视的是准确、明晰、简练。相反，述职报告的语言则是由讲话的本身性质所决定的，必须口语化。由于讲话是声入心通的人和人之间的传播活动，需要更加适应人们的接受心理，拉近讲话者和听众的心理距离，这就特别讲究语言的大众化、口语化。

4. 艺术性。述职报告的艺术性是其魅力所在，直接影响着整个报告这一艺术生命体。这样，写作述职报告必然联系整体的讲话活动特点来进行。“述职报告”一词，可以分为两部分来看待，“述职”是主体的实质性道理，“报告”是呈现表象而又完整的艺术生命体。报告者要两者并重。

(三)述职报告的写作格式

述职报告一般由首部、正文和落款三部分组成。

1. 首部

述职报告的首部主要包括标题、主送机关或称谓等内容。

(1)标题。述职报告的标题有单标题和双标题之分。单标题一般为“述职报告”，也可以在“述职报告”前面加上任职时间和所任职务。双标题由正标题和副标题组成，副标题的前面加破折号。正标题是对述职内容的高度概括，副标题与单标题的构成大体相似。

(2)主送机关或称谓。标题之下第一行顶格写主送机关或称谓。向上级机关呈送的述职报告，应写明收文机关。向领导和本单位干部职工作述职报告，则应写明称谓。

2. 正文

述职报告的正文由导言、主体和结尾三个部分组成。

(1)导言。导言包括两个方面的内容：一是任职介绍，说明自己的任职时间、担任职务和主要职责，简要交代述职的内容和范围；二是任职评价，扼要介绍任职以来的工作情况。这一部分力求简洁明了。

(2)主体。主体是述职报告的核心，主要陈述履行职务的情况，包括三个方面的内容：一是任职期间的任务完成情况、取得的主要工作成绩；二是存在的问题及经验教训；三是今后工作的努力方向、目标或打算。

(3)结尾。一般要求用格式化的习惯语来结束全文，采用谦逊式结尾、总结归纳式结尾或表决心式结尾等形式。结尾部分一般运用总结式和呼吁式的写法，对所讲的内容进行简洁的归纳和总结，鼓动听众贴近、支持述职者。

3. 落款

述职报告落款包括署名、成文或述职时间。

(四)述职报告的写作要求

1. 标准清楚。围绕岗位职责和工作目标来讲述自己的工作，尤其要体现出个人的作用，不能写成工作总结。

2. 内容客观。必须实事求是、客观实在、全面准确。既要讲成绩，又要讲失误；既要讲优点，又要讲不足；既不能夸大成绩，也不能回避问题。只有客观陈述履行职务的情况，才能有助于上级机关和所属单位群众对自身工作作出全面、准确、客观的评价。

3. 重点突出。抓住带有影响性、全局性的主要工作，对有创造性、开拓性的特色工作重点着笔，力求详尽具体，对日常性、一般性、事务性工作的表述要尽量简洁，略作介绍即可。

4. 个性鲜明。不同的岗位有着不同的职责要求，即使是相同的岗位，由于述职者个人的个性差异，其工作方法、工作业绩也不相同。因此，述职报告要突出个性特点，展示述职者个人的风格和魄力，切忌千人一面。

5. 语言庄重。行文语言要朴实，评价要中肯，措辞要严谨，语气要谦恭，尽量以陈述为主，也可写一些工作的感想和启示，但不得描写、抒情，更不能使用夸张的语言。

(五)述职报告的写作范文

案例一

述职报告

尊敬的各位领导、老师：

你们好！

时光荏苒，岁月如梭。我自××年9月加入法学院学生会，转眼间已过了两个年头，现在我已是即将升入大三的学生，并且刚刚被选入执行主席团。我很荣幸，同时也感谢各位老师、同学对我工作的认可，今后我将更加认真、负责，和大家一起努力，让法学院学生会发展壮大！在过去的两年中，我立足本职，围绕学生会工作大局，脚踏实地，开拓创新，以务实的工作作风、饱满的工作热情和旺盛的工作精力，全面履行职责，较好地完成了各项工作任务。

现将我两年来的工作情况报告如下：

一、立足本职，积极组织并带头参加学生会各项活动

学生会是在学院党总支和团委的指导下的代表广大同学利益的学生组织，是联系学生与学院的桥梁和纽带，是发展与繁荣校园文化的舞台和基地，是培养大学生全面成才的重要载体，我们的本职是立足同学，服务同学。我自加入学生会以来，从未脱离这一主题，认真履行职责。在当秘书处干事的一年间，我学到了不少东西，积累了很多工作经验，在组织活动的同时积极带头参加了很多学生会的活动，取得了一定成绩。

(一)××年9月，在艺术团主办的校园剧大赛中我荣获"最佳女主角"的称号。

（二）××年11月，在女生部承办的礼仪小姐大赛中荣获“最具活力”奖项。

（三）××年3月，在女生月风尚主题秀征文比赛中获得三等奖。

（四）担任学术部主办的学习经验交流会、考研经验交流会，女生部主办的“唯舞独尊”晚会等各种活动的主持人，积极配合各个部门搞好特色活动。

（五）在学生会××年的迎新工作中，我作为迎新工作的主力之一，担任法学××班临时带班班主任，本着“真诚迎新生，努力创温暖”的原则投入了迎新活动中，努力为新生创造一个温暖的家。我同其他带班班主任一起怀着一颗热忱的心，微笑着去为每一位新生和家长服务。在开学的一星期里经常到新生寝室去发现文艺、辩论、体育等各方面的人才；关心新生的学习生活，帮助他们解决困难；炎炎夏日之下在军训场地上随时准备为他们服务，使他们感受到家的温暖。

（六）在××大学××年春季运动会工作中，作为秘书处的干事，我听从部长安排，积极清点运动会所需各项物品，做好充分的准备，并在运动会开幕式上带领法学院代表队一展法学院学子的精神风貌，之后又一直在观众席做啦啦队的组织工作。经过大家的共同努力，法学院最终获得“体育道德风尚奖”的锦旗，为法学院学生会增光添彩！

（七）在法学院迎新晚会上，我负责搞好观众席的气氛，为了达到台上台下欢乐一堂的互动效果，我积极筹备晚会所需道具，如荧光棒、礼花等，并仔细认真地安排了到席观众的座次区域，之后又投入到迎新晚会的舞蹈《朝花夕拾》的表演中。在学生会全体成员的共同努力下，法学院迎新晚会再次赢得各学院的一致好评。

通过亲身组织并参与学生会的各项活动，我熟悉了学生会举办各种活动的大体脉络流程，并总结出了自己的心得体会，写入每一次的活动总结中，自己的心智也在活动中得到了锻炼和提高。

二、恪尽职守，不断创新

升入大二，我荣升秘书处部长，凭借大一踏踏实实工作积累下的经验，我开始有了施展自己领导才能的空间，在做好秘书处原有本职工作的同时，我开始思考革新，思考如何改进秘书处所存在的不足之处。

首先，做好规范的存档工作。学生会的每一次活动都有计划、总结，以及由秘书处负责填写的活动记录表。做好活动记录的备份存档工作对以后各项工作的开展将会有很大的帮助，但之前的存档工作做得不是很好，总是丢掉一些很有价值的文件。革新之处：要求各部的活动备份一式三份，分别放在本部、秘书处、学办老师的档案盒内，并将电子稿发到学生会的邮箱内。这是不成文的规定，必须长久贯彻下去，使学生会的存档工作日益规范化。

其次，制定法学院学生会章程。学生会自成立以来，逐渐发展形成了纳新制度、财物制度、会议制度、评优制度、奖惩制度等一系列规章制度，但林林总总，不成体系，也没有落实到文字上。今后学生会有了规范化的章程，就会有规范化的运作，这也为法学院学生会的长足发展奠定了理论基础。

最后，账目的明细公开化。学生会报账要严格遵守报账制度，公开报账时间、地点，杜绝私自报账的现象；报账工作由专人负责，并且定期向老师汇报工作情况，上交账目清单。

当然，秘书处的工作性质决定了我要以更高的工作标准来要求自己，要考虑到更多的细微之处，要以自己的细心、耐心和热心换得秘书处的疏而不漏、有条不紊！

三、严于律己，不断进取

在开展学生会工作，不断提升自己的组织、领导、协调能力的同时，我严格要求自己，一定要学好专业知识，为以后的就业打下坚实基础。同时，我也深知如果一个部长没有好的学习成绩，是不能让干事们信服的，也不会在学生会长久地工作下去。

本着这样的思想，我抓紧工作之余的一切时间来学习，参加了全国计算机等级考试，为了顺利通过不久以后的英语四级考试，现在也加大了学习英语的力度。虽然上一年的综合测评我排名第七，拿到了三等奖学金，但这对我来说还远远不够，“路漫漫其修远兮，吾将上下而求索”，我要向那些工作出色又能拿一等奖学金的学长们看齐！

作为大二学生，我还在思想上、行动上积极向党组织靠拢，在高二就提交了入党申请书的我，接受了入党培训等一系列的教育，对党有了更加深刻的认识。现在我已经光荣地成为预备党员的发展对象，审核材料已经上交，等待审批。相信只要我努力工作，不断学习，端正思想，紧跟党的步伐，一定会尽早加入伟大的中国共产党。

四、总结过去，昭示现在，指导未来

两年以来，我勤勤恳恳、踏踏实实地做了很多工作，取得了一定的成绩，从中得到了锻炼和提高。同时，我也为丰富大学生课余活动、提高学生会在学生中的影响力作了一些贡献。

但我也存在许多不足之处，表现在：

(一)对各方面知识掌握得还不够，理论素养不高，特别是在科创部和体育部办的活动中表现尤为明显。

(二)工作尚欠大胆，创新意识不强。

(三)性格较直率，有些时候表达方式欠考虑。

(四)用人技巧尚待提高。

这些问题我将在今后的学习、工作中认真改正。

总结过去，昭示现在，指导未来，我将继续努力，不断提升自我，完善自我，把学生会的工作做得更好。

以上是我的个人述职报告，若有不妥之处，敬请老师们批评指正。

再次感谢一直以来对我的工作给予支持和肯定的学院各级领导！

案例二

建筑安全员个人述职报告

尊敬的各位公司领导：

你们好！

我叫×××，是××年×月参加工作的，现任第一项目部安全员一职，负责××××二期工程的安全环保工作。

回顾这一年多的工作经历，自我总结为转变之年。从书本上的知识转变到实际工作中的经验，从年少轻狂转变到虚心求实。这些转变全是因这一年中的历练，有苦有甜，有成功后的喜悦也有失败后的不甘，让我对生活和工作都有了新的认识。

在这一年中，我主要负责现场的安全工作，在安全管理方面虽然做了较多工作，取得了一定的成绩，但也存在许多不足。下面我就自己所做的主要工作做以下汇报：

一、基本工作内容

(一)认真学习安全法规和各种规章制度，不断提高自身综合素质和业务管理水平。今年以来，在工作之余，我始终坚持理论学习，以提高个人思想道德素质和政治修养，本着对企业负责，对工人负责的态度，恪尽职守，勤恳工作。理论和现场经验相结合，不断充实自己，提高自身业务管理水平。

(二)按规范管理安全生产工作，明确自己的管理责任。每天进入现场后自己第一件事就是对整个现场人员、安全设施、机械设备、施工用电等进行认真检查，对存在隐患的地方自己能解决的立刻解决，对不能解决的就及时安排现场队长进行整改。每周一都主持一次安全教育大会，对所有施工人员进行安全教育和总结上周的安全工作。自己对新入场的作业人员都做了登记和入场安全教育，并进行安全考试和安全交底，今年现场共有作业人员 200 人次，培训 200 人次，考试合格率在 95%以上。经过一年的努力，截至 12 月 31 日我项目部未发生重伤及以上事故，圆满完成二公司下达的安全指标，自己的管理能力也得到了提高

(三)切实落实安全生产的相关文件精神，对现场监督工作严格按规范标准执行，加强现场的安全生产管理力度，开展安全大检查。对塔式起重机、机械实行进场验收制，检验合格后方可使用。现场临时用电严格执行《施工现场临时用电安全技术规范》(JGJ46—2005)的规定，配电箱设专业电工维护。脚手架、模板、混凝土等危险性较大的工程，实行安全交底制度，实时监控预防事故的发生，确保施工现场安全。在各项施工作业过程中对作业人员进行安全警示、教育，落实各项现场安全措施，保证施工正常、安全地进行。文明施工方面实行三区分离，搭设活动彩板房 10 间，砌筑彩板围挡 300 m，彩旗 100 面、安全标语 6 幅。对职工宿舍、食堂、厕所定期消毒，对现场生产生活产生的垃圾、废水、废弃物、严格按环保规定进行处理，杜绝传染病的发生。今年项目部安全投入为：新采购密目网 5 500 m^2，安全网 300 m^2，安全帽 200 顶，安全带 100 条，灭火器 4 组，消防器材一套，绝缘手套、绝缘鞋若干套，加强了工人的安全防护能力。

(四)按照公司内业资料管理方法，及时整理安全内业资料，内容真实、字迹工整、资料完整。建立系统的规章制度赏罚办法，加强与工人的交流。以教育方式为主，惩罚方式为辅，认真检查排除隐患，及时纠正违规行为，对各类生产事故案例进行分析，培养岗位员工安全意识。加强员工应急预案演练培训，并根据冬季安全生产特殊情况对员工进行操作培训，提高员工对危险源的识别能力。

二、存在的问题

(一)自身的工作经验不足，有待进一步加强。理论和专业知识学习不够，与精细化生产管理的要求还有差距。参加工作的时间较短，在管理的过程中，工人常会产生抵触的情绪。

(二)对工人的安全教育针对性不强、学习内容较少；班组新员工增多，虽然我严格落实了三级培训教育，并制订了培训计划，但大量培训并没有完全建立在本工程现场条件的实际生产情况下，得到的效果不理想。

三、自我评价、今后努力方向

通过全年的努力工作，我能认真执行各项规章制度，能够紧紧以安全生产为中心开展工作，通过岗位任职磨炼，思想逐渐成熟，已具备了一定的工作能力，积蓄了一定的管理经验。

在今后开展工作的同时，我将不断学习业务知识，提高自身综合素质，以适应工作的需要，并经常开展批评与自我批评，广泛听取领导和同事的意见和建议，对合理的建议进行采纳，不断完善自己。同时我要努力加强对现场施工管理和技术管理方面的学习，提升业务水平，使自己的知识更加丰富，争做三冶优秀员工，为项目部和公司贡献自己的力量。

以上是一年来的工作述职，有不妥之处敬请各位领导及同事批评指正。最后对一年来关心和支持我工作的领导、同事表示诚挚的谢意！

述职人：××
20××年××月××日

项目二　市场调研与经济活动分析

一、市场调查报告

(一)市场调查报告的含义

市场调查报告，是指根据市场调查，收集、记录、整理和分析市场对商品的需求状况及对调查中获得的资料和数据进行归纳研究之后写成的书面报告。换而言之，市场调查报告就是用市场经济规律去分析问题，进行深入细致的调查研究，透过市场现状，揭示市场运行的规律、本质。

市场调查报告是市场调查人员以书面形式，反映市场调查内容及工作过程，并提供调查结论和建议的报告。市场调查报告是市场调查研究成果的集中体现，其好坏将直接影响整个市场调查研究工作的质量。一份好的市场调查报告，能给企业的市场经营活动提供有效的指导，能为企业的决策提供客观依据，是市场预测和经济决策的基础。

(二)市场调查报告的写作特征

1. 针对性。市场调查报告是决策机关决策的重要依据之一，必须有的放矢。

2. 真实性。市场调查报告必须从实际出发，通过对真实材料的客观分析，得出正确的结论。

3. 典型性。典型性主要表现为两点：一是对调查获得的资料和数据进行科学分析，找出反映市场变化的内在规律；二是报告的结论要准确可靠。

4. 时效性。市场调查报告要及时、迅速、准确地反映、回答现实经济生活中出现的新情况、新问题，突出“快”、“新”二字。

(三)市场调查报告的写作格式

市场调查报告一般由标题和正文两部分组成。

1. 标题

标题可以有两种写法。一种是规范化的标题格式，即“发文主题”加“文种”，基本格式为“××关于××××的调查报告”、“关于××××的调查报告”、“××××调查”等。另一种是自由式标题，包括陈述式，提问式和正、副题结合使用三种。陈述式如《东北师范大学硕士毕业生就业情况调查》；提问式如《为什么大学毕业生择业倾向沿海和京津地区》；正、副标题结合式，正题陈述调查报告的主要结论或提出中心问题，副题标明调查的对象、范围、问题，这实际上类似“发文主题”加“文种”的规范格式，如《高校发展重在学科建设——××××大学学科建设实践思考》等。作为公文，最好使用规范化的标题格式或正、副题结合格式。

2. 正文

正文一般分前言、主体、结尾三部分。

(1)前言。前言有几种写法：第一种是写明调查的起因或目的、时间和地点、对象或范围、经过与方法，以及人员组成等调查本身的情况，从中引出中心问题或基本结论；第二种是写明调查对象的历史背景、大致发展经过、现实状况、主要成绩、突出问题等基本情况，进而提出中心问题或主要观点；第三种是开门见山，直接概括出调查的结果，如肯定做法、指出问题、提示影响、说明中心内容等。前言起画龙点睛的作用，要精练概括，直切主题。

(2)主体。主体是市场调查报告最主要的部分，这部分详述调查研究的基本情况、做法、经验，以及分析调查研究所得材料中得出的各种具体认识、观点和基本结论。

(3)结尾。结尾的写法也比较多，可以提出解决问题的方法、对策或下一步改进工作的建议；或总结全文的主要观点，进一步深化主题；或提出问题，促使人们进一步思考；或展望前景，进行鼓舞和号召。

(四)市场调查报告的写作要求

1. 市场调查报告力求客观真实、实事求是。市场调查报告必须符合客观实际，引用的材料、数据必须是真实可靠的。要反对弄虚作假，或迎合上级的意图，挑他们喜欢的材料撰写。总之，要用事实说话。

2. 市场调查报告要做到调查资料和观点相统一。市场调查报告是以调查资料为依据的，即调查报告中所有观点、结论都有大量的调查资料为根据。在撰写过程中，要善于用资料说明观点，用观点概括资料，二者相互统一。切忌调查资料与观点相分离。

3. 市场调查报告要突出市场调查的目的。撰写市场调查报告，必须目的明确，有的放矢，任何市场调查都是为了解决某一问题，或说明某一问题。市场调查报告必须围绕市场调查的上述目的进行论述。

4. 市场调查报告的语言要简明、准确、易懂。调查报告是给人看的，无论是厂长、经理，还是其他一般的读者，他们大多不喜欢冗长、乏味、呆板的语言，也不精通调查的专业术语。因此，撰写市场调查报告的语言要力求简单、准确、通俗易懂。

5. 市场调查报告写作的一般程序是：确定标题，拟定写作提纲，选择调查资料，撰写市场调查报告初稿，最后修改定稿。

(五)市场调查报告的写作范文

我们会做得更好——大学生家教调查分析

随着社会的发展，大学生越来越有竞争和独立自主的意识，面对假期，大部分大学生所想到的不再是享受，而是去打工实践，这样既可以锻炼自己，增加工作和社会经验，为以后就业做准备，又可以体验生活的艰辛，从而更加珍惜学习机会，真可谓一举两得。

家教是大学生实践首选的工作。这个工作看似简单，似乎可以轻易做好，是不是真的这样呢？笔者假期里走访调查了一部分做家教的大学生和请家教的家长及孩子，结果发现大学生做家教的情况不尽如人意，还存在许多不足和欠缺的地方。

一、耐心不足烦躁有余

做老师，耐心是非常重要的，许多大学生做家教的时候，还没有完全适应从学生到老师的转换。面对孩子的一再询问缺乏耐心，不愿或不习惯“重复”。一李姓家长谈到家教老师时说：“就知识而论，一个大学生教一个小学生应该绰绰有余，但他不能耐着性子细心讲解，讲几下孩子不明白时他就开始着急了，一着急就越发讲不清楚了。”

二、表达沟通能力尚待加强

能够传授学生以知识是老师所应该具备的能力，但由于许多大学生在校时较少参加社会活动，又几乎没有接受过正规系统的上岗培训，他们面对孩子时缺乏一种自信和大方的表现，不能很好地表达出自己的意思，常常心里想好而出口不成文，无法将自己的知识转化为孩子的知识；又因为不了解孩子，不懂他们的心理状况；不能与他们进行很好的情感沟通，从而很难激发孩子的学习兴趣和动力，这导致家教效果不明显。

三、敬业精神不够

假期做家教虽不是正规长期的工作，但是否敬业也是一个人的工作态度的体现。在笔者的调查中，有40%的家长认为大学生家教在这方面还行，有40%的家长表示欠缺，只有20%的家长表示满意；被调查的大学生中有60%认为过得去就行，仅有15%认为需要竭力做好，其余人则表示适当努力。看来大部分大学生没有很认真地对待这份工作。

笔者认为，只要自己做了这份工作，就应当竭尽全力把它做好。面对自身的不足，大学生可以通过许多方法来弥补和增强。例如，平时多向老师学习，看看他们是怎么对待学生的，经常与他们交流心得体会；多参加社会实践，积极参加学校和学院举办的各类活动，培养自己的表达和沟通能力；在正式上课之前，做好准备工作，至少熟悉所讲内容，做好教程规划，尽量在最短的时间内教给孩子更多的知识。

相信经过我们的努力，大学生家教一定能给孩子带去知识的芬芳。

二、市场预测报告

(一)市场预测报告的含义

市场预测报告就是依据已掌握的有关市场信息和资料，通过科学的方法进行分析研究，从而预测未来发展趋势的一种预见性报告。市场预测报告是在市场调查的基础上，综合调查的材料，用科学的方法估计和预测未来市场的趋势，从而为有关部门和企业提供信息，以改善经营管理，促使产销对路，提高经济效益。市场预测报告实际上是市场调查报告的一种特殊形式。它也是经常使用的应用文体之一。

(二)市场预测报告的写作特征

1. 预见性。市场预测报告的性质就是对市场未来的发展趋势作出预见性的判断，它是在深入分析市场既往历史和现状的基础上的合理判断，目的是将市场需求的不确定性极小化，使预测结果和未来的实际情况的偏差概率最小化。

2. 科学性。市场预测报告在内容上必须占据充分翔实的资料，并运用科学的预测理论和预测方法，以周密的调查研究为基础，充分搜集各种真实可靠的数据资料，才能找出预测对象的客观运行规律，得出合乎实际的结论，从而有效地指导人们的实践。

3. 针对性。市场预测的内容十分广泛，每一次市场调查和预测，只能针对某一具体的经济活动或某一产品的发展前景，因此，市场预测报告的针对性很强。选定的预测对象越明确，市场预测报告的现实指导意义就越大。

(三)市场预测报告的写作格式

1. 标题

市场预测报告的标题一般由预测、预测展望构成，标题要简明、醒目。

2. 前言

前言要求以简短扼要的文字，说明预测的主旨，或概括介绍全文的主要内容，也可以将预测的结果先提到这个部分来写，以引起读者的注意。

3. 正文

市场预测报告的正文是市场预测报告的主体部分，一般包括现状、预测、建议三个部分。

1. 现状部分。预测的特点是根据过去和现在预测未来。所以，写市场预测报告，首先要从收集到的材料中选择有代表性的资料、数据来说明经济活动的历史和现状，为进行预测提供依据。

2. 预测部分。利用资料数据进行科学的定性分析和定量分析，从而预测经济活动的趋势和规律，是市场预测报告的重点。这个部分应该在通过调查研究或科学实验获得资料数据的基础上，对材料进行认真分析研究，再经过判断推理，从中找出发展变化的规律。

3. 建议部分。为适应经济活动未来的发展变化，为领导决策提供有价值的、值得参考的建议，是写市场预测报告的目的。因此，这个部分必须根据预测分析的结果，提出切合实际的具体建议。

4. 结尾

结尾是归纳预测结论，提出展望，鼓舞人心，也可以重申观点，以加深认识。

(四)市场预测报告的写作要求

1. 调查充分，分析深刻。根据企业生产的经营状况，不断地对国内外市场进行广泛、深入的调查，并把与本企业产品销售情况有关的突出问题写出来，如本企业的产品与其他企业的同类产品在结构、式样、性能上各自的优点和缺点，各月份销售量的增减变化情况，消费者的反映意见等。所有写入市场预测的资料必须真实可靠并具有代表性，否则会影响预测的正确性。

2. 预测未来，计划安排。根据国内外市场分析预测，提出改进企业生产经营的意见和产品方案决策，为领导决策提供依据，及时调整企业生产经营计划，调整产品结构，以适应未来市场的变化。意见要切实、具体，不要抽象、笼统。

(五)市场预测报告的写作范文

关于××快餐店的市场预测报告

一、背景环境

快餐是预先做好的、能够迅速提供给顾客食用的饭食。

快餐业的发展是由社会进步和经济发展决定的，是人们生活水平提高与生活方式改善的迫切需要，是人们为适应社会经济建设、工作与生活节奏加快、家庭服务和单位后勤服务走向社会化的必然产物。

二、预测目的

随着高校的大规模扩招，高校学生数量大幅度增长，人均生活空间日益降低，传统的大学生食堂已不能满足大学生餐饮需要。快餐行业在学校周边迅速发展壮大，为了了解我校周边快餐店的发展状况，特以××快餐店为例撰写了一份市场预测报告。

三、现状

1.××快餐店环境分析

(1)地理环境。××快餐店处于金鹰美食城内，距××职业技术学院100米左右。××职业技术学院有将近10 000名学生，且附近居民区集中。

(2)店面环境。店面规模小，消费场所有限，无宽敞的地方让消费者在店内进餐，装修简单，但店面干净整洁。店面两旁分别是快餐店，店面对面是砂锅饭店面。附近还有不少快餐店和面食店，客源量很大，这大大增加了××快餐店的消费额。

(3)竞争环境。××快餐店周边有很多快餐店和面食店，竞争非常激烈。其中，A砂锅饭、B烧卤饭、C快餐等是最大的竞争者，其余的快餐店对其影响较小。

2.××快餐店的商圈

(1)因××快餐店附近是××职业技术学院，消费者以学生为主，消费金额不高，故其属于文教区商圈。

(2)以××快餐店为中心，距××快餐店50米为半径画圆，它的周围是××职业技术学院及居民住宅区，所以人流量大。

3.××快餐店的经营范围

只经营快餐和砂锅饭。

4. 价格和规格

××快餐店的快餐每份价格为6～8元。与其他快餐店相比，它的价格相对较合理。学生普遍能接受这样的价格。

5. 促销策略

无。

6.××快餐店内基本信息

一个门面、十来张桌子、一个厨房、两个卖饭窗口、7～8个工作人员。

7. SWOT分析

优势S

1. 符合大众口味，喜欢吃的人多。
2. 比较干净卫生。
3. 口碑好。
4. 位于学校附近，消费者多。
5. 效率高，买票窗口与取饭窗口分开，讲究速度快，学生肚子饿的时候，希望更快买到食物，它恰恰迎合了消费者的需求。消费者不用花太多时间等待。
6. 相对于其他店面来说，有较多的菜供消费者选择。
7. 同时有炒菜供学生选择。

劣势W

1. 相对于其他店面，地理位置稍微偏僻。
2. 品种单一。
3. 原料价格上涨，商品卖出的价格也跟着上涨，有不少人宁可选择吃米粉。
4. 用料越来越少，口味越来越不好。
5. 经营时间短，开门太晚，关门太早。
6. 位于学校附近，只针对学生，消费群体单一。
7. 没有送外卖服务，许多学生需要送外卖时，只好选择其他快餐店。
8. 店面周边环境差。
9. 没有统一的管理方式。

机会O

1. 市场发展前景大。
2. 座位多，可以提供座位给顾客坐。能容纳的顾客多。
3. 学院近年来加大招生的政策，使市场容量增大。
4. 有国家政策的支持，可以减少交税。
5. 学校食堂的饭菜不合学生的胃口，学生宁可多花钱吃美味可口的饭菜。

威胁T

1. 竞争者增多，导致竞争更加激烈。
2. 没有自己的主打菜。
3. 其他店面不断地推出自己的菜色，如适合当季季节的新品，而××快餐店没有推出新产品。
4. 经营空间相对狭窄。
5. 学校有一部分学生准备搬迁到A校区，消费者可能会减少。
6. 学校食堂的饭菜价格相对较低。

四、预测

1.××快餐店市场预测

(1)随着我校的大规模扩招，学生数量大幅度增长，而且连年扩招使得这一数量继续增加。随着大学生消费水平的逐步提高，我校周边市场潜在的爆发力日益增强，因此我校周边的饮食业是有一定潜力的。

(2)高校人流量越来越集中。

(3)饮食业发展呈稳健增长的趋势。

2. 大学生的消费心理特征

大学生的自我意识加强了，有自己的性格、志向、兴趣等，随着经济水平的提高，大学生的个人消费观有所改变，出现了不同的消费热潮，而且要求在消费中反映他们的个性，他们在饮食方面不仅仅满足于吃饱，还希望吃到美味可口的饭菜。

3.××快餐店可能遇到的问题

(1)××快餐店周边可能会有更多快餐店和面食店开张，也有可能会有比它更强的竞争对手出现，竞争将会更激烈。

(2)市场原材料价格不断上涨，消费群体不能接受不断上涨的价格。

(3)学校部分学生搬迁到A校区，消费人数减少。

(4)国家不再对学校周边的快餐店实行税收优惠政策。

(5)门面店租价格上涨，成本再次提高。

(6)店面人手缺少，短时间内找不到服务员。

(7)自然灾害的发生，导致店面严重亏损。

(8)学校食堂改换承包单位，学校食堂的饭菜符合学生的消费需求，学生不再选择到校外吃。

(9)学校实行封闭管理制度，学生只能选择在学校食堂就餐。

以上这些问题均可能导致××快餐店无法持续经营。

五、建议

1. 在不同的季节，推出当季相应的产品。

2. 偶尔做一些吸引顾客的活动。

3. 保证原材料来源的可靠性，保证质量。

4. 做相应的宣传，给顾客留下更好的印象，特别是公益性的宣传。

5. 店内要清洁一点。

6. 门面装修好一点，给顾客营造一个良好的就餐环境。

7. 偶尔开出一些优惠价格。

8. 送外卖。

9. 把门面扩大，为消费者提供更多的座位。

10. 打造更好的服务。

11. 建立统一的管理方式。

12. 实时推出自己的主打产品。

每一家快餐店都有自己的经营目标，都希望把自己的店面经营得更好。随着我校的大规模扩招，我校学生数量大幅度增长，这为我校周边快餐店的发展提供了更为有利的条件。希望这些快餐店能够提供更适合学生的快餐，提高食品质量，更好地为我校的学生服务。

二、经济活动分析报告

(一)经济活动分析报告的含义

经济活动分析报告是依据经济计划指标、会计核算和统计报表、调查研究等，对某一地区或某一单位在一定时间内的经济活动进行比较分析而写成的书面报告。它是人们在从事社会物质资料生产及其相应的交换、分配、消费等活动的过程中广泛运用的应用文体。

(二)经济活动分析报告的写作特征

1. 分析性。经济活动分析报告不仅要对各种数据进行定量、定性、定时的分析，以便找出其相互间的关系，而且要从不同的侧面、角度对宏观和微观的、全面和局部的、有利和不利的因素进行深入的分析和比较说明，这样，才能综合地反映出一个时期以来的经济、金融形势，以及银行或工商企业的经营活动情况，因此，分析性是经济活动分析报告的主要特点。

2. 说明性。报告必须对所涉及的经济现象、特征、指标、数据等进行详细的说明，以此揭示经济活动的变化规律，为企业提供管理的依据。

3. 目的性。写分析报告的最终目的是准确地指出经济活动中存在的得失，从中寻找提高企业经济效益的最佳途径，使经济活动沿着正确的方向发展。

(三)经济活动分析报告的写作格式

经济活动分析报告一般由标题、正文和落款三部分组成。

1. 标题

经济活动分析报告的标题一般有两种写法。一是单标题或公文式标题。其结构由“单位+时间+事由+文种”的偏正结构词组构成，如《××公司 2005 年财务分析报告》。二是双标题，由正、副标题构成。正标题高度概括分析内容要点，副标题补充正标题，如《扩大购销，加强管理——××农资公司 2004 年度经营成果分析》。

2. 正文

(1)前言。前言即分析报告正文的开头。其主要介绍分析的对象、范围、动机等；有的还运用倒叙，先讲结论、主体部分，再进行具体分析。但不管何种开头，这部分一定要简洁，有时也可不写。

(2)主体。主体是经济活动分析报告的主要部分。一般是介绍情况，分析评价，它包含情况介绍、内容分析和结论三部分。情况介绍的对象是该经济活动分析对象本身，应介绍经济活动的基本情况，包括各有关经济指标的完成情况、发展趋势。这部分如前言已介绍，这里可略，以免重复。内容分析是报告的核心，应根据搜集到的各种资料和有关情况作出客观公正的评价。这部分通常使用文字说明与图表相结合的形式。结论是通过逻辑判断、推理得出的。结论一定要明确，表达要简练，要符合法规。

(3)结尾。结尾一般写建议措施。它是在分析评价和结论的基础上对今后工作的建议，包含主要措施与对策。这部分内容应具体明确、实事求是、切实可行。

3. 落款

落款主要写明分析报告的单位全称和日期。有时还要署上单位负责人或撰稿人姓名，以示负责。

(四)经济活动分析报告的写作要求

1. 在撰写经济活动分析报告时，应该注意掌握科学的分析方法，如比较分析法、因素分析法、动态分析法、比重分析法、综合比算法。在运用以上基本方法分析经济活动时，要注意防止以下问题：一是罗列现象而忽视分析，二是观点与材料不统一，三是用空洞的口号代替具体建议。

2. 要准确、全面地掌握材料。所用的材料可靠、系统，是做好分析工作的基础。因此，在进行经济活动分析时，既要充分利用平时积累的各种资料，又要针对问题进行专门的调查，定向搜集资料。为了保证资料真实、可靠，应当尽量使用第一手资料，同时还要对资料进行认真的核实和查对。另外，在掌握足够资料的基础上，还应认真核实各项经济指标的完成情况，计算其经济效益。

3. 要抓住重点问题进行分析。撰写经济活动分析报告，要抓住关键问题做文章。不能面面俱到、主次不分，更不能单纯罗列数据，使报告成为资料汇编。分析的目的是研究解决问题，而处理好关键环节，可以带动整体。如果什么都分析，会使人不得要领，也缺少实用价值。只有抓住要点，深入分析，并提出预见性建议，才能为企业制订新的计划。

(五)经济活动分析报告的写作范文

电力公司上半年经济活动分析报告

同志们：

现在，我向大会报告集团公司上半年的经济活动情况。

一、公司系统在集团公司党组的正确领导下，真抓实干，克服困难，实现了“时间过半、任务过半”的目标。上半年集团公司的经济运行主要呈现以下特征：

1. 电力生产和基建安全形势总体良好。

2. 在电力供应紧张的形势下，公司充分挖掘现有机组潜力，克服煤炭供需矛盾突出与南方供水偏枯等不利因素，发电量和售电量保持稳步增长。

3. 供电煤耗和综合厂用电率均有下降，节能降耗工作取得成效。

4. 销售收入增长幅度高于电量增长。售电量的增加和火电售电单价的提高推动了电力收入的增长。

5. 固定成本得到有效控制，但因电煤价格不断攀升，总成本未能控制在预算执行进度之内，成本增长远高于收入增长。

6. 在电力利润下降、热力增亏的情况下，财务费用大幅下降、营业外支出减少，保持了利润的基本稳定。

7. 固定资产投资按计划实施，发展布局和结构调整取得明显成效，前期项目规模初步满足集团公司持续发展的需要。

8. 生产规模扩大，现价工业总产值增加，职工人数减少，劳动生产率进一步提高。

同志们，我们在诸多非常尖锐和复杂的矛盾面前，能够形成经济运行的良好局面，是非常不容易的。比较而言，我们是在老、小、旧机组比较多，设备长期处于高负荷运行，煤质下降，新机组投产压力大的情况下，保持了生产、基建的安全稳定局面；我们是在煤、电、油运供需矛盾突出，新增生产能力相对不多，市场结构发生新的不利变化，南方供水偏枯的情况下，实现了发电量的稳定增长；我们是在电煤价格飞涨、电价调整不能弥补燃料成本增加的情况下，保证了经济效益基本稳定，使亏损面没有扩大，亏损额大幅下降；我们是在成立之初发展项目严重不足、电源前期竞争极其激烈的情况下，初步为合理布局、结构调整和产业技术升级进行了规划储备；我们是在着力消除旧的体制、机制性障碍的变革探索实践过程中，认真贯彻年初工作会议精神，坚持增收节支，促进经济效益的稳步提高，坚持以业绩评估，促进经营管理水平的全面提升，坚持改革创新，促进管理体制和经营机制的根本转变。以上是公司全体干部员工齐心协力、顽强拼搏的结果。

二、经营形势严峻，机遇与挑战并存，内部管理仍有薄弱环节，全年任务还很艰巨，要把握主要矛盾，趋利避害，巩固和发展上半年的良好势头。综观当前和今后的经营工作：

1. 外部市场环境存在诸多不利因素。

2. 迎峰度夏、防洪度汛面临严峻考验。

3. 企业管理仍存在薄弱环节。

4. 核心竞争力有待培育和壮大。

同时，我们也有许多有利条件：

1. 国民经济仍将保持快速发展，用电需求也会继续增加。

2. 改革逐步深入。

3. 集约化、专业化管理体制格局初步形成。

世界上唯一不变的就是变化，我们要视变化为机遇，善于在变中求胜。集团公司组建以来的工作，充分体现了在追求变革的同时，敢于引领变革的精神。要树立信心和勇气，不被暂时的困难吓倒，把握主要矛盾，积极、主动地趋有利于企业健康成长之利，避妨碍经济效益提高和国有资产保值增值之害，采取更加有力的措施，努力做好下半年的工作。

三、振奋精神，迎难而上，完善措施，狠抓落实，继续坚持推动重点工作的开展，确保完成全年任务。

1. 加强安全生产管理，保证发电设备安全、稳定、经济运行。

2. 以市场为导向，有重点地推进市场营销。

3. 进一步加强经营管理，巩固和扩大经营成果。

4. 加快前期工作，确保开工投产，尽快形成生产能力。

5. 推进资产重组和资本运作，扩张经济规模和提高盈利能力。

6. 落实改革的各项配套措施，促进深化内部改革。

7. 加大监督力度，促进企业依法经营和健康发展。

四、财务分析报告

(一)财务分析报告的含义

财务分析报告又称为财务情况说明书，是在分析各项财务计划完成情况的基础上概括、提炼、编写的具有说明性和结论性的书面材料。财务分析报告按其涉及内容的范围不同，可分为全面分析报告、简要分析报告、典型分析报告、专题分析报告、分列对比分析报告。

随着商品流转的不断进行，企业的资金不断循环周转，构成了资金的筹集、运用、耗费和分配等方面的运动，即企业的财务活动。企业财务活动的结果，反映在资金来源、资金占用、流通费用、税金、利润等财务指标上，企业的财务分析报告就是对这些指标在一定时期内的完成情况用一定的方法进行综合性的计算和分析，并用书面文字加以阐述。

财务分析报告的作用主要有：通过检查企业在一定时期内的财务计划执行情况和对企业各项财务指标实绩的分析，总结企业经营管理中的经验及教训，并提出具体的工作建议，提出对资金运用、费用开支、利润完成状况的总评价，以之作为检查、考核企业财务管理优劣的重要依据。它是帮助领导决策、指导企业业务的重要手段。

(二)财务分析报告的写作特征

1. 真实性。财务分析报告的主要作用是作为领导正确决策的依据，以使企业健康有序发展，因而材料的真实性至关重要。任何虚假的材料都会导致判断的失真，进而导致决策的失误，导致工作的失败。

2. 同比性。财务状况的优劣，一定与某特定时期的背景分不开，一定与企业发展的阶段性分不开，所以，比较法是最为常见的分析方法，尤其是历史上的同比很有必要，这有助于帮助企业找到发展的坐标。

3. 议论性。财务分析报告的表现手法侧重议论，其他的记叙、说明都是为议论服务的，最后的结论也是建立在议论分析的基础上的，所以应该不断地夹叙夹议。

(三)财务分析报告的写作格式

1. 标题

财务分析报告的标题一般由企业名称、时间、分析内容和文种组成，如《××集团公司二季度财务指标完成情况分析报告》。

2. 正文

(1)提要段。提要段主要概括公司综合情况，使财务报告接受者对财务分析说明有一个总括的认识。

(2)说明段。说明段是对公司运营及财务现状的介绍。该部分要求文字表述恰当、数据引用准确，对经济指标进行说明时可适当运用绝对数、比较数及复合指标数。特别要关注公司当前运作上的重心，对重要事项要单独反映。公司在不同阶段、不同月份的工作重点有所不同，所需要的财务分析重点也不同。如公司正进行新产品的投产、市场开发，则公司各阶层需要对新产品的成本、回款、利润数据进行分析的财务分析报告。

(3)分析段。分析段是对公司的经营情况进行分析研究。在说明问题的同时还要分析问题，寻找问题的原因和症结，以达到解决问题的目的。财务分析一定要有理有据，要细化分解各项指标，由于有些报表的数据比较含糊和笼统，因此要善于运用表格、图示突出表达分析的内容。分析问题一定要善于抓住当前要点，多反映公司经营焦点和易被忽视的问题。

(4)评价段。评价段是在作出财务说明和分析后，对经营情况、财务状况、盈利业绩，从财务角度给予公正、客观的评价和预测。财务评价不能运用似是而非、可进可退、左右摇摆等不负责任的语言。评价要从正面和负面两个方面进行。评价既可以单独分段进行，也可以穿插在说明部分和分析部分。

(5)建议段。建议段是财务人员在对经营运作、投资决策进行分析后形成的意见和看法，特别是对运作过程中存在的问题所提出的改进建议。值得注意的是，财务分析报告中提出的建议不能太抽象，要具体，最好有一套切实可行的方案。

3. 落款

落款署名报告单位名称、报告人姓名和日期。

(四)财务分析报告的写作要求

1. 应当清楚地知道阅读报告的对象及报告分析的范围。阅读报告的对象不同，报告的写作方法也不同。

2. 了解读者对信息的需求，充分领会领导所需要的信息是什么。

3. 报告写作前，一定要有一个清晰的框架和分析思路。财务分析报告的框架具体如下：报告目录—重要提示—报告摘要—具体分析—问题重点综述及相应的改进措施。“报告目录”告诉阅读者本报告所分析的内容及所在页码；“重要提示”主要针对本期报告的新增内容或需加以重点关注的问题事先作出说明，旨在引起领导的高度重视；“报告摘要”是对本期报告内容的高度浓缩，一定要言简意赅，点到为止。无论是“重要提示”，还是“报告摘要”，都应在其后标明具体分析所在页码，以便领导及时查阅相应的分析内容。以上三部分非常必要，其目的是让领导在最短的时间内获得对报告的整体认识以及本期报告中将告知的重大事项。“具体分析”部分是报告分析的核心内容。“具体分析”部分关键性地决定了本报告的分析质量和档次。要想将这一部分写得精彩，首先要有一个好的分析思路。例如，某集团公司下设四个二级公司，且都为制造公司，财务报告的分析思路是：总体指标分析—集团总部情况分析—各二级公司情况分析；在每一部分里，按本月分析—本年累计分析展开；再往下按盈利能力分析—销售情况分析—成本控制情况分析展开。如此层层分解，环环相扣，各部分及每部分内部都存在着紧密的钩稽关系。“问题重点综述及相应的改进措施”一方面是对上期报告中问题执行情况的跟踪汇报，另一方面是对本期报告“具体分析”部分所揭示的重点问题进行集中阐述，旨在将零散的分析集中化，再一次给领导留下深刻印象。

4. 财务分析报告一定要与公司经营业务紧密结合，深刻分析财务数据的业务背景，切实揭示业务过程中存在的问题。财务人员在作分析报告时，由于不了解业务，往往闭门造车，并由此陷入就数据论数据的被动局面，得出来的分析结论也就常常令人啼笑皆非。因此，有必要强调的一点是：各种财务数据并不仅仅是通常意义上数字的简单拼凑和加总。每一个财务数据都暗示着费用的发生、负债的偿还等。财务分析人员通过对业务的了解和明察，对财务数据的职业敏感性，即可判断经济业务发生的合理性、合规性，由此写出来的分析报告也就能真正为业务部门提供有用的决策信息。

5. 财务分析报告的分析手法。分析要遵循“差异—原因分析—建议措施”原则。对具体问题的分析应采用交集原则和重要性原则并存的手法揭示异常情况。

6. 分析过程中应注意的其他问题：一是对公司政策，尤其是近期大的方针政策有一个准确的把握，在理解公司政策精神的前提下，在分析中尽可能地立足当前，瞄准未来，以使分析报告发挥“导航器”作用。二是财务人员在平时的工作当中，应多了解国家宏观经济环境，尤其是应尽可能捕捉、搜集同行业竞争对手的资料。三是勿轻易下结论。财务分析人员在报告中的所有结论性词语对报告阅读者的影响较大，如果财务人员在分析中草率地下结论，很可能形成误导，如目前国内许多公司的核算还不规范，费用的实际发生期与报销期往往不一致，如果财务分析人员不了解核算的时滞差，则很容易得出错误的结论。四是分析报告的行文要尽可能流畅、通顺、简明、精练，避免口语化、冗长化。

(五)财务分析报告的写作范文

××市商业局企业年度财务分析报告

省商业厅：

20××年度，我局所属企业在改革开放力度加大、全市经济持续稳步发展的形势下，坚持以提高效益为中心，以搞活经济、强化管理为重点，深化企业内部改革，深入挖潜，调整经营结构，扩大经营规模，进一步完善了企业内部经营机制，努力开拓，奋力竞争，销售收入实现×××万元，比去年增长30%以上，并在取得较好经济效益的同时，取得了较好的社会效益。

一、主要经济指标完成情况

本年度商品销售收入为×××万元，比上年增加×××万元。其中，商品流通企业销售实现×××万元，比上年增加5.5%；商办工业产品销售收入为×××万元，比上年减少10%；其他企业营业收入实现×××万元，比上年增加43%。全年毛利率达到14.82%，比上年提高0.52%。费用水平本年实际为7.7%，比上年升高0.63%。全年实现利润×××万元，比上年增长4.68%。其中，商业企业利润为×××万元，比上年增长12.5%，商办工业利润为×××万元，比上年下降28.87%。销售利润率本年为4.83%，比上年下降0.05%。其中，商业企业为4.81%，上升0.3%。全部流动资金周转天数为128天，比上年的110天慢了18天。其中，商业企业周转天数为60天，比上年的53天慢了7天。

二、主要财务情况分析

1. 销售收入情况

通过强化竞争意识，调整经营结构，增设经营网点，扩大销售范围，促进了销售收入的提高。如南一百货商店销售收入比去年增加 296.4 万元；古都五交公司比上年增加396.2 万元。

2. 费用水平情况

全局商业的流通费用总额比上年增加 144.8 万元，费用水平上升 0.82%。其中，①运杂费增加 13.1 万元；②保管费增加 4.5 万元；③工资总额增加 3.1 万元；④福利费增加 6.7 万元；⑤房屋租赁费增加 50.2 万元；⑥低值易耗品摊销增加 5.2 万元。

从变化因素来看，这主要是由于政策因素影响：①调整了“三资”“一金”比例，使费用绝对值增加了 12.8 万元；②调整了房屋租赁价格，使费用增加了 50.2 万元；③企业普调工资，使费用相对增加 80.9 万元。扣除这三种因素的影响，本期费用绝对额为 905.6 万元，比上年相对减少 10.2 万元。费用水平为 6.7%，比上年下降 0.4%。

3. 资金运用情况

年末，全部资金占用额为×××万元，比上年增加 28.7%。其中，商业资金占用额为×××万元，占全部流动资金的 55%，比上年下降 6.87%。结算资金占用额为×××万元，占 31.8%，比上年上升了 8.65%。其中，应收货款和其他应收款比上年增加 548.1 万元。从资金占用情况分析，各项资金占用比例严重不合理，应继续加强“三角债”的清理工作。

4. 利润情况

企业利润比上年增加×××万元，主要因素有：

(1)增加因素：①由于销售收入比上年增加 804.3 万元，利润增加了 41.8 万元；②毛利率比上年增加 0.52%，使利润增加 80 万元；③其他各项收入比同期多 43 万元，使利润增加 42.7 万元；④支出额比上年少 6.1 万元，使利润增加 6.1 万元。

(2)减少因素：①费用水平比上年提高 0.82%，使利润减少 105.6 万元；②税率比上年上浮 0.04%，使利润减少 5 万元；③财产损失比上年多 16.8 万元，使利润减少 16.8 万元。

以上两种因素相抵，本年度利润额增加×××万元。

三、存在的问题和建议

1. 资金占用增长过快，结算资金占用比重较大，比例失调，特别是其他应收款和销货应收款大幅度上升，如不及时清理，其对企业经济效益将产生很大影响。因此，建议各企业领导要给予重视，应收款较多的单位，要由领导带头，抽出专人，成立清收小组，积极回收。也可将奖金、工资同回收货款挂钩，调动回收人员的积极性。同时，要求企业经理严格控制赊销商品管理，严防新的“三角债”产生。

2. 经营性亏损单位有增无减，亏损额不断增加。全局企业未弥补亏损额高达×××万元，比同期大幅度上升。建议各企业领导加强对亏损企业的整顿、管理，做好扭亏转盈工作。

3. 各企业不同程度地存在潜亏行为。全局待摊费用高达×××万元，待处理流动资金损失为×××万元。建议各企业领导要真实反映企业经营成果，该处理的处理，该核销的核销，以便真实地反映企业经营成果。

××市商业局财会处

××××年×月×日

项目三　科技论文写作

一、实验报告

（一）实验报告的含义

实验报告是在科学研究活动中人们为了检验某一种科学理论或假设，通过实验中的观察、分析、综合、判断，如实地把实验的全过程和实验结果用文字形式记录下来的书面材料。

实验报告具有情报交流和保留资料的作用，必须在科学实验的基础上进行。成功的或失败的实验结果的记载，有利于不断积累研究资料，总结研究成果，提高实验者的观察能力、分析问题和解决问题的能力，培养理论联系实际的学风和实事求是的科学态度。

（二）实验报告的写作特征

1. 正确性。实验报告的写作对象是科学实验的客观事实，内容科学，表述真实、质朴，判断恰当。

2. 客观性。实验报告以客观的科学研究的事实为写作对象，它是对科学实验的过程和结果的真实记录，虽然也要表明对某些问题的观点和意见，但这些观点和意见都是在客观事实的基础上提出的。

3. 确证性。确证性是指实验报告中记载的实验结果能被任何人所重复和证实，即任何人按给定的条件去重复这项实验，无论何时何地，都能观察到相同的科学现象，得到同样的结果。

4. 可读性。可读性是指为使读者了解复杂的实验过程，实验报告的写作除了以文字叙述和说明以外，还常常借助画图像、列表格、作曲线图等方式，说明实验的基本原理和各步骤之间的关系，解释实验结果等。

（三）实验报告的写作格式

实验报告的种类繁多，其格式大同小异，比较固定。实验报告一般根据实验的先后顺序来写，主要内容与格式有：

1. 实验名称。要用最简练的语言反映实验的内容。如验证某现象、定律、原理等，可写成《验证×××》、《分析×××》。

2. 所属课程名称。

3. 学生姓名、学号及小组成员。

4. 实验日期（年、月、日）和地点。

5. 实验目的。目的要明确，在理论上验证定理、公式、算法，并使实验者获得深刻和系统的理解，在实践上，掌握使用实验设备的技能技巧和程序的调试方法。一般需说明是验证型实验还是设计型实验，是创新型实验还是综合型实验。

6. 实验内容。这是实验报告中极其重要的部分。要抓住重点，可以从理论和实践两个方面考虑。这部分要写明依据何种原理、定律算法或操作方法进行实验及详细的理论计算过程。

7. 实验设备与材料。

8. 实验步骤。只写主要操作步骤，不要照抄实习指导，要简明扼要。还应该画出实验流程图(实验装置的结构示意图)，再配以相应的文字说明，这样既可以节省许多文字说明，又能使实验报告简明扼要、清楚明白。

9. 实验结果。其主要是对实验现象的描述、对实验数据的处理等。原始资料应附在本次实验的主要操作者的实验报告上，同组的合作者要复制原始资料。

对于实验结果的表述，一般有以下三种方法：

(1)文字叙述。根据实验目的将原始资料系统化、条理化，用准确的专业术语客观地描述实验现象和结果，要有时间顺序及各项指标在时间上的关系。

(2)图表。用表格或坐标图的方式使实验结果突出、清晰，以便于相互比较，尤其适合分组较多，且各组观察指标一致的实验，可使组间异同一目了然。每一张图表应有表目和计量单位，应说明一定的中心问题。

(3)曲线图。应用记录仪器描记出曲线图，这些指标的变化趋势形象生动、直观明了。

在实验报告中，可任选其中一种或几种方法并用，以获得最佳效果。

10. 讨论。根据相关的理论知识对所得到的实验结果进行解释和分析。如果所得到的实验结果和预期的结果一致，那么它可以验证什么理论？实验结果有什么意义？说明了什么问题？这些是实验报告应该讨论的。但是，不能用已知的理论或生活经验硬套在实验结果上，更不能由于所得到的实验结果与预期的结果或理论不符而随意取舍甚至修改实验结果，这时应该分析其异常的可能原因。如果实验失败了，应找出失败的原因及以后实验应注意的事项。不要简单地复述课本上的理论而缺乏自己主动思考的内容。

另外，也可以写一些本次实验的心得及提出一些问题或建议。

11. 结论。结论不是具体实验结果的再次罗列，也不是对今后研究的展望，而是针对这一实验所能验证的概念、原则或理论的简明总结，是从实验结果中归纳出的一般性、概括性的判断，要简练、准确、严谨、客观。

12. 参考资料。详细列举在实验中所用到的参考资料，其格式如下：

作者　　书名　　出版社　　年代　　页数

作者　　篇名　　期刊名　　年代

13. 鸣谢(可略)。若在实验中得到他人的帮助，在报告中应以简单语言感谢。

有的实验报告采用事先设计好的表格，使用时只要逐项填写即可。

(四)实验报告的写作要求

1. 文字简明而概括。常见的实验类型有单元性验证实验、分析性检测实验、制备性实验、科学性实验。每个层次的实验均设有基础单元、多单元性综合、制备并检测研究性的探索实验内容，要使学生由浅入深、由易到难、由简单到综合，逐步养成创新意识、创新精神，就必须根据不同的实验类型，分门别类、简明扼要地书写实验报告。在撰写过程中，首先要对实验指导书上的实验内容，认真反复研读，熟悉实验的目的与要求；其次对实验结果进行逻辑性汇总、归类，再进行分析和取舍推敲；然后再通过撰写实验报告，完整、正确、简明扼要地用书面形式表达出实验的全过程，理清思路，建立实验报告的初步框架。尤其在做化学分析检测实验时，一环扣一环，不全盘了解过程，是很难使实验进行下去的。

2. 抓住中心，突出重点。实验教学是帮助学生理解课堂所学理论，培养学生动手实践能力，帮助学生理解和建立工程概念，培养学生的创新意识和创新能力的重要途径。撰写实验报告，不但可以培养学生的技能操作动手能力，还可以有效地增强学生的整体意识及其书写、总结和科研的能力。为了达到这些目的，要求学生对实验中掌握的第一手资料认真分析、归纳，思考以下主要问题——如何选择适当的实验方案，如何使实验仪器简单易得，如何使实验过程快速、安全，如何使实验现象明显等，最终用自己的语言将实验的中心与重点反应在实验报告上，杜绝照抄书本。例如，物理实验"单摆运动的测量"涉及三种摆长测量方法，不少同学就只是把这三种可能方法罗列出来，而不是根据实验条件分析选用合适的测量方法，这和以后的数据记录和分析就不吻合。

3. 讨论是创造。实验报告中的讨论分析部分要求学生运用学过的知识对实验中观察到的现象和记录到的数据进行科学的分析，对实验结果与预期目标的符合程度及可能产生的原因提出自己的看法。而这种对大量实践素材的分析研究是对知识再创造的象征，是理科学生所必须有的素质。如果实验结果与预期结果不一致，就可以对结果进行讨论，紧密围绕实际结果，联系理论知识进行分析，或对结果进行总结、分析、概括，上升到理论知识的高度。分析要合情合理，而不是复述空洞的理论。

4. 结果是核心。对实验结果的分析、讨论是实验报告的重点部分。有的学生尽管做了实验，观察了实验现象，得到了实验结果，但由于缺少对实验的现象和结果的分析、归纳、讨论和总结，其写作能力得不到锻炼，达不到实验的目的。只有观察细致、操作规范，整个过程的现象才能被真实完整地记录和准确地表达。所以，实验前要对实验指导上的每一个步骤、操作要求、注意事项均认真细读、深刻领会。只有认真书写实验报告结论，才能从实验现象中发现创新点，继而使逻辑思维能力增强。

综上所述，实验报告是实验技能与知识的有机结合，有利于学生全面巩固、拓展所学知识和提高综合素质。在如今科学技术飞速发展的形势下，实验报告的撰写也呈多元化趋势，如自然科学基础理论的研究报告和工程上的设计报告有严格区分，理论性综述和实验式论文的写作方法也不同。只有加强对撰写实验报告这一环节的训练，不断地研究探索、改进和完善，才能适应新时期高素质创新人才培养的要求。

(五)实验报告的写作范文

××××大学实验报告

学生姓名：×××　　　　学号：××××××　　　指导教师：×××
实验地点：××××　　　　实验时间：××××年××月××日

一、实验室名称

电子政务实验室

二、实验项目名称

招聘程序与方法实验

三、实验学时

4学时

四、实验原理

招聘工作是人力资源管理中的一项重要工作，它的成功与否直接影响到组织任务是否能够顺利完成、能否有效控制人力资源成本、能否保证人与事的最佳匹配以实现绩效的最大化。它要求人力资源工作者必须运用人员招聘的基本技术与方法确保招聘工作的成功。同时对大学生而言，应聘是每个人的必修课。通过招聘模拟使学生了解招聘的基本程序和方法，使学生能够提早做好相应的准备。

五、实验目的

通过模拟真实招聘环境，掌握招聘工作的基本程序和方法，了解应聘的基本要点，提高应聘的基本技巧。

六、实验内容

招聘组：拟订招聘计划和招聘广告，发布招聘信息，对应聘申请者进行资格审查和初选、组织面试并作出录用决策。

应聘组：根据颁布的招聘信息提交应聘申请。进入面试阶段的同学准备并参与面试；没有进入面试阶段的同学可帮助他人准备面试并思考自己如何准备面试的问题，对招聘组的操作进行全程观摩、记录和总结。

七、实验器材(设备、元器件)

电脑及投影仪

八、实验步骤

招聘组：

1. 招聘活动的准备：拟订招聘计划书和招聘广告，发布招聘信息。
2. 接受应聘者的求职申请，初选，确定面试名单。
3. 设计面试方案，准备面试。
4. 实施面试，作出录用决策。

应聘组：

1. 了解招聘信息，并进一步了解自己准备应聘岗位的工作要求。
2. 准备求职资料(自荐书、相关的个人资料及必要的附件)。
3. 准备面试(没有进入面试环节的同学可帮助他人准备)。
4. 参与面试(没有进入面试环节的同学对招聘组的操作进行全程观摩、记录和总结)。

九、实验数据及结果分析

招聘组：

1. 招聘计划书和招聘广告的资料。
2. 接受应聘者求职申请的相关资料。
3. 面试问题准备的相关资料。
4. 面试过程的相关记录。
5. 录用决策的相关资料。
6. 对招聘活动的评估资料。

应聘组：

1. 准备应聘职位的工作要求(工作分析和职位说明书可以在网上下载)。
2. 求职的相关资料(自荐书与相关附件资料)。
3. 面试准备情况。
4. 对面试过程的记录与分析。

(没进入面试的同学应有1、2、4项资料)

十、实验结论

1. 面试活动的过程。
2. 面试中所采用的方法。

十一、总结及心得体会

招聘活动的模拟可以使每一个学生从一定层面上了解招聘活动的过程，重视学生的参与性和亲身感受。要求学生认真参加活动过程和相关资料的准备，并对活动中所反映出来的问题进行认真思考，对面试活动过程与方法进行总结并提出自己的评价。

十二、对本实验过程及方法、手段的改进建议

报告评分：

指导教师签字：

二、考察报告

(一)考察报告的含义

考察报告的概念有广义与狭义之分。广义的考察报告是指作者为了了解某地区的基本情况，或者为了获取某项科研任务的科学数据或证据，根据一定的科学标准，通过实地观察、了解，在搜集、整理大量材料的基础上，并且经过分析研究之后写成的书面报告。其主要有考察散记、考察札记、考察日记，以及一些学术性的报告等，统称为考察报告。它是一种重要的应用写作文体。

考察报告是直接经验的总结。特别是描叙自然现象的考察报告具有一定的学术价值。许多学科(如生物学、地质学、地理学等)在创建的时期，都曾将考察工作当作研究的主要手段，并且一直延续至今。人们曾经写出一大批具有重要学术价值的考察报告，这对人类知识领域的开拓起着不可忽视的作用。一个典型的例子是，19 世纪初，普鲁士博物学家洪堡曾花了 5 年时间在南美洲及墨西哥湾的海上与岛上考察，长期的考察使他发展了地理学和气象学。洪堡的工作推动了欧洲各国的科学考察活动，其中最著名的是 1831 年英国派“贝格尔号”军舰作环球航行，伟大的生物学家达尔文随同这艘军舰完成了极为重要的科学考察。他归来后动手整理了考察活动笔记。这次考察活动为他的进化论学说提供了丰富的论据，为他后来发表的《物种起源》打下了坚实的基础。

(二)考察报告的写作特征

考察报告以写作特点为基准，可分为概貌介绍型考察报告、考证型考察报告、论证型考察报告、学术型考察报告等。人们习惯上把单门学科的考察报告称为专题性考察，把两门以上学科的联合考察称为综合性考察。报刊上常见的是专题性考察报告和综合性考察报告。

本书着重从写作特点的角度分类，讨论不同考察报告的写作特点。

1. 概貌介绍型考察报告

概貌介绍型考察报告常用于自然资源与社会文化的综合考察。作者经过实地考察，将被考察地区各方面的基本情况介绍出来。它的作用是让人们对该地区的概貌有清楚的了解，同时，也为上级领导开发利用自然资源、制定有关政策或措施提供科学依据。

概貌介绍型考察报告的特点是：

(1)普查性、综合性，考察对象广泛。考察地区的面积、地形、气候、河湖、工农业、交通运输、文教卫生等都是考察对象，必要时还需要考察该地区的民俗人情。

(2)记游性。所谓“记游性”，是指其具有游记的一些特点。具体地说，首先是指介绍概况要有鲜明的真实性。如介绍地质地貌、政治经济文化状况、山川古迹、物产资源、建筑特征、民俗风情等，必须有鲜明的真实性，绝不允许“合理”想象或夸大。考察报告以其真实性，使读者对该地区有一个正确的认识。其次是指要有优美的形象性。概貌介绍记叙状貌时既可以用说明、记述的方法，也可以用描写的方法，灵活地运用多种表达方法将概貌考察写得清晰明了，又优美形象，从而使读者在得到知识的同时获得美感。“记游性”的另一个特点是指清晰的踪迹。概貌介绍型考察报告，往往是以作者的考察足迹来组成全文的结构，层次井然有序。这种类型的考察报告的文体特点更接近于散文，而不是严格意义上的应用文。诸如“考察散记”、“考察札记”、“考察日记”等都是接近散文的考察报告。

2. 考证型考察报告

考证型考察报告的任务是：作者通过有目的、有计划的科学考察，对一般说法提出异议并予以纠正，确立新的科学结论；或针对有争议的考察结果，表述自己的考察结论。

考证型考察报告的特点是：以事实说话，由事实本身引出结论。

3. 论证型考察报告

论证型考察报告的任务是：作者通过考察，对错误的结论或言论予以驳斥，给人们以正确的引导。

论证型考察报告的特点是：具有鲜明的论证性，具有议论文的基本特点。具体说就是：鲜明的观点、有力的论证、严密的逻辑性。

4. 学术型考察报告

学术型考察报告往往是在专题性考察的基础上深入展开探讨、研究，从中揭示事物发展的规律，探求客观真理，或形成某种理论体系，有很强的理论性和学术性。

学术型考察报告的特点是：有突出的科学性和创造性，注意社会价值、学术价值。像庞公、韩纲写的《党和国家领导体制的历史考察与改革展望》、姚诚等人写的《社会主义经济运行模式的前提性考察》都属于这类考察报告。

(三)考察报告的写作格式

考察报告的写作没有一成不变的“定法”、模式，但需要遵循它的基本格局。不同类型的考察报告，可以有不同的结构样式。概貌介绍型考察报告，常常采用散文体或日记体的结构样式。《片马行——横断山科学考察散记》、《瀚海腹地考察记》、《青山翠林行思——康塞普西翁林区考察记》等都采用散文体的结构样式；《内蒙古野外考察札记》采用的是日记体结构样式。

一份完整的科技考察报告通常包括标题、前言、正文、结尾和落款几个部分。

1. 标题

标题直接注明考察报告的主要内容，常见写法为“考察范围或内容＋文种名”，如《××高速铁路考察报告》、《西咸新区沣西新城海绵城市参观考察报告》。

2. 前言

前言要明确交代考察主体、地点、时间、对象、任务等，让读者阅读后一目了然。

3. 正文

正文要将考察经过以及考察得来的事实、数据和考察结果叙写清楚。论证型考察报告与学术型考察报告在这部分则要加强论证分析，阐明正确的观点或揭示事物内部的规律。

4. 结尾

考察报告的结尾很灵活，既可以单独有结尾段，又可以将正文部分的结尾作为全文的结尾。

5. 落款

落款通常署上作者的姓名，必要时注明其所在单位及考察报告完成时间等。

(四)考察报告的写作要求

1. 在撰写考察报告时应该注意科学性。考察活动的本身是科学研究，考察不仅要把科学工作建立在客观直接经验的基础上，还要论证严密，写出的报告要有一定的科学价值。

2. 在撰写考察报告时应该注意真实性。科技人员运用观察、勘测、采集等手段，对考察对象进行全面深入的考察，报告所描述的科技事实应该是确凿真实的。

3. 在撰写考察报告时应该注意专业性。考察报告主要是用来反映某一学科的学术水平、科研动向等信息，或表述某一科研课题实际考察研究的结果，有明确具体的专业范围，具有鲜明的专业性特点。

(4)在撰写考察报告时应该注意时效性。在当今信息时代，时间观念特别重要。撰写考察报告，不仅要注重写作质量，还要注重实效性。滞后的考察报告，其科研价值和推广作用都将大打折扣。因此，撰写考察报告应该像撰写新闻作品一样争时间、抢速度。

(五)考察报告的写作范文

天目山冰桌的发现及其古气候意义

徐馨

(南京大学地理系)

1. 天目山位于浙、苏、皖三省交界处，呈西南—东北走向，主峰东、西天目山及清凉峰(海拔 1 787 m)等，标高均在 1 500 m 以上，新构造运动和第四纪冰川的作用，使山体更显得高耸，成为长江下游和我国东南沿海的重要名山和风景胜地之一。

天目山主体由多种喷出岩和侵入岩组成，两侧低山丘陵则是下古生界沉积岩分布区，火山岩与沉积岩接触地带，是天目山南、北两侧断裂带之所在。

对于天目山的地貌形态，多年来一直存在着不同的见解，尤其对第四纪冰川地貌存在与否，分歧更为突出。为此，我们曾几次去天目山进行较详细而系统的调查与研究，发现天目山很多地貌形态应是第四纪气候变化的产物，其中冰桌就是一个比较典型的例子。本文着重阐述冰桌，以求引起有关专家和同行的关注。

2. 天目山南、北两坡各有一条较大的河流。南坡的叫天目溪，汇入富春江，属钱塘江水系；北坡的叫西苕溪，东流入太湖，属太潮水系。天目山则为钱塘江与太湖两大水系的分水岭。发育在主体两坡的众多沟溪，分别成为两大水系的次一级支流。天目山冰桌，就被发现在南坡天目溪上游马哨河的支谷——马哨坑谷口侵蚀平台上。

马哨坑支谷发育在两种不同的基岩上。上游位于火山岩区(主要是花岗岩类)，由三条较典型的小 U 形谷组成。三者横剖面均呈半圆槽形，两壁圆滑，无坡折亦无平台；纵剖面为比较均匀的平底直谷。尤以在枫树下村相汇的两条 U 形谷保存得最好，也最典型，这两条谷地源出于马哨岭与太子尖(1 559 m)南坡，朝向南偏东，在枫树下附近的谷口，以40 m 左右的陡槛降落到主谷，呈悬谷形态。目前陡槛虽遭切割形成峡谷地段，但从陡槽残部可以恢复原有形态，略高于上游 U 形谷谷底。

三条支谷汇合于方家村之后，谷地则由宽盆与窄裙相间串联而成。宽盆中巨砾岩块满布，窄槛上基岩裸露，原始谷底起伏不平。现代流水在宽谷盆地段，婉曲旋流于砂砾之间；而在窄谷岩槛段，则深切基岩成陡直峡谷。

待到谷口，谷地开宽，发育了两级平台。低级平台高出河面约 20 m，上部由红色砂黏土巨砾混杂堆积组成，下部由10余米高的古生代炭岩基座组成。平台后缘砾径变小，少见巨砾(1 m以上)。高级平台是由下古生界炭岩或泥炭岩组成的平坦开阔侵蚀平台，高出河面约 40 m，平台面基岩裸露，仅在后缘山坡坡麓，有少数灰岩崩积岩块。但在马哨坑谷口与马哨河谷地交汇处，发现 4 块巨大花岗岩块，叠加成桌状堆积体，鹤立于高级台面上，成为罕见的典型冰桌。

3. 天目山冰桌是由 4 块不同大小的漂砾相互叠加而成的。其中相当于桌面的岩块，呈不规则的扁平体(4.8 m×3.4 m×1.3 m)，覆于 3 块巨砾之上，砾面上可同时容纳多人坐立。这块巨砾的原始轮廓，虽经长期风化剥蚀，外表已发育 1 cm 左右厚的风化壳，但其原始棱角依然可辨。其原为沿节理崩落的岩块，是冰流从上游驮运至此堆积而成的。相当于桌腿的 3 块巨砾(分别为 3.5 m×2.35 m×2.1 m、2.8 m×1.8 m×1.7 m、1.7 m×1.2 m×1.1 m)，支撑着桌面，它们的形状虽不规则，但外部轮廓已受一定程度的磨损，并有一些平滑面，也经过风化剥蚀，发育出较厚的风化壳。我们认为，由这 4 块巨砾组成的桌状堆积体，应属冰流搬运的漂砾所组成的典型冰桌。在冰桌右前方 3～4 m 远处，另有两块1 m左右的漂砾散布。除此 6 块漂砾之外，别无其他。

6 块巨大漂砾，均系外来的花岗岩类岩石，这类岩石的产地，与冰桌堆积地点，近者相距 4～5 km，远者可达 10 km 以外。这种巨大砾块被什么外力运至高级平台面上，并被迭加成桌，且最大一块扁平岩块被选为“桌面”？我们认为除冰流搬运外，很难以其他外力作用来解释。

这种现象，可能说明冰流流至谷口，已接近消融区的尾闾部分，冰层厚度大大减小，将大量物质堆放在低级平台上。当冰流供给偶有增多，水面上升时，部分冰流连同搬运物质一起，外溢到高级台面。当冰量供给恢复正常，冰面下降时，高级平台上的溢冰消融，由表碛和里碛叠置而成天目山冰桌。

4. 天目山冰桌的发现，对研究长江下游地区第四纪古冰川与古气候均有重要意义，它可以澄清多年来对本区有无冰川发育问题的争议。

我们研究过第四纪冰期中我国雪线高度，发现古雪线是向东递降的；我们又分析过气候资料，发现现代高空气温零度层分布也是由东向西增高。现代雪线、现代云杉、冷杉林下限及常绿阔叶林上限等，均具有向东倾斜的分布规律。造成这一分布规律的最主要原因就是我国西高东低的地势，特别是巨大的东西向山脉，集中在西部，它们已成为来自西伯利亚和北冰洋等强大寒潮南下的主要屏障，迫使寒潮路线向东部沿海平原地区集中、压缩，致使广阔空间的寒冷气流被压缩在很窄的范围内通过，因而使东部沿海地区寒流加强，很多寒冷气候指标(如寒温带针叶林、冰缘动物群、黄土和冰缘冻土等)的界线，都比国内外同纬度地区偏南。加之天目山地区又比长江下游其他山地更接近海洋，即使在盛冰期中，海面下降、陆地扩展、天目山距海较远的情况下，它还是比庐山等山地易受海洋气候的影响，因而降水条件无疑比别的山地优越。在寒潮加强、降水条件又较优越的有利情况下，在盛冰期来临、气温急剧下降时期，天目山地区应有率先发育冰川的可能性。

例如更新世中，上海(现今气温 15 ℃左右)、长江三角洲平原地区生长云杉、冷杉林，气温降到 3 ℃～6 ℃(云杉、冷杉林生长在年均温为 0 ℃～9 ℃地区)时，那么天目山顶峰气温由 8.8 ℃下降到－4 ℃～－1 ℃。这一温度值，与海洋型冰川雪线附近的气温值一致。然而云杉、冷杉林生长一般反映盛冰期前后的气温条件，而不代表最酷冷的盛冰期，最冷期只能生长干草原或苔原植被，平均气温比现今降低 12 ℃～15 ℃。以此计算，天目山顶峰的气温低到－6 ℃～－3 ℃以下，特别是天目山降水条件又较优越，更增大了气温下降的幅度。天目山冰桌的发现，有力地证明了这个地区在第四纪中期确实发育了一定规模的山岳冰川。当时雪线的高度与现在保存的 800～900 m 冰斗底部标高是一致的，冰流的末端最低下达海拔 200～300 m 谷地中，也是完全可能的。马哨坑谷口海拔为 320 m，正处于冰流下达高程范围之内，故冰桌的存在，确是自然界的正常产物。

三、学术论文

(一)学术论文的含义

学术论文是某一学术课题在试验性、理论性或观测性上的新的科学研究成果或创新见解和知识的科学记录，或某种已知原理应用于实际中取得新进展的科学总结，用以在学术会议上宣读、交流或讨论，在学术刊物上发表，或作其他用途的书面文件。学术论文应提供新的科技信息，其内容应有所发现、有所发明、有所创造、有所前进，而不是重复、模仿、抄袭前人的工作。

学术论文的写作是非常重要的，它是衡量一个人学术水平和科研能力的重要标志。在学术论文的撰写中，选题与选材是头等重要的问题。一篇学术论文的关键并不只在于写作的技巧，也要注意研究工作本身，即选择了什么课题，并在这个特定课题下选择了什么典型材料来表述研究成果。实践证明，只有选择了有意义的课题，才有可能收到较好的研究成果，写出较有价值的学术论文。所以，学术论文的选题和选材是开展研究工作之前具有重要意义的一步，是必不可少的准备工作。

(二)学术论文的写作特征

1. 科学性。学术论文的科学性要求作者在立论上不得带有个人好恶，不得主观臆造，必须切实地从客观实际出发，从中引出符合实际的结论。在论据上，应尽可能多地占有资料，以最充分的、确凿有力的论据作为立论的依据。在论证时，必须经过周密的思考，进行严谨的论证。

2. 创造性。科学研究是对新知识的探求。创造性是科学研究的生命。学术论文的创造性在于作者要有自己独到的见解，能提出新的观点、新的理论。这是因为科学的本性就是“革命的和非正统的”，“科学方法主要是发现新现象、制定新理论的一种手段，旧的科学理论就必然会不断地为新理论推翻”(斯蒂芬·梅森)。因此，没有创造性，学术论文就没有科学价值。

3. 理论性。学术论文在形式上属于议论文，但它与一般议论文不同，它必须有自己的理论系统，不能只是罗列材料，应对大量的事实、材料进行分析、研究，使感性认识上升到理性认识。一般来说，学术论文具有论证或论辩色彩。论文的内容必须符合历史唯物主义和唯物辩证法，符合“实事求是”、“有的放矢”、“既分析又综合”的科学研究方法。

4. 平易性。平易性是指用通俗易懂的语言表述科学道理，不仅要做到文从字顺，而且要准确、鲜明、和谐，力求生动。

(三)学术论文的写作格式

学术论文由前置部分和主体部分构成。前置部分包括标题、作者、摘要、关键词，主体部分包括前言、正文、结论、致谢及参考文献。

1. 标题

标题是以最确切、最简明的词语反映论文中最重要的特定内容的逻辑组合。标题所用的每一个词语必须有助于选择关键词和编制题录、索引等二次文献，可以提供检索的特定实用信息；应该避免使用不常见的、不规范的缩略词、首字母缩写词、字符、代号和公式等；标题一般不超过20个字，外文题目一般不宜超过10个实词。如标题语意未尽，可用副标题补充说明论文中的特定内容。标题在论文中的不同部分出现时，应完全相同，但眉题可以节略。

一般来说，正题表达论文的中心论点，揭示论文的精神实质；副题表明论文的课题和范围。如一个标题能确切地表明论文的基本内容和主要论点，也可以不设副标题。例如张寅南的论文，正题是“实现科技与经济有机结合的重要方法”，副题是“论难题招标”。正题是对副题表述的主要观点，副题是正题体现的基本范围，两者有机结合，概括了全文的基本内容：从生产实践中筛选重大科技难题作为科技攻关课题进行公开招标是科技体制改革的一种新尝试，也是逐步建立一种与市场经济相适应的科技计划新体制的有效探索。

总之，论文标题要概括论文内容，力求题文相符；要有创新性，能引人入胜；力求简练、扼要，使读者一目了然，容易记住；可合理使用通用的缩略语，以压缩文题，避免冗长。

2. 摘要

摘要是对学术论文的内容不加注释和评论的简短陈述。为了加强国际交流，多用英文摘要。

摘要的内容包含与论文等量的主要信息，一般应陈述研究工作的目的、试验方法、研究结果和最终结论等，而重点是结果、结论。

论文摘要应具有独立性、自含性，即不阅读论文全文也能获得论文中的必要信息。它有论点，有论据，有结论，是一篇完整的短文，可以独立使用、引用。它可供读者确定有无必要阅读全文，也可供文摘第二次文献采用。中文摘要一般不超过300字，外文摘要不宜超过250个实词。如有特殊需要字数可以略多。写摘要无须举例证，不用图、表、化学结构式、非公用的符号和术语，也不作自我评价。摘要置于标题、作者之后，关键词和正文之前。

3. 关键词

关键词是为了文献标引工作而从论文中精选出来用以表示全文主题内容信息款目的单词或术语。每篇论文选取3～8个词作为关键词，以显著的字符另起一行，排列在摘要的左下方。为了加强国际交流，应标注与中文对应的英文关键词。

论文的关键词是从标题、正文、摘要中挑选出来的，用以揭示或表达论文主题内容的特征，具有实质意义。关键词一般是作者在完成论文后，纵观全文所选出的能表示论文主要内容和信息的词语。如《实现科技与经济有机结合的重要方法——论难题招标》的关键词是：科技、经济、招标。这三个词是从论文的标题、摘要中选取的，能反映论文的内容特点。

4. 引言

引言是论文的开头部分，其主要说明研究工作的目的、范围、相关领域的前人工作和知识空白、理论基础和分析、研究设想、研究方法和实验设计、预期结果和实验等。引言力求言简意赅，避免与摘要雷同，也不能成为摘要的注释。

引言文字应尽量简练，要有吸引力，不少于100字，最好不超过1 000字，具有一定的分量，能统领全文，起提纲挈领的作用。

摘要立足于已经实现的情况，应尽量写得确凿些；引言可侧重于写预期的情况，力求扣紧主题，表明研究工作打算解决的问题和准备达到的目标。引言忌谈一般性的选题背景。要以提出问题为核心组织材料，与正文分析问题、结论解决问题构成有机的整体。

5. 正文

学术论文的正文是核心部分，占主要篇幅。论文所体现的创作性成果和独到性见解在正文部分得到全面反映。应力求论点鲜明，论据充分，论证有力，具有较强的逻辑性和说服力。

正文的各个大层次之间，每一个大层次中各个小层次之间应有内在的有机联系，力求前后有序，层层深入，环环相扣。

正文安排层次有直线推论和并列分论两种方法。直线推论是由一个层次引出另一个层次，含义一层层加深。这是纵深式结构，层次的先后顺序是不能变动的。反映事物过程的论文一般是按事物发展的先后阶段安排层次，如试验型论文。并列分论是将从属于基本论点的各分论点以同等的地位安排，各分论点之间是并列关系。这是横向式结构，层次安排先后有时可适当调整，如理论型论文。

论文的正文常常用直线推论和并列分论相结合的方法安排层次。有的正文用直线推论安排大层次，用并列分论安排小层次；有的正文用并列分论安排大层次，用直线推论安排小层次，纵横交织，构成正文的有机整体。

6. 结论

结论是对论文全部内容的总结，而不是正文中各个层次小结的简单重复；结论是从全部材料出发，经过分析、综合而提炼出来的新的总观点、总见解。结论应陈述作者发现了什么规律、原理，解决了什么重要课题，对前人的看法有哪些修正、补充、发展、证实或否定，还可指出论文研究的不足之处或尚未解决的问题，以及解决这些问题可能的关键和方向。

7. 致谢

致谢一般写在结论下一行空两格处，然后再空两格写致谢的内容。致谢后面不标“:”号。

8. 参考文献

参考文献应注明作者、书名、题名、版本、出版者、出版年等。

(四)学术论文的写作要求

1. 在撰写学术论文时，应该注意学术性。

2. 在撰写学术论文时，应该注意科学性。

3. 在撰写学术论文时，应该注意创新性。

4. 在撰写学术论文时，应该注意理论性。

（五）学术论文的写作范文

【案例一】

浅谈装配式建筑的发展与思考

孙峥　中国电建集团国际工程有限公司

【摘　要】 2016年，装配式建筑被提到了国家层面，政策东风接连不断，在全国各地的推广与发展简直呈星火燎原之势。文章通过探究国内、国外装配式建筑的发展历史及现状，认为以建筑设计院为牵头单位的一体化集成设计将成为未来的重点研究方向，同时应加强BIM技术在装配式建筑中的应用研究，构建模型和数据库。

【关键词】 装配式建筑；现状；集成设计；BIM技术

2016年，对于建筑业转型来说可谓是不平凡的一年，关于装配式建筑的政策利好，可谓接连不断。国务院给出了宏观层面的指导意见，通过顶层设计确定了装配式建筑的相关工作目标，并颁布了相关的扶持政策，装配式建筑项目如雨后春笋般在各地开建。蓝图已绘就，奋进正当时，目前针对装配式建筑出台的指导意见和相关配套措施已在全国各地推广，不少地方更是对装配式建筑的发展提出了明确要求。

一、装配式建筑的定义

装配式建筑是用工厂生产的预制构件在现场装配而成的建筑。装配式建筑的施工过程拥有标准化设计、工厂化生产、装配化施工、一体化装修、信息化管理、智能化应用等特点。

纵观国内外装配式建筑的发展历程，按照结构体系可划分为预制装配式混凝土结构体系(PC构件)、预制木结构体系(土木、钢木、竹木等体系)、预制集装箱房屋(盒式建筑)、预制钢结构体系(型钢体系、轻钢体系)等。

二、国外装配式建筑发展现状

西方发达国家的装配式建筑始于工业革命，大规模创立和推广于二战后。20世纪70年代以后，各国根据现实国情，选择了各有特色的发展方式和发展道路，各有侧重，各有所长。具体情况介绍如下：

(一)欧洲(德国、法国、瑞典等)

欧洲是建筑工业化比较完善的地区，其中又以德国为先进代表，已经形成了完整的产业体系，涵盖了建筑设计、软件和信息化工具、生产工艺、施工安装、物流运输、配套产品供应等方面，始终作为第一梯队引领全球的工业化建筑研发和实践。德国的装配式建筑大都因地制宜、根据项目特点选择现浇与预制构件混合建造体系或钢混结构体系建设实施，并不单纯追求高装配率，而是通过策划、设计、施工、安装、装饰各个环节的精细化优化过程，寻求项目的个性化、经济性、功能性和生态环保性能的综合平衡。

作为世界上最早推行建筑工业化国家之一的法国，铺就了一条以全装配式大板和工具化模板现浇工艺为标准的道路。法国的特点是：一是推广以预制混凝土体系为主的“构造体系”，钢结构、木结构体系为辅；二是发展通用构配件的商品生产，面向全行业推行施工与构件生产分离的原则。

瑞典开发了大型预制混凝土板的工业化体系，以后大力发展以通用构配件为基础的通用体系，预制构件达到95%之多。瑞典的特点是：一是在推动完善标准化体系的基础上发展通用构配件；二是以模数协调原则，逐渐形成“瑞典工业标准”(SIS)，实现了构件尺寸、对接尺寸的标准化和系列化。

(二)北美(美国、加拿大)

美国大规模推广装配式建筑源于20世纪50年代。第二次世界大战结束后，大量复员士兵催生出潜在的住房需求。传统住房成本高、生产速度和能力低。装配式建筑成本低、建设周期短、可大规模生产等特点满足了这些需求，实现了井喷式发展。1976年，美国国会通过了国家工业化住宅建造及安全法案(National Manufactured Housing Construction and Safety Act)，同年颁布出台了一系列严格的行业规范标准，沿用至今。2007年，美国的装配式建筑生产总值达到118亿美元。现每16个人中就有1个人居住的是装配式建筑。在美国，装配式建筑偏好钢结构+PC挂板组合结构，广泛应用于低碳房屋，如住宅、公共建筑、养老居所、旅游度假酒店、会所、营房、农村住房等各类建筑，具有绿色低碳抗震节能等特点，满足高抗震设防要求。所有构件工厂化生产，现场安装快捷方便，比传统建筑施工节约了60%工时。建筑部件的大部分可通用互换，90年的房屋寿命结束后，90%的材料可以回收利用，避免了二次污染。

加拿大已经实现了从BIM模型到钢结构转换的特殊环节，并且委托给任何一家有加工能力的企业定制钢结构，生产完成后现场组装。一是极大地压缩了现场生产周期，提高了装配速度；二是将加工、组装环节完全委托外包，在业务上更有扩张力。

(三)亚洲(日本、中国香港、新加坡等)

日本通过立法和认定制度大力推广建筑产业化，20世纪60年代颁布《建筑基准法》，成为大力推广住宅产业化的契机。70年代设立了“工业化建筑质量管理优质工厂认定制度”，同时期占总数15%左右的住宅采用产业化方式生产。80年代确定了“工业化建筑性能认定制度”，装配式住宅占总数的20%～25%。90年代，经过多年的实践和创新，形成了适应客户不同需求的“中高层装配式建筑生产体系”，同时完成了规模化和产业化的结构调整，提高了建筑工业化水平与生产效率。在推动住宅产业化上，日本政府做了两个重要引导：一是从产业结构调整角度出发，在政策上引导；二是建立“住宅生产工业化促进补贴制度”和“会计体系生产技术开发补助金制度”，引导生产方式，将住宅产业工业化和技术作为重点。

香港大规模推广装配式建筑，主要得益于特区政府的积极引导和标准化设计，借助政府推行的“和谐式”公屋政策，开发推出多种系列的公屋，标准化设计使房间尺寸相互配合，固定建筑构件尺寸，预制工业化生产，新开工的公屋全部采用预制、半预制构件和定型模板建设。2000年后，特区政府按建筑面积进行奖励，对采用预制外墙的商品房给予建筑面积7%的奖励，普通商品房开始采用装配式建筑。

新加坡于20世纪80年代引进国外(澳大利亚、法国、日本)先进的装配式房屋建筑技术，并率先在保障房(组屋)领域大规模推广，目前结合本国特点，形成了具有本土特色的装配式建筑体系。

三、国内装配式建筑发展现状

我国的房地产市场起步较晚，发展速度过快，政府宏观政策引导和监管滞后，技术法规和标准欠缺，国内市场较混乱，出现了“八仙过海各显神通”的局面。由于缺少顶层设计，工业化程度始终徘徊于低水平，装配式建筑一直未进入主流住宅市场，仅有少量生产制造厂家在探索实践，更多地依靠直接引进欧美发达国家的先进技术体系，鲜有自主研发。

(一)装配式建筑施工人员缺口较大

2016年2月，中央城市工作会议中指出“力争用10年左右，使装配式建筑占新建建筑面积的比例达到30%”。如此庞大的建筑体量对施工技术和人员提出了新的要求，况且施工人员的培养是很慢的。以上海为例，根据上海《绿色建筑发展三年行动计划》的规定，装配建筑所占的比例：2014年不少于25%；2015年不少于50%；2016年，符合条件的外环线以内新建民用建筑原则上都要使用装配式建筑。根据初步估计，上海将需要10万名熟悉并掌握装配式建筑施工技能的现场施工作业人员。

(二)缺乏行业统一标准

经过数年发展，我国的住宅产业化取得了一定成绩，但与欧美、日本等发达国家相比，仍处于发展的初级阶段，存在各种各样的问题。首先，行业缺乏统一的标准，房地产企业参与其中的积极性较低，可参考性及可行性较高的现实案例及技术方案较少，住宅产业化在质量监管与追溯等方面也存在较多问题；其次，现在建筑设计与施工分别招标，建筑业又存在转包与分包的经营管理模式，使产业链上设计、施工、生产等环节脱节；最后，住宅产业化各个环节的标准都不尽完善，行业内企业无章可循，目前我们迫切需要建立一套符合我国国情的工业化建筑评价体系，解决标准缺失这个住宅产业化发展的瓶颈。

(三)自动化程度低，住宅产业化、工业化意识薄弱

目前，我国施工建筑行业存在的主要问题之一是工业化与精细化程度较低，建筑资源浪费极为严重。过去的技术无法满足九十年代开始的大规模建设需求，装配式建筑的各个环节严重脱钩，研发投入和技术成本控制过低，整体性差、使用功能不良，预制构件生产企业数量急剧减少，装配式建筑在住宅建设中的比例迅速降低并造成行业萎缩，错过了大规模推广装配化建筑的黄金时期，逐渐拉大了与欧美发达国家的差距。

四、装配式建筑发展模式的思考

目前国内大部分具备总承包资质的企业不具备专业化生产能力，装配式建筑施工、安装能力也不具备，而具备专业化生产能力的企业没有总承包项目的资格，专业化公司只能到处挂靠，导致管理成本的增加，现有的项目建设管理体制亟须变革升级，以适应大规模推广装配式建筑的需要。国家层面应牵头，并鼓励相关企事业单位和科研机构共同研究推出新的项目建设管理机制，以适应于工业化住宅研发、生产、推广应用，同时扶持和培育大型企业集团，激发他们参与推进住宅产业化的积极性、主动性和创造性。

R集团是一家国有大型工程类企业，主做海外市场，能够提供电力工程及基础设施领域投融资、规划设计、工程施工、装备制造、运营管理等一体化一站式服务，在装配式建筑领域也有丰富的实践经验，凭借在装配式建筑领域拥有全产业链资源的优势，慢慢地摸索出一条独特的发展道路，就是以旗下建筑设计院为牵头单位，统筹建筑设计、机电设备、部品部件、施工安装、装修装饰等资源，推行装配式建筑一体化集成设计。在实践中与湖南远大、烟台万华、青岛谷歌洋房为代表的优秀装配式生产制造企业进行深度合作，通过对国内外装配式建筑工业化体系的梳理，将各企业优势进行集成，形成标准化的体系，并应用BIM技术构建模型和大数据库，同步开始标准化部品部件的国际化认证。未来引入“互联网+”的先进理念，进行互联网线上营销，场景是客户在线上下单的时候就可以将自己的需求自由组合在BIM系统上，增加客户强烈的体验感，设计单位对客户的需求进行优化后交付产品。

五、BIM 技术在装配式建筑中的应用研究

建筑信息模型(Building Information Modeling)简称 BIM，创建该模型的基础是建筑项目中的各类数据、信息，再利用数字信息将建筑物的实际真实信息进行虚拟仿真，以数据库十三维模型的方式进行呈现，具有可视化、模拟性、协调性、优化性、可出图性等特点。BIM 技术作为建筑工程项目设计建造管理的数字化工具，将项目的各类相关信息以参数化的模型为平台进行整合，从项目规划设计开始，直至生产施工、安装调试、装饰装修、运行维护的全过程中传递和共享数据及信息，增强项目建设人员对建筑信息模型的认识、理解，提高应对能力和实效性，为利益相关方提供协同合作的基础和平台，达到提高生产效率、优化工期和节约成本的目的。

装配式建筑的核心是“集成”，BIM 方法是“集成”的主线。这条主线串联起规划设计、生产制造、施工安装、装饰装修和项目管理全过程，服务于设计、建设、运维、拆除的全生命周期。借助 BIM 技术，避免装配式建筑“错、漏、碰、缺”等施工问题，实现装配式建筑从设计到运维的一体化协同管理，有效地提升装配式建筑整体建造及管理水平。

六、结语

综上所述，未来几年装配式建筑将迎来重大突破，实现井喷式发展，国家层面的配套支持政策也在相继出台，大型住建类企业应结合国家政策，坚持走自主创新之路，加强产业配套，加强人才队伍建设，变革管理模式及商业模式，延伸产业链，推动建筑产业现代化持续向前发展。

参考文献：

[1]仇保兴．关于装配式建筑发展的思考[J]．住宅产业，2014(02).

[2]颜道淦．谈装配式建筑发展现状[J]．山西建筑，2016(09).

[3]朱维香．BIM 技术在装配式建筑中的应用研究[J]．山西建筑，2016(05).

(范文选自《中国集体经济》)

【案例二】

国企人才流失的分析与对策

赵章彬

【摘　要】 本文通过对我国国有企业人才流失现象的分析，试图找出导致国企人才流失的主要原因，并提出相应的对策，以缓解我国国有企业人才流失的矛盾。

【关键词】 国有企业，人才流失，对策分析

国有企业是我国国民经济的主体，搞好国有企业，特别是国有大中型企业，具有至关重要的经济意义和政治意义。改革开放以来，我国国有企业在管理体制等方面不断地进行改革调整，这使得国有企业在改革调整中创新，在改革创新中发展。特别是随着现代企业制度的建立和完善，国有企业的经济效益和经营状况发生了根本性好转，取得了举世瞩目的成绩，在提高我国经济实力和综合国力、维护社会稳定、改善人民物质和文化生活水平等方面作出了巨大贡献。但是，我们必须清醒地看到，目前我国国有企业在经营管理等许多方面仍然面临许多困难，突出地表现在效益、活力、社会负担等方面。其中，人才流失

更使得国有企业面临釜底抽薪的困境。据有关资料显示，北京市工业系统150家大中型企业1982年后引进的大学以上学历人员流失率高达64%，而且呈现加剧趋势，学历越高，流失比例越大，流失的速度也越快。企业的竞争归根到底是人才的竞争，如果人才流失不能得到尽快和有效的遏制，大量的国有企业将面临人才短缺、冗员过剩的严峻局面，以及大量人才向外企和民营企业的流失所带来的国企在技术和市场上的丧失，最终将导致企业失去核心竞争力。特别是入世后跨国公司人才本地化战略，以及国内民营企业在人才使用上的灵活对策，将使这种矛盾进一步加剧，如处理不好，将导致我国的国有企业面临难以应对知识经济环境下国际、国内残酷竞争的严峻局面。

一、国有企业人才流失原因分析

一是国有企业的经济效益低下，企业发展前景堪忧。由于国有企业历史遗留问题较多，加上历史上造成的产业结构不合理、技术装备老化、社会负担沉重、产权改革不到位、机制不灵活等体制、机制以及经营管理等方面的原因，许多国有企业长期经营状况和经营前景不容乐观，有的处于亏损或亏损的边缘，使员工丧失了对企业发展的信心。由于缺乏良好的事业前景，具有高学历、高职称、需求层次较高的技术和管理骨干感到发展空间不足。

二是没有形成良好的动态激励机制。多数国有企业量化考核不到位，有的甚至缺乏基本的量化考核机制，因此难以做到岗位随着能力变，收入随着贡献变，“能者上、庸者下”，薪酬与贡献挂钩。失去了激励，具有真才实学想干事业的员工只能另谋出路。

三是国有企业薪酬普遍较低。由于企业效益、企业负担和国家政策等多方面的原因，国有企业员工的收入水平与外企和民营企业员工相比普遍较低，这导致一些技术和管理骨干容易被外企或民营企业用高薪等手段挖走，也有一部分具有技术或营销优势的员工为此脱离国企自己去闯天下。

四是缺乏灵活的用人机制。国企用人往往只能是不折不扣地执行上级的干部政策，在择人用才中，通常只注重文件中规定的学历、资历、职称等，导致对真正有真才实学、踏实工作，但由于其他客观原因造成的学历不高、职称不高的同志重视不够，不能人尽其才。

五是由于体制等方面因素的影响。例如，一位原某银行的女士，由于业务能力强，贡献突出，曾多次被当地政府评为模范和先进，但贡献和荣誉的取得却受到了其上司的恐惧和嫉妒，在工作中故意为难她，一气之下她“买断”了工龄。靠着一万元资金起家的她，目前已是具有三千万固定资产的个体老板了。可以说在一些国有企业中，“尊重知识，尊重人才”远未落实，由于缺乏基本的凝聚力和向心力，人才流失在所难免。

二、对策与建议

第一，加强管理，改进经营，积极创新，提高效益。只有有着良好发展现状的企业才可能为优秀的人才提供优厚的物质待遇，只有具有良好前景的企业才可能为人才的成长提供适宜的环境。企业只有发展才能具有吸引力和凝聚力，才谈得上留住人才和吸引人才。就遏制人才流失来讲，加强管理，搞好经营，全面提高国企的经济效益和综合实力是首要任务。

第二，要创造使人才脱颖而出的用人机制。在强化量化考核的基础上建立一种制度化的动态的用人机制，靠制度保证优秀人才能够不受人为因素干扰地脱颖而出。同时，使不称职的庸才及时遭到淘汰。人才选择和使用要在量化考核的基础上实行程序制度化、动态化，克服裙带关系和领导者个人好恶对人才选拔的影响，坚决摒弃“伯乐选马”的人治理念和论资排辈等僵化的用人机制。尽可能多地为各类人才提供用武之地，靠给人才提供和创造拓展事业的空间来留住人才、稳定人才。要尽可能地为青年人才创造激发其青春活力和内在潜能的机会和条件，靠事业激励青年人才扎根企业，立业成材。

第三，要制定能体现人才价值的分配政策。加强业绩考核，强化对个人实际贡献、个人实际工作能力、潜在能力(学历、职称等)实际实现量的价值认可等指标考核，建立一个以个人对企业的贡献为中心的量化考核的指标体系。在此基础上，结合企业实际制定特殊的分配倾斜政策，如加大单项奖励的幅度，给作出突出贡献的同志配股，在住房及其他福利方面给予特殊待遇等，将个人对企业的贡献和潜在工作能力的实际实现程度与其个人收入挂钩，使具有真才实学的各级各类人才人尽其才，安业乐业。

第四，创造一种尊重人才、关心人才、爱护人才的良好的企业文化。围绕激发人才潜能，全面树立和落实“以人为本”，充分发挥国有企业的政治优势，营造一种以创新奉献为宗旨，以人才关爱为特点，以企业发展为核心的具有自身特色的企业文化。发挥国企员工普遍具有踏实感和归属感的优势，开展形式多样的思想教育，实施人性化管理，在思想上凝聚人心，在感情上温暖人心。同时，定期开展对各级各类人才的需求层次分析，有针对性地开展员工较为关注的热点工作，增强员工对企业的认同感。

致谢(略)

参考文献(略)

小结

竞聘辞，也称为竞选辞或竞聘演讲辞，是竞聘者为了竞争某岗位或职位，向领导、评委和听众展示自己优势条件，介绍自己受聘之后的施政方略的演讲稿。述职报告是指各级各类机关工作人员，主要是领导干部向上级、主管部门和下属群众陈述任职情况，包括履行岗位职责，完成工作任务的成绩、缺点问题、设想，进行自我回顾、评估、鉴定的书面报告。市场调查报告，是指根据市场调查，收集、记录、整理和分析市场对商品的需求状况及对调查中获得的资料和数据进行归纳研究之后写成的书面报告。市场预测报告就是依据已掌握的有关市场信息和资料，通过科学的方法进行分析研究，从而预测未来发展趋势的一种预见性报告。经济活动分析报告是依据经济计划指标、会计核算和统计报表、调查研究等，对某一地区或某一单位在一定时间内的经济活动进行比较分析而写成的书面报告。财务分析报告又称为财务情况说明书，是在分析各项财务计划完成情况的基础上概括、提炼、编写的具有说明性和结论性的书面材料。实验报告是在科学研究活动中人们为了检验某一种科学理论或假设，通过实验中的观察、分析、综合、判断，如实地把实验的全过程和实验结果用文字形式记录下来的书面材料。考察报告是指作者为了了解某地区的基本情况，或者为了获取某项科研任务的科学数据或证据，根据一定的科学标准，通过实地观察、了解，在搜集、整理大量材料的基础上，并且经过分析研究之后写成的书面报告。学术论文是某一学术课题在试验性、理论性或观测性上的新的科学研究成果或创新见解和知识的科学记录，或某种已知原理应用于实际中取得新进展的科学总结，用以在学术会议上宣读、交流或讨论，在学术刊物上发表，或作其他用途的书面文件。

复习思考题

1. 假如你是一名在校大学生，请写一份竞聘你们学校学生会某个职位的竞聘辞。

2. 假如你是学校的学生会负责人，请拟写一份述职报告。

3. 请以当前的手机应用情况为话题，撰写一份手机应用情况的市场调查报告。

4. 目前，我国建筑行业受房地产等经济因素的拉动，处于飞速发展的阶段，请你拟写一份 2018 年建筑行业相关的发展预测报告。

5. 请你为某一广告公司撰写经济活动分析报告。

6. 请结合所学专业的实习、实验，写一篇本专业的实验报告。

7. 请结合所学专业，写一篇学术论文。

参 考 文 献

[1] 谭吉平，周林．建筑应用文写作[M]. 北京：中国建筑工业出版社，1998.
[2] 李化鹏．法律文书写作[M]. 北京：中国政法大学出版社，1999.
[3] 孙莉，邱平．实用应用文写作[M]. 北京：北京交通大学出版社，2006.
[4] 孙和平．财经应用文写作[M]. 成都：西南财经大学出版社，2007.
[5] 宋有武，边勋．应用文写作教程及其实训[M]. 北京：北京交通大学出版社，2007.
[6] 陈雨．房地产广告策划与实务[M]. 北京：北京理工大学出版社，2013.
[7] 饶士奇．公文写作与处理[M]. 沈阳：辽宁教育出版社，2004.
[8] 张德实．应用写作[M]. 北京：高等教育出版社，2001.
[9] 李成森．应用写作原理与实务[M]. 武汉：武汉理工大学出版社，2011.
[10] 杨文丰．现代应用文书写作[M]. 3 版．北京：中国人民大学出版社，2006.
[11] 朱悦雄．新应用文写作[M]. 广州：广东高等教育出版社，2003.
[12] 宫照敏．建筑应用文写作[M]. 北京：机械工业出版社，2011.
[13] 刘葆金．经济应用文写作[M]. 南京：东南大学出版社，2004.
[14] 陈军川，辛华，龚雯．交通应用文写作[M]. 西安：西北大学出版社，2016.